應用太陽電池

Applied Photovoltaics

能源科技
永續發展
系列著作

The Energy Science and Technology Continues Forever the Development

◎ **Stuart R. Wenham**　　**Martin A. Green**

Muriel E. Watt　　**Richard Corkish**　著

◎ 曹昭陽　狄大衛　譯

五南圖書出版公司 印行

前　言

　　所謂太陽光電（photovoltaic，亦稱光伏特或光伏打），是指以太陽電池為媒介，將太陽光直接轉換為電能的過程。1839年，19歲的法國年輕科學家艾德蒙‧貝克勒爾（Edmond Becquerel）在其父親的實驗室中成功研製了世界上第一個太陽光電元件。然而，對於太陽光電效應的理解與探索，則是建立在20世紀最重要的兩項科技進步之上。其一，是20世紀人類重大智慧結晶之一的量子力學的發展。其二，是以量子力學為基石的半導體技術，成就了磅礴的電子工業革命，並帶動了光電（photonics）科技的新興。對於現代太陽光電科技的發展史，Loferski（1993）作出了饒富趣味的描述。對於追溯到1839年的一些早期的歷史，Clossley（1968）等幾位學者則記述了更偏重於技術性的細節。

　　值得慶幸的是，不僅擁有完備的理論基礎，太陽電池在使用上的簡潔與可靠同樣是該技術的強大優勢之一。在本書的最初幾個章節中，將著重於探索太陽光電過程中最重要的兩個組成部分——作為能量泉源的太陽光，以及藉由精巧的內部機制，將光能轉換為電能的太陽電池本身的性質。接下來則會提及太陽電池和模組的生產工藝，其後是各類太陽光電系統的介紹，包括太陽能汽車，住宅的獨立型電源供給或抽水系統，以及大規模併網發電廠等。

　　《應用太陽電池》一書的主旨，是向有關從業人員提供太陽光電系統運作原理的一些基本資訊，使讀者瞭解太陽電池的各種應用並能從事簡單的太陽光電系統設計。本書的編寫取材於澳洲新南威爾斯大學太陽光電與太陽能工程、再生能源工程與電機工程的大學部學生課程教學資料，並將繼續被用作標準教材。作者期望，隨著掌握太陽光電概念及應用專業知識的畢業生的逐年增加，能夠為社會提供優秀的工程師，以參與並推進全球太陽電池產業的高速發展。

參考文獻

Crossley, P.A., Noel, G.T. & Wolf, M. (1968), *Review and Evaluation of Past Solar-Cell Development Efforts*, Report by RCA Astro-Electronics Division for NASA, Contract Number NASW-1427, Washington, DC.

Loferski, J.J., (1993), 'The first forty years: A brief history of the modern photovoltaic age', *Progress in Photovoltaics: Research and Applications*, **1**, pp. 67-78.

譯　序

　　煤炭、石油等傳統化石燃料除了蘊藏量有限外，燃燒時所排放的廢氣對環境造成的危害日益加劇，而其中二氧化碳本身不具毒性卻是地球暖化的主要禍首。為了解決這個問題，「節能減碳」已經蔚為全球風潮。再生能源的推廣被視為節能減碳最重要的手段之一，而在各種再生能源方案中，又以太陽光電最受矚目。所謂太陽光電是指利用太陽電池這種光電元件，將太陽光直接轉換為電力輸出。由於太陽光取之不盡，用之不竭，太陽光電將成為未來最重要的再生能源。太陽光電產業潛力無窮，2008年全球累積裝置容量約12 GWp，產值約263億美元；預估2015年累積裝置容量達65 GWp，產值可達1,000億美元以上。

　　行政院已經在四月份通過「綠色能源產業旭升方案」，此一方案的目的在於引領我國產業朝向低碳及高價值化發展。其中太陽光電產業為綠色能源兩大主力產業之一，在政府的全力支持下，我國可望在未來成為國際太陽光電技術研發重鎮，並且預估在2015年成為全球前三大太陽電池生產國。儘管我國太陽光電產業在全球供應鏈中已經占有舉足輕重的地位，在太陽光電的消費市場中卻是相對落後於歐美日等先進國家。然而，隨著攸關綠色能源發展的「再生能源發展條例」生效後，這種狀況將逐漸改觀。可以預期地，太陽光電產業挾其安裝簡便、無污染排放（無廢氣或噪音）、低維護需求等多重優勢，在政策性推廣下，國內市場將會大幅成長。而隨著國內應用案例的增加，下游廠商將獲得經驗累積而使得技術不斷精進，提升在國際市場上的競爭力。因此，隨著產業鏈的逐漸茁壯，太陽光電相關領域無論是在研究開發、製造生產、系統設計與應用、現場安裝以及後續維護上，都會需要大量的專業人才。目前坊間相關書籍大多偏重太陽電池的設計與製造，《應用太陽電池》則可以做為有志於太陽電池應用者的參考。

　　顧名思義，本書著重在太陽電池的應用上。英文版原著《Applied Photovoltaics》是由澳洲新南威爾斯大學電機工程系和太陽光電與再生能源工程系專業課程「應用太陽電池」所使用的標準教材，原著作者Martin Green教授、Stuart Wenham教授、Richard Corkish博士和Muriel Watt博士均是新南威爾斯大學太陽光電工程研究中心的資深專家和太陽光電權威。在Green教授與Wenham教授的領導下，研究中心長期以來在矽基太陽電池方面的研究成就輝煌，目前是單晶矽太陽能電池效率的世界紀錄保持者。

　　本書正體中文譯本主要是以英文版原著為基礎，參酌簡體中文譯本，將專業術語和敘述方式修改成國人較熟悉的用法。在此感謝簡體中文譯本初稿的提供者無錫尚德太陽能電力有限公司的施正榮博士等先進，以及新南威爾斯大學由狄大衛先生領導的簡體中文編譯小組。感謝博士班同學狄大衛在正體中文譯本上所提供的寶貴意見與協助。最後特別感謝內人劉美琳老師的支持與鼓勵。譯者很榮幸承蒙經濟部與台灣電力公司資助前來澳洲學習太陽光電技術，由衷地希望本書對國內太陽光電的推廣能有絲毫的貢獻。然而，由於個人的專業知識仍在持續學習以及受編譯時間所限，譯本中的紕漏和失誤之處在所難免，懇請廣大讀者不吝賜教。

曹昭陽　謹識

2009年8月于新南威爾斯大學

致　謝

「應用太陽電池」是澳洲新南威爾斯大學的一門大學部課程，最初源自電機工程系而目前改由太陽光電與再生能源工程系（原屬電機工程系）開設。授課的師資曾經有Dean Travers博士、Christiana Honsberg博士、Armin Aberle教授、Alistair Sproul副教授以及Anna Bruce博士。感謝Alistair Sproul在英文原著的編輯上，尤其在校閱、修改建議與資料提供等方面所付出的心力。同時也感謝來自學生們的回饋，對課程內容、結構改進的建議，以及教師們對補充教材的提供。

作者感謝來自新南威爾斯大學太陽光電工程研究中心以及其前身機構的眾多成員，特別是Jenny Hansen, Roman Balla, Robert Largent, Matt Edwards與Robert Passey，以及來自Greenwatt有限公司的David Roche為本書的訂正、文字輸入、格式設定、圖片編排、以及最終的排版等所做的重大貢獻。本書由新南威爾斯大學的狄大衛、高兆利、韓見殊、石磊與魏偉，以及無錫尚德太陽能電力有限公司的施正榮（總經理）、張光春等協力翻譯並編輯成簡體中文版本；正體中文版則是由曹昭陽、狄大衛等人負責翻譯。特別感謝新南威爾斯大學翻譯人員認真細緻的工作，以及對英文原版的審查、修正與改進作出的貢獻。

感謝以下組織或人員對本書中圖片的使用或更改進行授權：澳洲CSIRO（圖1.11），Aden博士與Marjorie Meinel（圖1.12），澳洲氣象局（圖1.13），聖第亞國家實驗室（圖6.7, 6.8, 7.1, 7.2, 9.3, 11.1, 11.3），IEEE（圖4.14, 5.1, 9.5, 10.4, 10.5, 10.7, 10.8, 10.10, 10.11, 10.13, G.1, G.2），澳洲電信協會（圖6.2, 6.3, 6.4），Silcar Pty Ltd. Design & Construction（圖8.1），Springer Science and Business Media（圖8.2, 8.3, 11.12, 11.16, 11.17），Halcrow & Partners（圖8.4, 8.5, 8.6, 11.8, 11.9, 11.11, ,11.15, H.4），Regional Energy Resources Information Centre（圖11.2），

M. Sahdev（圖11.5），Thomson（圖11.6）與McGraw-Hill圖書公司（圖1.14, 1.17, 11.10, 11.13, 11.14）。感謝ASTM International提供附錄A的資料表格，以及Daryl Myers和Keith Emery（NREL，美國國家再生能源實驗室）的協助。

《Applied Photovoltaics》英文原著作者

二零零九年八月于新南威爾斯大學

目　錄

第 2 章 ｜ 半導體與 P-N 接面　　37

第 3 章 ｜ 太陽電池的運作　　51

第 6 章 | 獨立型太陽光電系統的組成元件　　117

6.8.3 開關 ······ 142
6.8.4 連接器 ······ 142
6.8.5 接地 ······ 143
6.8.6 雷擊防護 ······ 143
6.8.7 讀表和警報 ······ 144
6.8.8 蓄電池保護和安全標識 ······ 144
6.8.9 電子設備的保護 ······ 145
6.8.10 模組安裝 ······ 145
習題 ······ 150
參考文獻 ······ 151

第 7 章 | 獨立型太陽光電系統之設計 155

7.1 前言 ······ 156
7.2 系統可用率 ······ 156
7.3 混合系統 ······ 158
7.4 太陽光電系統的簡易設計方法 ······ 159
7.5 聖第亞國家實驗室的方法 ······ 161
7.6 澳洲標準 AS4509.2 ······ 164
7.7 系統設計軟體 ······ 165
習題 ······ 165
參考文獻 ······ 166

第 9 章 ｜ 偏遠地區供電系統　　　　　203

第 11 章 ｜ 太陽光電抽水系統　275

第 1 章
太陽光的特性

1.1 │ 波粒二元性

在過去的幾個世紀裡，由於存在著表面上相互衝突的兩派學說，使得人們對光的性質的看法反覆不一。針對量子理論的進化史，Gribben 作了深入淺出的描述（1984）。在 17 世紀後期，牛頓所主張的光是由微小粒子組成的觀點開始盛行。到了 19 世紀早期，楊（Young）和菲涅耳（Fresnel）的實驗發現了光的干涉效應，顯示光是由波組成的。直到 19 世紀 60 年代，馬克斯威爾（Maxwell）的電磁輻射理論被接受，光才被認為是由不同波長組成的電磁波譜中的一部分。1905 年，愛因斯坦闡釋了光電效應，他指出光是由不連續的粒子或能量量子（quanta of energy）組成的。既是粒子又是波，光同時具有這兩種對立而互補的性質，這一觀點現在已被廣泛接受。這一理論也被稱為波粒二元性，且可總結為以下等式：

$$E = hf = hc/\lambda \tag{1.1}$$

頻率是 f 或波長是 λ 的光，產生的波包或光子的能量是 E，h 是普朗克常數（6.626×10^{-34} Js），c 是光速（3.00×10^{8} m/s）（NIST, 2002）。

在定義光伏特或太陽電池特性時，光有時被當作波來處理，其餘情況下當作粒子或光子處理。

1.2 │ 黑體輻射

黑體是一個理想的吸收、發射或輻射體。當它被加熱後，開始發光；也就是說，開始發出電磁輻射。典型的例子就是金屬的加熱。金屬溫度越高，發射的光的波長越短，發光的顏色由最初的紅色逐漸變為白色。

古典物理無法解釋由此類發熱體發出的光的波長分佈。然而，在 1900 年，由普朗克所推導的一個數學運算式描述了這個分佈，雖然人們當時對黑體輻射的物理機制一無所知。五年後，愛因斯坦用量子理論做出了解釋。黑體的

光譜輻射功率是指從 λ 到 λ + dλ 極小的波長變化範圍內每單位面積輻射的功率，它遵循普朗克分佈（Planck distribution, Incropera & DeWitt, 2002），

$$E\,(\lambda,\,T) = \frac{2\pi hc^2}{\lambda^5 [\exp(hc/(\lambda kT)) - 1]}$$ （1.2）

這裡 k 是波茲曼常數，E 的量綱是單位面積單位波長的功率。黑體的總輻射功率，由單位面積所輻射的功率表示。這個單位面積總輻射功率可以藉由以波長作引數，對式（1.2）從零到正無窮大進行積分而得到，結果是 $E = \sigma T^4$，σ 是史提芬 - 波茲曼常數（Stefan-Boltzmann constant, Incropera & DeWitt, 2002）。

　　圖 1.1 描述了黑體在不同溫度時，在其表面所觀測到的輻射分佈。最低的曲線表示被加熱到 3000 K 的黑體，溫度大約是白熾燈在正常工作時鎢絲的溫度。處於輻射能量峰值的波長約是 1 μm，屬於紅外線波段。在這種情況下，在可見光波段（0.4-0.8 μm）只有少量的能量發射，這正是白熾燈效率低落的原因。將輻射峰值波長移動到可見光譜內需要極高的溫度，超過絕大部分金屬的熔點。

1.3 ┃太陽及其輻射

　　太陽是一個藉由其中心的核融反應（nuclear fusion reaction）產生熱量的氣體球（Quaschning, 2003）。內部溫度高達 2×10^7 K。如圖 1.2 所示，內部強烈的輻射被靠近太陽表面的一層氫離子所吸收。能量以對流的形式穿透這層光阻，然後在太陽表面的光球層（photosphere）重新向外輻射。如圖 1.3 所示，這個輻射強度接近於溫度為 6000K 的黑體輻射。

1.4 ┃太陽的輻射

　　雖然來自太陽表面的輻射強度幾乎恒定（Gueymard, 2004; Willson & Hudson, 1988），但是當到達地球表面時，太陽光受地球大氣層的吸收和散射

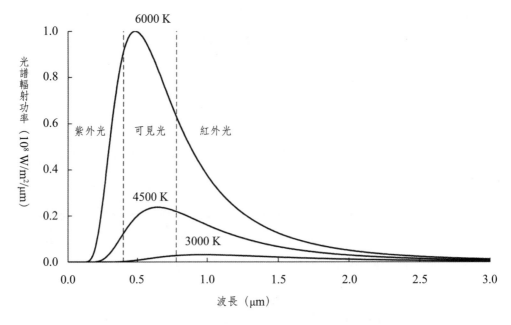

圖 1.1 ✿ 在三個不同溫度下的理想黑體表面輻射分佈

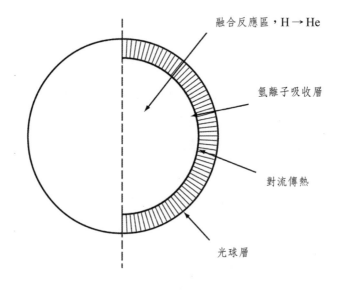

圖 1.2 ✿ 太陽內部的不同區域

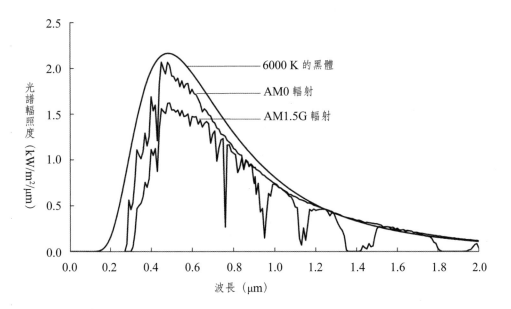

圖 **1.3** ☼ 表面溫度 **6000K** 的黑體的光譜輻射照度；位於恰好是地球大氣層以外位置所觀
察到的太陽光球層的光譜輻射照度（**AM0**）；以及在穿透 **1.5** 倍於地球大氣層垂
直厚度的地球大氣之後的太陽光球層的光譜輻射照度（**AM1.5G**）。

作用影響而強烈變化。

　　當天空晴朗，太陽在頭頂直射且陽光在大氣中經過的路徑最短時，到達地
球表面的太陽輻射最強。如圖 1.4 所示，這個光程可用 $1/\cos\theta_z$ 近似，θ_z 是太陽
光和本地垂線的夾角。

　　這個路徑一般被定義為太陽輻射到達地球表面必須經過的大氣光學質量，
AM（air mass），因此，

$$AM = 1/\cos\theta_z \tag{1.3}$$

　　這個公式假設大氣層是均勻且無折射的，這樣的假設將在接近地平線時導
入大約 10% 的誤差。Iqbal（1983）提出了更加精確的公式，考慮到了光線穿
越大氣層時，由於大氣層的密度隨穿越深度而變化所造成的光線路徑曲折。

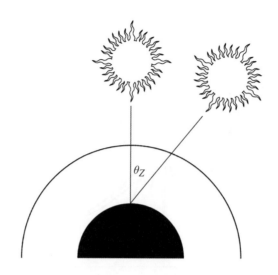

圖 1.4 ☼ 太陽輻射所穿過的大氣厚度（大氣光學質量）取決於太陽在天空的位置

　　當 $\theta_Z = 0°$ 時，大氣光學質量等於 1 或稱 AM1；當 $\theta_Z = 60°$ 時，則是大氣光學質量是 2 或 AM2 的情況。AM1.5（相當於太陽光和垂線方向成 48.2° 角）為太陽光電業界的標準。

　　任何地點的大氣光學質量可以由下列公式估算：

$$AM = \sqrt{1 + (s/h)^2} \tag{1.4}$$

　　如圖 1.5 所示，s 是高度為 h 的豎直杆的投影長度。

　　太陽光在大氣層外（即大氣光學質量為零或者 AM0）和 AM1.5 時的光譜分佈如圖 1.6 所示。AM0 從本質上來說是不變的，將它的功率密度在整個光譜範圍積分的總和，被稱作太陽常數（solar constant, ASTM, 2000, 2003; Gueymard, 2004），它的公認值是

$$\gamma = 1.3661 \text{ kW/m}^2 \tag{1.5}$$

　　通常情況下，將來自太陽本身的直射光束和來自天空的漫射光分開進行考

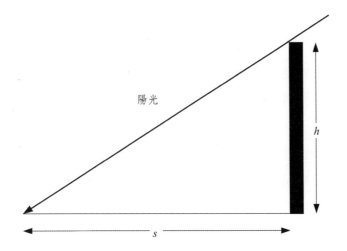

圖 1.5 ✿ 利用已知高度的物體的投影估算大氣光學質量

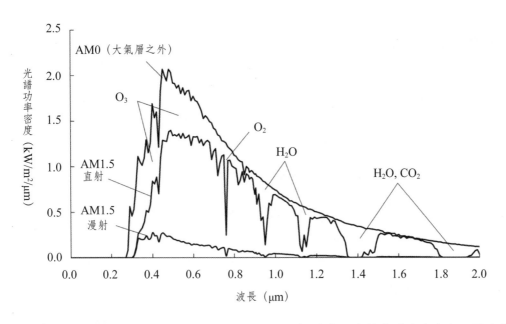

圖 1.6 ✿ 在大氣層外（**AM0**）和地球表面（**AM1.5**）時太陽光的光譜功率密度，反映出不同的大氣成分的吸收

慮，兩者的總和被稱作總體輻射（global radiation，或稱總輻射）。附錄 A 中所列出的表格描述了在大氣光學質量為 AM1.5 時，位於地面上仰角為 37 度時，面向赤道平面所接收到的總體輻射照量和波長的對比。由於不同種類的太陽能電池對不同波長的光響應各不相同，該表格能被用來估算不同電池的潛在輸出電力。

對附錄 A 的光譜而言，總的能量密度，也就是對整個波長範圍的功率密度的積分，接近 970 W/m^2。這個光譜或能量密度為 1000 W/m^2 的「正規化的」光譜是現階段劃分太陽電池產品等級的標準。後者在數值上接近地球表面所接收到的最大功率值。在附錄 A 中，和正規化的光譜相對應的功率和光子通量密度可以通過將附錄 A 中數值乘以係數 1000/970 而獲得。

為了評估太陽電池或模組在實際系統中的性能，以上討論的標準光譜必須與系統安裝地點的實際的太陽光照程度相對應（圖 1.12 顯示了每日太陽輻射量的總體和季節性的變化）。

1.5 │ 直接輻射和漫射

當到達地球表面時，穿過地球大氣層的太陽光被減少或削弱了大約 30%，其影響因素（Gast, 1960; Iqbal, 1983）如下：

1. 大氣中分子的瑞利散射（Rayleigh scattering），對短波長光而言更為明顯
2. 煙霧和塵埃粒子的散射
3. 大氣中氣體的吸收，如氧氣，臭氧，水蒸汽和二氧化碳（CO_2）

大氣氣體造成的吸收光譜波段如圖 1.6 中所示。臭氧強烈吸收波長低於 0.3 μm 的光波。大氣層中臭氧的損耗使得更多的這種短波長的光到達地球表面，而這將對生物系統產生有害的影響。1 μm 左右的吸收光譜波段，是透過水蒸汽吸收產生的，CO_2 吸收更長波長的光波。而大氣中二氧化碳成分的改變也會對氣候和生物系統產生影響。

　　圖 1.7 指出，大氣的散射作用導致了從天空中不同方向射來的漫射太陽光。由於大部分的有效散射發生在短波長範圍裡，漫射輻射在自然光譜的藍端區域最為顯著。因此，天空呈現藍色。AM1 輻射（太陽在頭頂直射時的輻射）在天空晴朗時大約有 10% 漫射輻射成分。漫射所占的百分比隨著大氣光學質量或者天空的陰雲程度的增加而增加。

　　當然，雲層是太陽光在大氣中衰減和產生散射的一個要因。積雲（cumulus），或處於低海拔體積較大的雲層能夠非常有效地阻擋太陽光。然而，大約有一半被積雲阻擋的直接輻射能夠以漫射輻射的形式重新到達地面。卷雲（cirrus），或稀薄的高海拔雲層，對陽光的阻擋就不是那麼有效了，大約 2/3 被阻擋的直接輻射能夠轉換成為漫射輻射。在完全陰雲的天氣，沒有直接日照，到達地球表面的輻射大部分是漫射輻射（Liu & Jordan, 1960）。

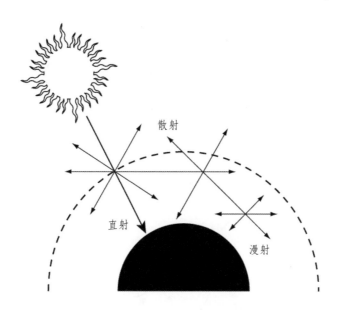

圖 1.7 ☼ 由大氣散射導致的漫射輻射

1.6 | 溫室效應

為了保持地球的溫度，地球從太陽獲得的能量必須與地球向外的熱輻射能量相等。與阻礙入射輻射類似，大氣層也阻礙向外的輻射。水蒸汽強烈吸收波長為 4–7 μm 波段的光波，而二氧化碳主要吸收的是 13–19 μm 波段。大部分的向外輻射（70%）從 7–13 μm 的「窗口」散逸。

如果我們居住的地表像在月球上一樣沒有大氣層，地球表面的平均溫度將大約是 −18°C。然而，大氣層中有天然背景值為 270 ppm（濃度單位，即百萬分之一）的 CO_2，這使得地球的平均溫度大約在 15°C，比月球表面平均溫度高出 33°C。圖 1.9 顯示的是如果地球上沒有大氣層且地球和太陽都被視為理想黑體時，地球吸收和向外輻射的波長分佈。

人類的活動增加了大氣中「人造氣體」的排放，這些氣體吸收波長的範圍是在 7–13 μm，特別是二氧化碳，甲烷（methane），臭氧，氮氧化合物和氟氯碳化物（CFC）等。這些氣體阻礙了能量的正常散逸，並且被廣泛認為是造成地表平均溫度升高的原因。據 McCarthy 等人的論述（2001），在 20 世紀裡地

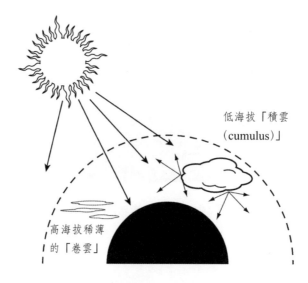

低海拔「積雲（cumulus）」

高海拔稀薄的「卷雲」

圖 1.8 ☼ 雲層覆蓋狀況對到達地球表面的輻射的影響

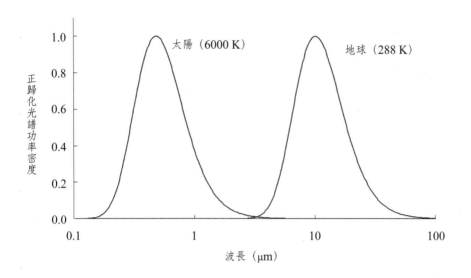

圖 1.9 ☼ 如果地球和太陽都被視為黑體時，地球吸收和向外輻射的光譜分佈（注意，圖中兩條曲線的峰值已被正規化處理，並且水平坐標軸尺度是對數尺度）。

球表面的平均溫度已經增加了 0.6±0.2°C，根據模型預測，到 2010 年，全球平均的表面大氣溫度比 1990 年要高出 1.4-5.8°C。這些模擬結果指出了升溫過程可能隨地區的不同而變化，並且伴隨著降水量的增減而變化。除此之外，氣候的多變性也會隨之產生差異，並改變一些極端的天氣現象的頻率和強度。跡象顯示，洪水和乾旱日益頻繁。可以預見地，溫室效應對人類和自然環境將產生嚴重影響。

　　毫無疑問，現今人類的活動已達到了能夠影響地球的自我平衡體系的程度。由此造成的副作用是具有破壞性的，具有低環境影響和低「溫室氣體」排放等特性的技術將在未來的幾十年內變得愈加重要。由於燃燒化石燃料的能源產業是產生溫室氣體的主要源頭，因此能夠取代化石燃料的技術，例如太陽電池技術，應當被推廣使用（Blakers *et al.*, 1991）。

1.7 │ 太陽的視運動

太陽的視運動（Iqbal, 1983; Sproul, 2002），以及它在太陽正午時候相對於一名在南緯 35°（或者北緯 35°）的固定觀察者的位置如圖 1.10 所示。太陽路徑在一年中變化，圖中也表示出了太陽在一年中不同的偏移極點，即在夏至和冬至以及在晝夜平分點的位置。在春分和秋分（3 月 21 和 9 月 23 日左右）太陽正東升起，正西落下。在正午時分，太陽高度等於 90° 減去緯度。在冬至和夏至（對於北半球而言，分別大約在 12 月 22 日和 6 月 21 日左右；南半球正好相反）太陽的正午高度增加或減少一個地球黃赤交角 23°27'。利用附錄 B 提供的公式可以算出任意時間太陽在天空中的位置。太陽的視運動軌跡有時用極座標（圖 1.11）或圓柱圖（cylindrical daigram）示描述。其中，圓柱圖對預測附近物體的遮光效應特別有用。利用俄勒岡大學太陽輻射監測實驗室所開

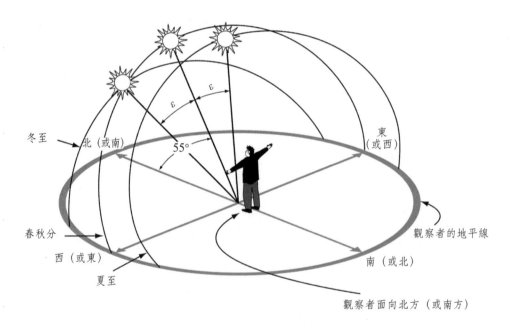

圖 1.10 ⚙ 觀察者在南緯或北緯 **35°** 時所觀察到的太陽的視運動。ε 是地球自轉平面（赤道平面）與地球圍繞太陽公轉平面（黃道平面）之間的夾角（ε = **23°27' = 23.45°**）。

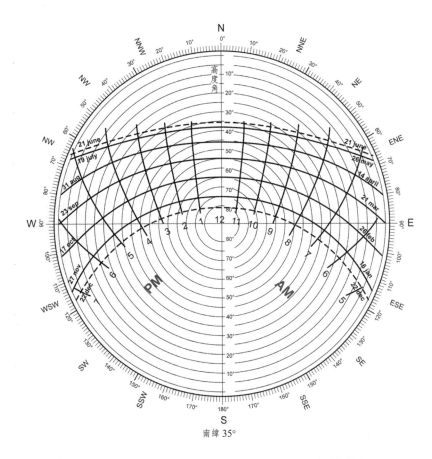

圖 1.11 ☼ 觀察者在南緯 **35°** 時太陽視運動軌道的極座標圖（版權所有 **(c)CSIRO 1992**，
經 **CSIRO PUBLISHING, Melbourne Australia** 授權重製，摘自《**Sunshin
and Shade in Australasia**》 第 六 版（**R.O.Phillips**），**http://www.publish.
csiro.au/pid/147.htm**）

發的線上計算器，可以進行圓柱形太陽圖表的有關計算（University of Oregon,
2003）。

1.8 ｜日照資料及估算

一些學者已對這個領域作出了完善的回顧，例如，Duffie 和 Beckman

（1991），Iqbal（1983），Reddy（1987），Perez 等（2001）以及 Lorenzo（1989，2003）。地球外的輻射強度可由幾何關係和太陽常數得知（見公式 1.5），但是地球上的日照強度並沒有被妥善地定義。

太陽光電系統的設計者們經常需要估算落在任意傾斜面的日照量。多數情況下，月平均日間日照資料已經足夠充分（Lorenzo, 2003），通常用每月中旬的幾個「特徵」日期來定義月平均值（附錄 C）。在本書中，星號用來表示特徵日期，而上劃線表示月平均值。當估算模組傾斜角對所接收日照的影響時，直接輻射成分和漫射輻射成分一般是分別考慮的。但這些數值如果沒有事先分別測定，則是要根據總體輻射的資料估算而來。因此，這裡有三個基本的問題：

1. 利用測量所得到的資料來計算給定地點水平面上的總體輻射
2. 利用總體輻射的數值來估算水平面上的直射成分和漫射成分
3. 利用水平面上的直射成分與漫射成分資料來估算傾斜平面的對應資料

1.8.1 地球外輻射

水平面上的地球外輻射 R_0（假設無大氣層情況下的垂直日照情況）可藉由 γ_E 估算，即太陽常數，用一小時內的入射能量來表示

$$\gamma_E = 3.6\gamma \ (\mathbf{MJ/m^2/h^{-1}}) \tag{1.6}$$

由太陽和地球的幾何關係得到 R_0（Iqbal, 1983, p.65）：

$$R_0 = \left(\frac{24}{\pi}\right)\gamma_E\, e_0\cos\varphi\cos\delta\left[\sin\omega_s - \left(\frac{\pi\omega_s}{180}\right)\cos\omega_s\right] \tag{1.7}$$

其中

$$e_0 \approx 1 + 0.033\cos\left(\frac{2\pi d}{365}\right) \tag{1.8}$$

是軌道離心率（地球矢徑平方的倒數）（Iqbal, 1983）（1989 年 Lorenzo 對此離心率作了更為精確的表述），ω_s 是日出相位角（也稱日出或日落小時角），定義為

$$\cos \omega_s = -\tan \varphi \tan \delta \tag{1.9}$$

d 是從 1 月 1 日開始計算的天數，並定義 1 月 1 日時為 $d = 1$，（2 月通常假設為 28 天，在閏年時候引入一個小誤差），黃赤交角 $\varepsilon = 23°27' = 23.45°$，而 δ 是太陽的偏角，由下式提供

$$\delta \approx \sin^{-1}\left\{\sin \varepsilon.\sin\left[\frac{(d-81)360}{365}\right]\right\} \approx \varepsilon \sin\left[\frac{(d-81)360}{365}\right] \tag{1.10}$$

這個偏角是連接地球和太陽中心的直線和地球赤道平面的交角，它在晝夜平分點（即春分和秋分）時是零（Iqbal, 1983）。附錄 B 提供了更加複雜而精確的運算式。

對應的在同一水平面上地球外的日輻射的月平均值，由下式提供

$$\overline{R}_0 = \left(\frac{24}{\pi}\right)\gamma_E\, e_0^*\cos\varphi\cos\delta^*\left[\sin \omega_s^* - \left(\frac{\pi\omega_s^*}{180}\right)\cos \omega_s^*\right] \tag{1.11}$$

1.8.2　在水平面上的地表總體輻射

可以用來測量日照程度的設備各式各樣（Iqbal, 1983; Tindell & Weir, 1986）。最簡單的例子是日光儀（heliograph），它藉由聚焦太陽光在旋轉的圖表上燃燒打孔，記錄太陽曝曬的小時數。矽太陽電池本身也被用於一些較為複雜的設備中。此外，熱電效應（thermoelectric effect，不同的材料在接合處兩端受熱不同而產生電壓）是一些更精確的設備（高溫計，日射強度計）之基礎，因為這個效應對光波的靈敏度比較低。

以適當的形式獲得準確的日照資料對設計太陽光電系統來說顯然是非常重要的，但有時確實是一件比較艱巨的任務。一種被廣泛使用的資料形式是落到

水平面或者傾斜平面上的日平均、月平均、季平均或年平均總體（直接輻射和漫射輻射）輻射。圖 1.12 顯示的例子提供了用 MJ/（m^2.day）作單位的每季季平均總體輻射等高線。聖第亞國家實驗室（Sandia National Laboratories）也發表了類似的總體日照強度圖（1991）。如果有可能，應當獲得各區域更為確切的資料，最好是採用直接輻射和漫射輻射成分的形式而不是總體日照程度的形式。附錄 D 中列出了一些日照資料的原始資料。部分地區的直接輻射和漫射成分的測量資料已經完備。澳洲一些地方的資料已經被製成各種表格，這些資料對太陽能工程師和建築師的工作有所助益（Lee *et al.*, 2003）。

峰值日照小時資料

每月的日平均日照水準通常用「峰值日照小時數(peak sun hours)」來表示。其概念為：全天所接收到的太陽輻射，早晨時為低強度，在正午時達到峰值，午後又逐漸降低。這些不斷變動的日照資料在累加後，被壓縮到一個日照強度等同於正午輻射強度的縮減時段裡（Sandia National Laboratories, 1991）。假設一天的正午日照強度（峰值日照）估算為 1.0 kW/m^2，那麼峰值日照小時數在數值上將等同於該天的總日照量，總日照量的單位是 kWh/m^2。

日照小時資料

一種經常使用的日照資料形式被稱作「日照小時數」（或 SSH）（Twidell & Weir, 1986）。這個數量描述了在一段給定的期間（通常是一個月）中，每天超過約為 210 W/m^2 輻射強度的日照小時數。值得注意的是，日照小時數沒有提供日照的絕對數據，並且僅對太陽光的直射輻射有效。日照小時數的測量是藉由 Campbell-Stokes 日照小時數裝置獲取的，裝置將平行光線聚焦並照射到移動的記錄帶上，如果日光強烈的話能夠引起燃燒。漫射光線無法以相同的方式來聚焦，因此不能以此類設備記錄。藉由這種方法得出的資料品質不高，除非能夠將測得的小時資料與實際輻射資料可靠地結合，否則一般不建議使用（Standards Australia, 2002）。這種方法對一些缺乏具體日照資料記錄的地區比較適用。

對於太陽光電系統的設計來說，困難處在於將日照小時數轉化成更加實用的資料。這裡，我們考慮一些估算方法，比如從日照小時數估算在某一水平面上日間總體日照量的月平均值（Iqbal 1983）

$$\overline{R} = \overline{R}_0 \, (a + b\overline{n}/\overline{N}_d) \tag{1.12}$$

式中 $\overline{R}_0$ 如公式（1.11）所定義，$\overline{n}$ 是所記錄的日間強光照射小時數的月平均值，通常是由 Campbell-Stokes 儀器測量的，a 和 b 是回歸常數，$\overline{N}_d$ 是從不同地區的測量資料總結得出。是月平均日長度 $= 2/15\omega_s^*$。

這個模型曾被 Telecom Australia（注：Telecom 為澳洲最大的電信公司 Telstra 的舊稱，下同）（Muirhead & Kuhn, 1990）使用，表 1.1 列出了澳洲各地的 a、b 值，澳洲的平均值為

$$a = 0.24 \text{，} b = 0.48 \tag{1.13}$$

雖然這些數值依緯度不同有一定的差異。

附錄 D 是世界不同地區的 a，b 值的一些原始資料。澳洲許多地方，以及一些孤立的島嶼和南極洲等區域擁有較為詳盡的記錄。

表 1.1 ▌澳洲部分地區的回歸常數（Muirhead & Kuhn, 1990）

地區	緯度	a	b
Adelaide	34.9	0.24	0.51
Alice Springs	23.8	0.24	0.51
Brisbane	27.5	0.23	0.46
Darwin	12.5	0.28	0.46
Hobart	42.8	0.23	0.47
Laverton	37.9	0.24	0.49
Mt. Gambier	37.8	0.26	0.46
Perth	32.0	0.22	0.49
Sydney	33.9	0.23	0.48
Wagga Wagga	35.2	0.27	0.52

更為複雜的運算式（Reitveld, 1978）是

$$a = 0.10 + 0.24\overline{n}/\overline{N}_d，b = 0.38 + 0.08\overline{n}/\overline{N}_d \qquad (1.14)$$

這些運算式是利用來自世界各地的資料決定的。適用範圍涵蓋全球各地，而且在有雲層的狀況下也較好（Iqbal, 1983）。Glover 和 McCulloch（1958）將緯度的影響帶入計算（在 $\varphi < 60°$ 的範圍），並指出

$$\overline{R} = \overline{R}_0[0.29\cos\varphi + 0.52\ (\overline{n}/\overline{N}_d)] \qquad (1.15)$$

在引用文獻中的 a 和 b 值時應當注意一些問題。計算中使用了多種不同的幾何以及日照參數，測量資料來自於多種不同的測量方法和儀器，而且這些由不同途徑獲得的資料，有時被認為是具有相同格式而經混合處理（Iqbal, 1983）。

另一種藉由 SSH（日照小時數）估算總體輻射的方法，是用 $\overline{n}/\overline{N}_d$ 的值來估計晴天的百分比，用 $(\overline{N}_d - \overline{n})\overline{N}_d$ 得出對應的陰天的百分比。如果可以計算在一年中某一給定時期，在給定緯度上每一天中不同時間的大氣光學質量，通過公式（1.20）能夠比較準確地估算日照中的直射成分。可假設晴天日照的 10% 是漫射成分，而陰天的平均日照強度是在晴天時的 20%。

典型氣象年（TMY）資料

日照資料有時以「典型氣象年（typical meterological year）」（TMY）資料的形式呈現（Hall, 1978; Perez, 2001; Lorenzo, 2003）。這是一個綜合了各個月份資料的全年資料。每個月份的資料是從歷史記錄中所選取的代表該月的「典型的」氣象資料。關於資料收集，存在著多種選取方法，同時該資料集可能被平滑處理以確保其函數的連續性。造成非連續資料點的原因，可能源自於對不同年份中相鄰月份資料間的合併（Perez, 2001）。Lorenzo（2003）則在著作中用大量篇幅論證：儘管有的典型氣象年資料集可能包含每小時的詳細數值，它被用於建模的時候未必會比 12 個月份的月間資料集更加精準。

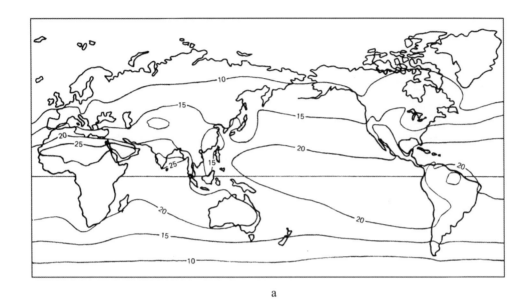

a

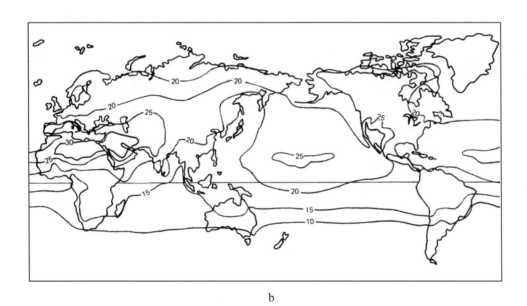

b

圖 1.12 ✿ 水平面上所接收到的季平均日間總體總日照量等高線，單位 **MJ/m²**（**1 MJ/m²** = **0.278 kWh/m²**）。**(a)** 第一季度（一至三月）**(b)** 第二季度（四至六月）

（圖片使用經原作者許可，Meinel & Meinel, 1976）

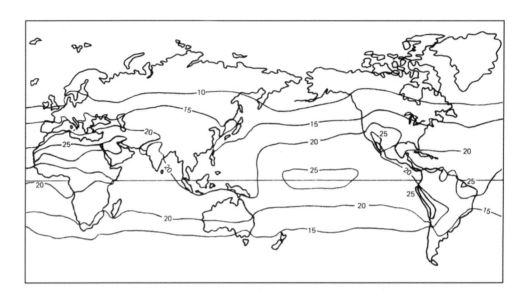

c

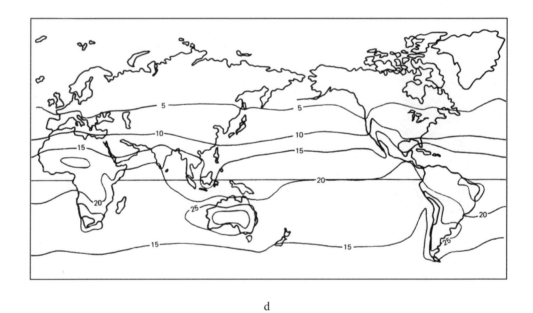

d

圖 1.12 續 ☀ 水平面上所接收到的季平均日間總體總日照量等高線，單位 **MJ/m^2**（**1 MJ/m^2 = 0.278 kWh/m^2**）。**(c)** 第三季度（七至九月）**(d)** 第四季度（十至十二月）
（圖片使用經原作者許可，Meinel & Meinel, 1976）

人造衛星雲圖的數據

澳洲氣象局每小時更新人造衛星雲層資料（2004）。其中不乏類似於圖 1.13 的圖片形式展現的一些數位化資訊，其解析度達到每 2.5 公里。這些資料可以直接輸入電腦，經由處理和分析，可用來非常準確地計算晴天和陰天的百分比（Beyer *et al*., 1992）。隨後，可將累積多年的衛星資料與公式（1.19）以及附錄 B 中的公式相結合，用於估算日照程度。

陰雲指數，對應於天空中被雲層阻擋的部分，與總體輻射和雲層覆蓋資料互相關聯（Lorenzo,1989），而 Iqbal（1983）認為，這種形式的資料較日照小

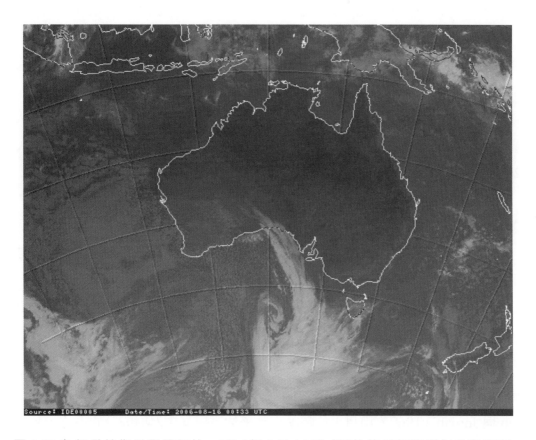

圖 1.13 ☼ 紅外線衛星雲圖照片，**2006** 年 **8** 月 **16** 日（圖片使用經澳洲氣象局許可，「**MTSAT-1R**：透過日本氣象局操作的地球同步衛星 **MTSAT-1R** 獲取，由澳洲氣象局處理的衛星圖片」）

時資料有關的分析方法不可靠。

某些區域也可以取得雲分析圖（nephanalysis chart），圖中利用標準記號和習慣用法來表示雲層的類型、數量、尺寸，雲與雲的間隔以及各種類型的雲線（cloud line）和雲帶（cloud band）。覆蓋程度透過將地面觀察結果與衛星雲圖資料相結合而決定。經過雲層分析，通常確定雲的類型為層雲、積雲、卷雲，或積雨雲，每一種雲的類型均可根據對入射陽光的影響而劃分。

基於衛星資料的日照估算

美國太空總署（NASA）（2004a）向全世界提供免費的由衛星估算的日照資料，這些資料被劃分成許多單元網格，每一網格大小為 1 緯度乘以 1 經度。所對應的資料一般被認為是該地區單元的平均值。這些資料並不是用來替代地面測量資料，而是填補了地面測量的空白或遺漏，並且對其他地區的地面測量加以補充。資料的品質至少對於初期的可行性研究是足夠準確的。

為了估算落在傾斜表面上的漫射成分，直射成分以及總體日照，研究人員使用了各種模型，並提供相關文件清楚地說明所採用的計算方法（NASA，2004b）。

1.8.3　總體輻射與漫射成分

漫射日照是由於一些複雜的相互作用，例如大氣的吸收和反射，以及地球表面的吸收以及反射所產生。

漫射日照的測量，需要配備有阻擋直射陽光的陰影帶的日射強度計（pyranometer），此類設備只在極少部分的測量站點使用。因此，學者們提出了一些利用總體輻射估算漫射成分的方法。

晴朗指數

Liu 與 Jordan（1960）用月平均晴朗指數來估算日光中漫射成分的占比，記作 $\overline{K}_T$

$$\overline{K}_T = \overline{R}/\overline{R}_0 \qquad (1.16)$$

它是日間地表總體輻射與日間地球外（即 **AM0**）總體輻射二者的月平均值之比。

可以利用來自文獻或者測量資料的 $\overline{R}$ 值，來估計落在水平面上的日間漫射輻射的月平均值 $\overline{R}_d$，其步驟如下：

1. 用式（1.7）計算每月的 $\overline{R}_0$，接著考慮

$$\overline{K}_d = \overline{R}_d/\overline{R}_0 \qquad (1.17)$$

其中 $\overline{R}_d$ 是需要得到的結果。假設可以找到 $\overline{K}_d$ 和 $\overline{K}_T$ 的相互關係，那麼利用這個運算式，利用通常較易測量的 $\overline{R}$ 可以推算出漫射成分 $\overline{R}_d$。有文獻中提出了一些諸如此類的 $\overline{K}_d$ 與 $\overline{K}_T$ 間相互換算關係，而當緯度不少於 $40°$ 時，Page（1961）的理論被認為是最為可靠的（Lorenzo, 2003）。

$$\overline{K}_d = 1 - 1.13\overline{K}_T \qquad (1.18)$$

2. 用式（1.16）估計每月的 $\overline{K}_T$
3. 用式（1.18）估計每月的 $\overline{K}_d$
4. 用式（1.17）估計每月的 $\overline{R}_d$

類似於式（1.18）的描述數量間相關性的模型，可以在有關文獻中找到。這些模型使用不同的平均時間，從一個月至小於一小時。這些模型的準確性受到平均時間長短的影響很大，因此不能適用於任意不同的平均時間週期（Perez *et al.*, 2001）。

Telecom 模型

如果直射和漫射日照成分不能分別確定，對於二者的一個合理的近似（對於大多數地區）可以透過將總月間總體日照，和根據大致的「晴朗」與「陰雲」的天數透過理論計算得出的總日照相等同而得出。計算過程如下：

1. 「晴天」——每天太陽直射的強度取決於大氣光學質量的函數，可由實
   驗得出的下列等式表示（Meinel & Meinel, 1976）

$$I = 1.3661 \times 0.7^{(AM)^{0.678}} \text{ kW/m}^2 \qquad (1.19)$$

其中，用目前公認的太陽常數代替了原始的太陽常數值，I 是與太陽光線
垂直的平面所接收到的直射成分，大氣光學質量（AM）可以利用附錄
B 中的運算法則估算，它是緯度、一年中的日期、一天中的時刻等參數
的函數。日間直接輻射可以透過確定某一具有代表性的日期的 I 值來計
算。接下來，若將這個數值提高 10%，則可以將漫射成分也估算在內，
圖 1.14 提供了上述估測的細節和依據。如此得到的結果，就是在一年中
特定日期特定地點，天氣晴好時候的預計日間日照量。

2. 「陰天」——假設所有入射光是漫射輻射，在水平面上的強度是由式
   （1.19）確定的值的 20%。因此，可估計「陰天」的日間日照量（完全
   是漫射）的近似值。

假設平均總體日照資料能夠利用晴天的總數及其日照量和陰雲天氣的總
數及其日照量來計算。通過第 1.8.2 節所描述的估算方法，晴天的日照
資料由 (1) 獲得，而陰雲天氣的日照又由 (2) 獲得，繼而可以分別確定直
射和漫射的成分。

此外，式（1.19）與日照光譜無關，而事實上不同波長的衰減度不同，
可以利用這個經驗公式近似表示（Hu & White, 1983）

$$I_{AMK}(\lambda) = I_{AM0}(\lambda) \left| \frac{I_{AM1}(\lambda)}{I_{AM0}(\lambda)} \right|^{AM^{0.678}} \qquad (1.20)$$

式中 λ 是光的波長。光譜的變化可能極大地影響太陽能電池的輸出。儘
管如此，這個影響通常可以忽略，因為矽太陽能電池幾乎不可能吸收 1.1
μm 以上的波長，而且當入射角增大時太陽能組件的反射增強，對應地大
氣光學質量也同時增加，光譜更加偏向紅端。

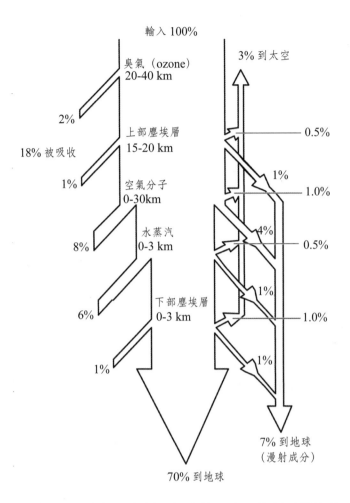

圖 1.14 ☼ 典型的 **AM1** 晴朗天空對入射光的吸收和散射（圖片使用經 **McGraw-Hill Companies, Hu, C. & White, R.M.**（**1983**） 的許可，《**Solar Cells: From Basic to Advanced Systems**》**, McGraw-Hill, New York**）

1.8.4 落在傾斜面上的輻射

太陽電池模組一般具有固定的傾斜角，因此通常需要透過落在水平面上的日照量，來估算落在斜面上的日照量。如之前所討論的，這需要分別的直射和漫射資料。許多模型對於天空的漫射分佈情況作出了一系列的假設（Duffie &

Beckman, 1991; NASA, 2004a）。如果用於輸入模型進行計算的資料本身也是先通過其他模型例如日照小時數資料計算得來的，則應當儘量選用簡單的模型進行計算（Perez 等，2001）。在本書中，我們僅考慮向赤道方向傾斜的平面，儘管其他一些複雜模型可能描述任意方位的平面（Lorenzo,1989）。

Telecom 方法

如果能夠以直射成分和漫射成分的形式提供日照資料，那麼就可以透過下面的方法來決定當太陽能板與水平面成 β 角時，落在板面上對應的日照（Mack, 1979）。

首先，我們假設漫射成分 D 與傾斜角是兩個相互獨立的變數（當傾斜角不超過 45 度時，可以認為這個假設成立）。Lorenzo（2003）討論了一些更為複雜的模型，比如考慮到地球相對接近太陽時或者在地平線附近的較高輻射強度（在天氣晴朗的前提下）。

其次，落在水平面 S 上的直射成分需要轉換成在相對水平面傾角為 β 的斜面 S_β 上的直射成分，如圖 1.15 所示。

因此我們得到：

$$S_\beta = \frac{S \sin(\alpha + \beta)}{\sin \alpha} \tag{1.21}$$

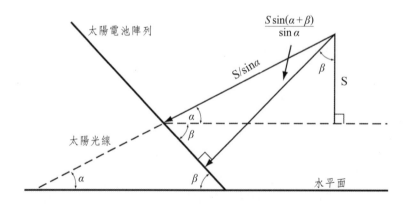

圖 1.15 ☼ 光線落在與水平面成 β 角的斜面上（**Mack, 1979**）

式中 α 是太陽正午時的高度（即陽光和水平面間的角度）。由下式給出

$$\alpha = 90° - \theta - \delta \qquad\qquad (1.22)$$

θ 是在南半球時的緯度。

以上適用於位於南半球，朝北的太陽能模組。如果是位於北半球而朝南，應當使用 $\alpha = 90 - \theta + \delta$，其中 θ 是北半球的緯度。

式（1.21）嚴格上只對於正午時候準確，雖然它常被用於決定太陽光電系統的尺寸需求，將落在水平面上的平均日照的直射成分，轉換成落在傾斜角為 β 的太陽能板上的平均日照的直射成分，因此引入了一個小的誤差。

圖 1.16 提供了典型的冬季晴天和陰天的日間日照強度隨時間變化曲線。其中陰天的照光強度僅約是晴天的 10%，那是由於該太陽電池陣列與水平面成 60° 角，使接收到的輻射中的直射成分相對於漫射成分大幅增加。

圖 1.17 表示的是天氣晴朗時在北緯 23.5°，陣列傾斜角度對所接收到的日

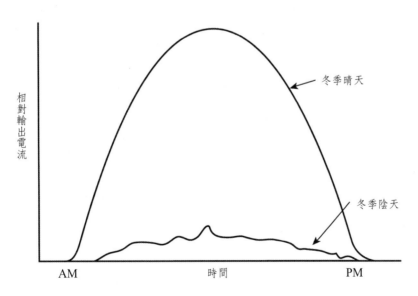

圖 1.16 ☼ 位於墨爾本（南緯 38°），冬季裡的晴天和陰天，太陽電池陣列傾斜角為 60° 時的相對輸出電流曲線（**Mack, 1979**）

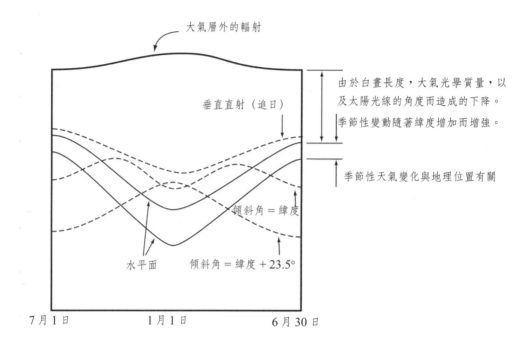

大氣層外的輻射

垂直直射（追日）

由於白晝長度，大氣光學質量，以
及太陽光線的角度而造成的下降。
季節性變動隨著緯度增加而增強。

季節性天氣變化與地理位置有關

傾斜角＝緯度

水平面　傾斜角＝緯度＋23.5°

7月1日　　　1月1日　　　6月30日

圖 1.17 ☼ 位於北緯 **23.5°**，陣列傾斜角度對於該陣列所接收到的日間總日照量的影響（圖片使用經 **McGraw-Hill Companies, Hu, C. & White, R.M.（1983）** 的許可，《**Solar Cells: From Basic to Advanced Systems**》, **McGraw-Hill, New York**）

間日照量的影響。Meinel 和 Meinel（1976, p. 108）研究了在冬夏至和春秋分天氣晴好的時候，位於兩個具有代表性的緯度上的一系列具有不同方位的固定模組或者追日系統，並將得到的理論日間能量獲取資料製成表格。

向赤道方向傾斜

Lorenzo（2003）概括出將在水平面上的月平均日間輻射轉化為在任意傾斜角平面上的通用方法。此方法需要事先已知每小時落在水平面上的總體輻射、直射成分和漫射成分等資料，並瞭解水平面量與斜面量的變換關係，進而透過小時資料累積出全天的總值。由於這個過程運算量較大，通常利用與太陽光電系統設計相關的一些電腦程式進行計算。

然而，正如 Duffie and Beckman（1991, Section 2.19）所指出，有一種由

Liu 和 Jordan（1962）最先提出，而經 Klein（1977）補充的方法，對於向赤道方向傾斜的平面特別合適，它的一個簡單近似運算式為

$$\overline{R}\ (\beta) = \overline{X}_b\ (\overline{R} - \overline{R}_d) + \overline{R}_d \frac{1 + \cos\beta}{2} + \overline{R}\frac{1 - \cos\beta}{2}\rho \qquad (1.23)$$

式中 ρ 是地面反射率，$\overline{R}_d$ 的值可以通過式（1.16）-（1.18）求得，$\overline{X}_b$ 是落在斜面上與落在水平面上的日間直射輻射之比（也稱光束強度比）。這個比值可以透過對應的地球外輻射資料作同比率近似，也就是說，在計算該比值時忽略大氣層的影響。對南半球來說，這個比值可以利用如下公式表示

$$\overline{X}_b = \frac{\cos(\varphi + \beta)\cos\delta\ \sin\omega_{s,\beta}^* + \left(\frac{\pi}{180}\right)\omega_{s,\beta}^*\sin(\varphi + \beta)\sin\delta}{\cos\varphi\ \cos\delta\ \sin\omega_s^* + \left(\frac{\pi}{180}\right)\omega_s^*\sin\varphi\ \sin\beta} \qquad (1.24a)$$

其中

$$\omega_{s,\beta}^* = \min \begin{cases} \cos^{-1}(-\tan\varphi\ \tan\delta) \\ \cos^{-1}(-\tan(\varphi + \beta)\tan\delta) \end{cases} \qquad (1.24b)$$

這個角度是在某月份中具有代表性的一天，位於傾斜平面上的日落小時角。對北半球而言，

$$\overline{X}_b = \frac{\cos(\varphi - \beta)\cos\delta\ \sin\omega_{s,\beta}^* + \left(\frac{\pi}{180}\right)\omega_{s,\beta}^*\sin(\varphi - \beta)\sin\delta}{\cos\varphi\ \cos\delta\ \sin\omega_s^* + \left(\frac{\pi}{180}\right)\omega_s^*\sin\varphi\ \sin\beta} \qquad (1.24c)$$

其中

$$\omega_{s,\beta}^* = \min \begin{cases} \cos^{-1}(-\tan\varphi\ \tan\delta) \\ \cos^{-1}(-\tan(\varphi - \beta)\tan\delta) \end{cases} \qquad (1.24d)$$

1991 年 Duffie 和 Beckman 將具有不同傾角的一系列斜面所對應的 $\overline{R}_b$ 值製成了圖表。

1.9 | 太陽能與太陽電池

太陽電池的進步與量子力學的發展有著密不可分的關聯。儘管光的波粒二元性在電池設計中不應被忽視，然而太陽電池的運作，就本質而言就是太陽光電材料對光的粒子或稱量子所作出的反應。

在地球大氣層之外，太陽光本身可以近似為理想的黑體輻射。古典理論無法解釋此類黑體輻射現象，導致了量子力學的發展，而量子力學又幫助了我們對太陽電池工作原理的瞭解。除了反射陽光，地球本身也在進行類似的黑體輻射，但由於溫度較低，地球的輻射光譜集中在長波長的波段。

大氣層的吸收和散射作用減弱了到達地球表面的輻射強度，同時改變了波長分佈。它們也影響著地球輻射的能量，導致地球的地面溫度比月球高，而且導致地表溫度對「人造」溫室氣體比較敏感。地表光線的強度和波長分佈往往是變化量，因此在標定太陽能產品時要使用標準的太陽光譜。現在的大多數地表設備採用的標準，如附錄 A 中所示，是總體大氣光學質量為 AM1.5 情況下的光譜分佈表。

習題

1.1 當太陽相對於水平面的仰角是 30° 時，對應的大氣光學質量（AM）是多少？

1.2 在 AM1.5 照光情況下，高 1 米的垂直豎立杆，其投影的長度是多少？

1.3 計算 6 月 21 日雪梨（南緯 34°）和洛杉磯（北緯 38°）正午太陽的仰角。

1.4 夏至正午位於新墨西哥州的阿布魁基（北緯 35°），直接輻射的陽光落在垂直於太陽與地球連線的平面上時的強度是 90 mW/cm²。計算在面向南面與水平面成 40° 角的平面上的直接輻射強度。

1.5 為設計適當的太陽光電系統，良好的日照資料（即照光量）對於每一個地

區都是非常重要的。請例舉您所在地區（國家或省份）日照資料的來源以及特徵。

參考文獻

全球資訊網（WWW）更新資料可以在此鏈結找到：www.pv.unsw.edu.au/apv_book_refs。

ASTM (2000), 'Standard solar constant and air mass zero solar spectral irradiance tables', Standard No. E 490-00.

ASTM (2003), *G173-03 Standard Tables for Reference Solar Spectral Irradiances: Direct Normal and Hemispherical on 37° Tilted Surface* (www.astm.org).

Australian Bureau of Meteorology (2004) (www.bom.gov.au/weather/satellite).

Beyer, H.G., Reise, C. & Wald, L. (1992), 'Utilization of satellite data for the assessment of large scale PV grid integration', Proc. 11th EC Photovoltaic Solar Energy Conference, Montreux, Switzerland, pp. 1309-1312.

Blakers, A., Green, M., Leo, T., Outhred, H. & Robins, B. (1991), *The Role of Photovoltaics in Reducing Greenhouse Gas Emissions*, Australian Government Publishing Service, Canberra.

Bureau of Meteorology (1991), Australia.

Duffie, J.A. & Beckman, W.A. (1991), *Solar Engineering of Thermal Processes*, 2nd Edition, Wiley-Interscience, New York.

Gast. P.R., (1960), 'Solar radiation', in Campen et al., *Handbook of Geophysics*, McMillan, New York, pp. 14-16-16-30.

Glover, J. & McCulloch, J.S.G. (1958), *Quarterly Journal of the Royal Meteorological Society*, **84**, pp. 172-175.

Gribben, J. (1984), *In Search of Schröinger's* Cat, Corgi Books, Transworld Publishers, London.

Gueymard, C.A. (2004), 'The sun's total and spectral irradiance for solar energy applications and solar radiation models', *Solar Energy*, **76**, pp. 423-453.

Hall, I.J., Prairie, R.R., Anderson, H.E., Boes, E.C. (1978), 'Generation of a typical meteorological year', Proc. 1978 annual Meeting of the American Section of the International Solar Energy Society, Denver, **2**, p. 669.

Hu, C. & White, R.M. (1983), *Solar Cells: From Basic to Advanced Systems*, McGraw-Hill, New York.

Incropera, F.P. and DeWitt, D.P. (2002), *Fundamentals of Heat and Mass Transfer*, 5th Edn., Wiley, New York.

Iqbal, M. (1983), *An Introduction to Solar Radiation*, Academic, Toronto.

Klein, S.A. (1977), 'Calculation of monthly-average insolation on tilted surfaces', *Solar Energy*, **19**, p. 325.

Lee, T., Oppenheim, D. & Williamson, T. (2003), *Australian Solar Radiation Handbook* (AUSOLRAD), Australian and New Zealand Solar Energy Society, Sydney (www. anzses.org/Bookshop/Asr.html).

Liu, B.Y. & Jordan, R.C. (1960), 'The inter-relationship and characteristic distribution of direct, diffuse and total solar radiation', *Solar Energy*, **4**, pp. 1-19.

Liu, B.Y. & Jordan, R.C. (1962), 'Daily insolation on surfaces tilted toward the equator', *ASHRAE Journal*, **3**, p. 53.

Lorenzo, E. (1989), 'Solar radiation', in Luque, A. (Ed.), *Solar Cells and Optics for Photovoltaic Concentration*, Adam Hilger, Boston and Philadelphia, pp. 268-304.

Lorenzo, E. (2003), 'Energy collected and delivered by PV modules', in Luque, A. & Hegedus, S. (Eds.), *Handbook of Photovoltaic Science and Engineering*, Wiley, Chichester, pp. 905-970.

Mack, M. (1979), 'Solar power for telecommunications', *The Telecommunication Journal of Australia*, **29**(1), pp. 20-44.

McCarthy, J., Canziani, O.F., Leary, N.A., Dokken, D.J. & White, K.S. (Eds.) (2001), *Climate Change 2001: Impacts, Adaptation, and Vulnerability*, Contribution of Working Group II to the Third Assessment Report of the Intergovernmental Panel on Climate Change, Geneva.

Meinel, A.B. & Meinel, M.P. (1976), *Applied Solar Energy: An Introduction*, Addison Wesley Publishing, Reading.

Muirhead, I.J. & Kuhn, D.J. (1990), 'Photovoltaic power system design using available meteorological data', Proc. 4th International Photovoltaic Science and Engineering Conference, Sydney, 1989, pp. 947-953.

NASA (2004*a*), 'Surface meteorology and solar energy' (eosweb.larc.nasa.gov/sse).

NASA (2004*b*), 'NASA surface meteorology and solar energy: methodology' (eosweb.larc.nasa.gov/cgi-bin/sse/sse.cgi?na + s08#s08).

NIST (2002), *CODATA Internationally recommended values of the fundamental physical values*, National Institute of Standards and Technology (physics.nist.gov/cuu/Constants).

NREL (2005), *US Solar Radiation Resource Maps*, (rredc.nrel.gov/solar/old_data/nsrdb/redbook/atlas).

Page, J. (1961), 'The estimation of monthly mean values of daily total short-wave radiation on vertical and inclined surfaces from sunshine records for latitudes 40°N-40°S', UN Conference on New Energy Sources, paper no. S98, 4, pp. 378-390.

Perez, R., Aguiar, R., Collares-Pereira, M., Diumartier, D., Estrada-Cajigal, V., Gueymard, C., Ineichen, P., Littlefair, P., Lune, H., Michalsky, J., Olseth, J.A., Renne, D., Rymes, M., Startveit, A., Vignola, F. & Zelenka, A. (2001), 'Solar resource assessment: A review', in Gordon, J. (Ed.), *Solar Energy: The State of the Art*, James & James, London.

Quaschning, V. & Hanitsch, R. (1995), 'Quick determination of irradiance reduction caused by shading at PV-locations', Proc. 13th European Photovoltaic Solar Energy Conference, pp. 683-686.

Quaschning, V. (2003), 'Technology fundamentals: The sun as an energy resource', *Renewable Energy World*, **6**(5), pp. 90-93.

Reddy, T.A. (1987), *The Design and Sizing of Active Solar Thermal Systems*, Oxford University Press, Chapter 4.

Reitveld, M.R. (1978), 'A new method for estimating the regression coefficients in the formula relating solar radiation to sunshine', *Agricultural Meteorology*, **19**, pp. 243-252.

Sandia National Laboratories (1991), *Stand-Alone Photovoltaic Systems. A Handbook of Recommended Design Practices* (SAND87-7023) (www.sandia.gov/pv/docs/Programmatic.htm).

Skiba, M., Faller, F.R., Eikmeier, B., Ziolek, A. and Unge, H. (2000), 'Skiameter shading analysis', Proc. 16th European Photovoltaic Solar Energy Conference, James & James, Glasgow, pp. 2402-2405.

Sproul, A. B. (2002), 'Vector analysis of solar geometry', Proc. Solar 2002, Conference of the Australian and New Zealand Solar Energy Society, Newcastle.

Standards Australia (2002), *Stand-Alone Power Systems. Part 2: System Design Guidelines*, AS 4509.2.

Twidell, J. & Weir, T. (2006), *Renewable Energy Resources*, 2nd Edn., Taylor and Francis, Abingdon and New York.

University of Oregon (2003), 'Sun chart program, University of Oregon Solar Radiation Monitoring Laboratory' (solardat.uoregon.edu/SunChartProgram.html).

Willson, R.C. & Hudson, H.S. (1988), 'Solar luminosity variations in solar cycle 21', Nature, **332**, pp. 810-812.

半導體與 P-N 接面

2.1 ｜ 半導體

1839 年，貝克勒爾（Becquerel）發現了某些材料暴露在陽光下時會產生電流（Becquerel,1839）。這就是現在我們所稱的太陽光電效應（photovoltaic effect，或稱為光伏特效應），也是太陽光電元件或太陽電池運作的基礎。

太陽電池是由半導體材料製造而成的。這種材料在低溫下是絕緣體，但在有能量或熱量輸入時就成為了導體。目前，由於矽材料的技術最為成熟，大多數太陽電池是用矽材料製造的。然而，人們正在積極地研究其他將來可以取代矽的材料。

半導體材料的電學特性通常可以採用兩種模型來解釋，分別是鍵結模型和能帶模型，下面就簡要介紹這兩種模型。（更多詳細內容請查閱 Green, 1992 和 Nevill, 1978 的文獻）

2.1.1　鍵結模型

鍵結模型是運用將矽原子相結合的共價鍵來描述矽半導體的運作特性。圖 2.1 顯示了電子在矽材料晶格裡的鍵結和移動。

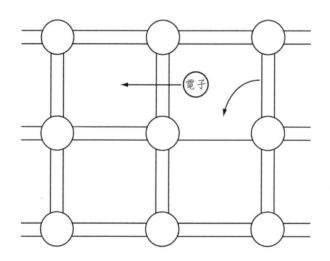

圖 2.1 ✿ 矽晶格內共價鍵的示意圖

在低溫下，這些共價鍵是完好的，矽材料顯示出絕緣體的特性。但遇到高溫的情況時，一些共價鍵就被破壞。此時有兩種過程可以使矽材料導電：

1. 電子從被破壞掉的共價鍵中釋放出來自由運動。

2. 電子也能夠從相鄰的共價鍵中移動到由被破壞的共價鍵所產生的「電洞」裡，而那個相鄰的共價鍵便遭到破壞。如此就能使得遭破壞的共價鍵，或稱電洞，得以傳輸，如同這些電洞具有正電荷一般。

電洞運動的概念類似於液體中氣泡的運動。氣泡的運動儘管實際上是液體的流動，但也可以簡單地理解為氣泡的反方向運動。

2.1.2　能帶模型

能帶模型根據價帶和導帶間的能階來描述半導體的運作特性。如圖2.2所示：

電子在共價鍵中的能量對應於其在價帶中的能量。電子在導帶中是自由運動的。能隙的能量差反映了使電子脫離價帶躍遷到導帶所需的最小能量。電子只有在進入導帶才能產生電流。同樣地，電洞在價帶以相反於電子的方向運動也可以產生電流。這個模型被稱作能帶模型。

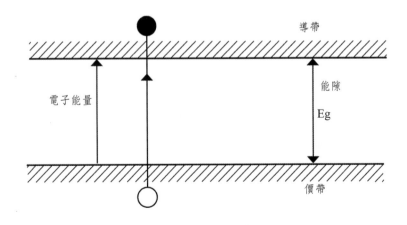

圖 2.2 ✿ 電子在半導體能帶中的示意圖

2.1.3　摻雜

可以藉由摻雜其他雜質原子來改變電子與電洞在矽晶格中的數量平衡。摻入比原半導體材料多一個價電子的原子，可以製備 n 型半導體材料。摻入比原半導體材料少一個價電子的原子，可以製備 p 型半導體材料。如圖 2.3 所示：

2.2 ｜半導體的種類

用來製造太陽電池的矽和其他材料的半導體通常有單晶、多晶（mc, multicrystalline）、多晶（pc, polycrystalline）、微晶（microcrystalline）和非晶（amorphous），儘管這些晶體種類的名稱在不同場合可能用法各異，本書中我們依照 Basore（1994）提出的方法，用晶粒的平面大小來定義：微晶體的晶粒小於 1 μm，pc 多晶體的晶粒小於 1 mm，mc 多晶體的晶粒小於 10 cm。不同材料類型的結構如圖 2.4 所示。

2.2.1　單晶矽（sc-Si）

單晶矽是有規則的晶體結構，它的每個原子都理想地排列在預定的位置，

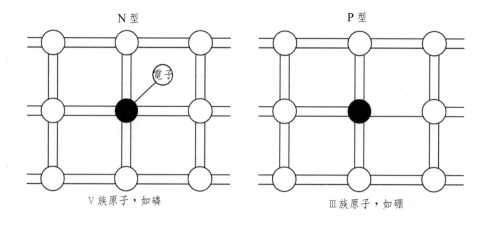

圖 2.3 ✿ 藉由在矽晶格中摻入不同雜質所產生的 n 型和 p 型半導體材料示意圖

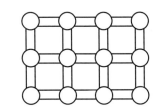

單晶（sc-Si）—原子按規則結構排列

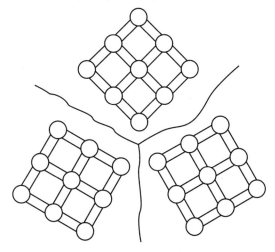

多晶（mc 或 pc）—晶體矽被不規則化學鍵所形成的「晶粒邊界（簡稱晶界）」隔開。

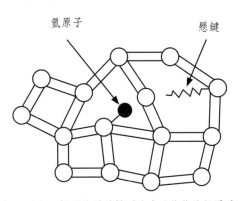

非晶（a-Si:H）—更加不規則的原子排列造成了能夠被氫原子鈍化的懸鍵。

圖 2.4 ✿ 單晶、多晶和非晶矽的結構圖

因此，單晶矽的理論和技術才能被迅速地應用於晶體材料，表現出可預測和均勻的行為特性，如我們在前文已經介紹過的。但由於單晶矽材料的製造過程必

須極其細緻而緩慢，所以是最為昂貴的一種矽材料。因此採用價格更為低廉的多晶（包括 mc 和 pc）與非晶材料正在快速而廣泛地被用來製造太陽電池，儘管品質上稍遜於單晶。

2.2.2　多晶矽（mc-Si）

多晶矽的製造工藝沒有單晶那麼嚴格，因此比較便宜。晶界（grain boundry）的存在阻礙了載子遷移，而且在禁帶中產生了額外的能階，造成了有效的電子電洞復合處和 p-n 接面短路，因此降低了電池的性能。

晶粒尺寸的數量級必須要求在幾個毫米大小（Card & Yang, 1977）以防止嚴重的晶界層復合損失。這也使得個別的晶粒從電池的正面延伸到背面，減小載子遷移的阻力，而且電池上每個單位面積的晶界長度通常會減小。這類多晶矽材料已經廣泛應用於商用電池的製造。

2.2.3　非晶矽（a-Si）

從理論上講，非晶矽的製造成本甚至比多晶矽更加低廉，這種材料在原子結構上沒有長程的有序排列，導致在材料的某些區域含有未飽和或懸鍵（dangling bond）。這些又導致了在禁帶中的額外能階，因而無法對純的半導體進行摻雜，或者在太陽電池的構造中獲得較好的電流。

研究顯示，氫原子和非晶矽鍵結的程度達到 5%-10% 時，懸鍵被飽和，因而改善了材料的品質。這個氫鈍化的過程同時也能讓能隙（E_g）從晶體矽的 1.1 eV 增大到 1.7 eV，使材料更能夠吸收能量高過於這個 1.7 eV 門檻的光子。作為太陽電池的所要求的材料厚度因此也就變得更薄。

在此類矽－氫（a-Si:H）合金材料中，少數載子的擴散長度遠遠小於 1 µm。於是空乏區成為電池中獲取自由載子的主要區域。為此，人們採用各種設計方案來解決這些問題，包括盡可能地增大空乏區的尺寸。圖 2.5 是 a-Si:H 太陽能電池的大致設計圖：

圖 2.5 ☼ **a-Si:H** 太陽電池示意圖

　　太陽電池生產中使用的非晶矽和其他的「薄膜」技術（將非常薄的半導體材料沉積在玻璃或其他基板上）可以用來製造許多小型的消費品，如計算器和手錶，一般的戶外應用，以及越來越多的大規模應用。大體上說，薄膜技術提供了一種非常低廉的電池製造方法，儘管目前利用此類技術製造的電池的效率和壽命均低於晶體材料。研究顯示薄膜和其他潛在的低成本太陽電池材料的技術可能在未來幾十年內主導太陽電池市場。

2.2.4　薄膜晶體矽

　　人們正在研究各式各樣在異種基板（foreign substrate）上沉積薄膜矽電池的方法（Green, 2003）。如果在沉積非晶矽的氣體中，提高氫相對於矽烷的比例，將會使材料最終變成微晶態，晶柱被非晶區域分開。其光學和電學特性和塊狀矽類似。這種材料已經被用來代替和非晶矽形成混合結構（hybrid structure）的矽－鍺合金。人們必須採用一些特殊的方法使非晶矽的厚度夠薄來防止光致衰退（light-induced degradation），以期產生和串聯的微晶矽電池相近的電流。在實驗室條件下，微晶／非晶矽串疊（tandem）結構的太陽電池效率已經達到大約 11%。

　　已有一家公司即將把一種製造工藝應用於商業生產，這種工藝將薄膜矽電池製作在經絨面化（textured，亦稱為織構）處理的玻璃覆板（superstrate）上。該製造工藝利用鐳射形成貫穿主動材料區域的坑洞來連接緊鄰玻璃的 n 型層。一開始先沉積低品質的材料，然後利用接下來的熱處理步驟予以改善。

2.3 ｜光的吸收

當光照射到半導體材料時，能量比能隙還小的光子（$E_{ph} < E_g$），與半導體間的相互作用極弱，於是順利地穿透半導體，就好像半導體是透明的一樣。然而，能量比能隙大的光子（$E_{ph} > E_g$）會與形成共價鍵的電子相作用，用它們自身所具有的能量去破壞共價鍵，形成可以自由流動的電子－電洞對，如圖 2.6 所示。

光子的能量越高，被吸收的位置就越接近半導體表面。較低能量的光子則在距半導體表面較深處被吸收，如圖 2.7 所示。

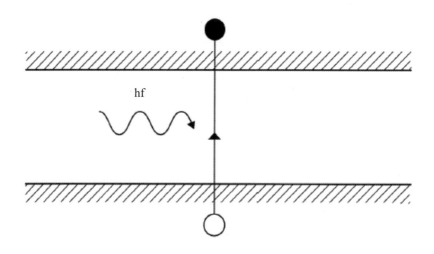

圖 2.6 ☼ 照光時電子－電洞對的產生。光子能量 $E_{ph} = hf$, $E_{ph} > E_g$

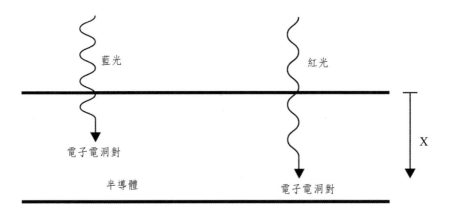

圖 2.7 ◇ 光的能量與電子－電洞對產生的位置間的關係

單位體積內電子－電洞對的產生率（G）可用以下公式計算：

$$G = \alpha N e^{-\alpha x} \tag{2.1}$$

其中 N 是光子的通量（每秒流過單位面積的光子數量），α 是吸收係數，x 是到表面的距離。在 300 K 時，對於矽材料，α 和波長的函數關係如圖 2.8 所示。

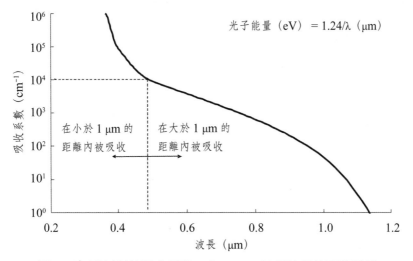

圖 2.8 ◇ 矽材料的吸收係數 α 在 **300 K** 時與波長的函數關係

2.4 | 復合

當光源被關掉時，系統勢必會恢復到一個平衡狀態，因為照光而產生的電子電洞對勢必消失。在沒有外界能量來源的情況下，電子和電洞會不規則地運動直到他們相遇並復合。任何在表面或者內部的缺陷、雜質都會促進復合的產生。

材料的載子生命期（carrier life time）可以定義為電子電洞對從產生到復合的平均存在時間。對於矽，典型的載子生命期約是 1 μs。類似地，載子擴散長度（carrier diffusion length）就是載子從產生到復合所能移動的平均距離。對於矽而言，擴散長度一般是 100-300 μm。這兩個參數可做為太陽電池應用所需材料的品質和適用性的指標。但是，如果沒有一個使電子朝一定方向移動的方法，半導體就無法輸出能量。因此，一個功能完善的太陽電池，通常需要藉由增加一個整流 p-n 接面來實現。

2.5 | p-n 接面

p-n 接面是由 p 型半導體材料和 n 型半導體材料連接而成，如圖 2.9 所示

當連接在一起時，由於在 p-n 中不同區域的載子分佈存在濃度梯度，p 型半導體材料中過剩的電洞透過擴散作用流動至 n 型半導體材料。同理，n 型半導體材料中過剩的電子透過擴散作用流動至 p 型半導體材料。電子或電洞離開雜質原子後，該固定在晶格內的雜質原子被解離而留下電荷，因此在接面區周圍建立起了一個電場 $\hat{E}$，以阻止電子和電洞繼續上述擴散流動，該電場所在區域就是所謂的空乏區（depletion region）。取決於材料的特性，會形成一個因電場而存在的內建電壓（V_{bi}）。如果在 p-n 接面上施加一個如圖 2.10 所示的電壓，電場 $\hat{E}$ 會被減弱。

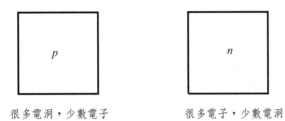

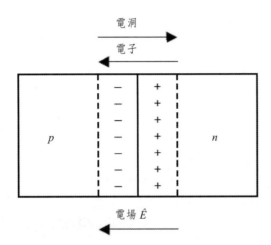

圖 2.9 ✿ **p-n** 接面的形成

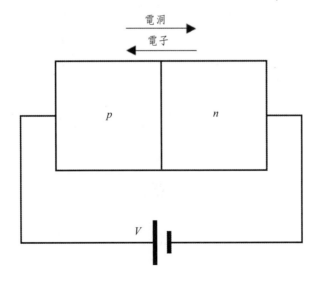

圖 2.10 ✿ 在 **p-n** 接面上施加一個電壓

一旦電場 $\hat{E}$ 不夠大而無法阻止電子和電洞的流動，就會產生電流。內建電壓減小到 $V_{bi}-V$，而且電流隨著所加電壓以指數增加。這個現象可以用理想二極體定律（Ideal Diode Law）描述：

$$I = I_0 \left[\exp\left(\frac{qV}{kT}\right) - 1 \right] \tag{2.2}$$

上式中，I 是電流，I_0 為飽和暗電流（在沒有光源照射時，二極體的洩漏電流），V 是所施加的電壓，q 是電子的電荷，k 是波茲曼常數，T 是絕對溫度。

需要注意的是：

· I_0 隨著 T 的增大而增大

· I_0 隨材料品質的提升而減小

· 在 300 K 時，熱電壓，kT/q = 25.85 mV

對於實際的二極體而言，公式（2.2）變為

$$I = I_0 \left[\exp\left(\frac{qV}{nkT}\right) - 1 \right] \tag{2.3}$$

上式中，n 是理想因數，在 1～2 之間變動並隨著電流的減小而增加。矽二極體定律如圖 2.11 所示：

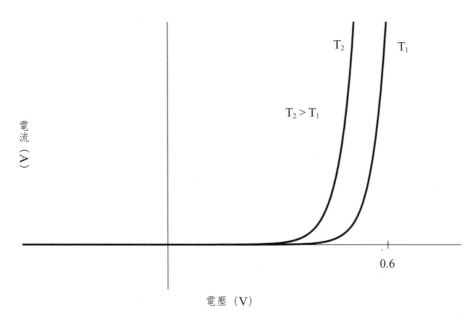

圖 2.11 ✿ 矽的二極體定律，在 T_1 和 T_2 時（$T_2 > T_1$）電流和電壓的關係。在一個給定的電流下，曲線位移大約 **2 mV/°C**。

習題

2.1 矽的吸收係數從波長為 0.3 μm 時的 1.65×10^6 cm^{-1}，下降到 0.6 μm 時的 4400 cm^{-1} 和 1.1 m 時的 3.5 cm^{-1}。假設電池的前後表面對任何波長的光都沒有反射，電池厚度為 300 μm。分別針對上述三種波長，以表面電子電洞對產生率為基準，計算距離表面不同深度的電子電洞對產生率並作圖。

2.2 用半導體的電子特性解釋，當光子的能量接近能隙時，為什麼吸收係數隨光子能量的增加而增加（更多有關資訊請參考 Green, 1992 或其他類似文獻）。

參考文獻

Basore, P. A. (1994), 'Defining terms for crystalline silicon solar cells', Progress in Photovoltaics: Research & Applications, 2, pp. 177-179.

Becquerel, E. (1839), 'Memoire sur les effets electriques produits sous l' influence es rayons solaires', Comptes Rendus Hebdomadaires des Séances de l' Académie des Sciences, IX, pp. 561-567; 'Recherches sur les efféts de la radiation chimique de la lμmiere solaire, au moyen des courants électriques', Bibliotheque Universelle de Geneve, XXII, pp. 345-366.

Card, H.C. & Yang, E.S. (1977), 'Electronic processes at grain boundaries in polycrystalline semiconductors under optical illμmination', IEEE Transactions on Electron Devices ED-24, pp. 397-402.

Green, M.A. (1992), Solar Cell: Operating Principles, Technology and System Applications, University of NSW, Kensington, Australia.

Green, M.A. (2003), 'Thin-film photovoltaics', Advances in Solar Energy, 15, American Solar Energy Society.

Neville, R.C. (1978), Solar Energy Conversion: The Solar Cell, Elsevier, Amsterdam.

第 3 章
太陽電池的運作

3.1 │ 照光的影響

矽太陽電池是由 p 型（通常摻雜硼）和 n 型（通常摻雜磷）的矽材料結合組成的二極體元件。照射到電池上的光可呈現多種不同的情形，如圖 3.1 所示。為了盡可能將太陽能電池的能量轉換效率最大化，必須設計使其得到最大的直接吸收 (3) 以及反射後的吸收 (5)。

在 p-n 接面電場的 $\hat{E}$ 作用下，電子受力向 n 型側移動，電洞受力向 p 型側移動。圖 3.2 描述了在短路條件下，載子的理想流動情況。儘管如此，一部分電子電洞對在被收集之前就已經消失了，如圖 3.3 所示。

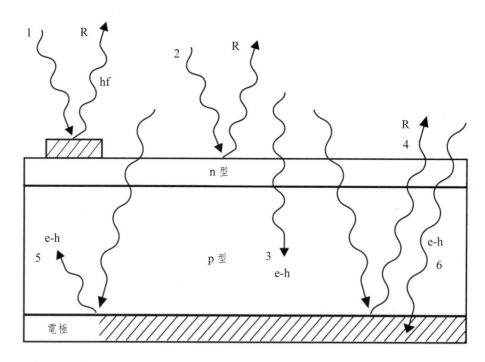

圖 3.1 ☼ 光線照射在太陽電池時的情形：**(1)** 在頂電極部分的反射與吸收 **(2)** 在電池表面的反射 **(3)** 可用的吸收 **(4)** 電池底部的反射－僅對吸收較弱的光線有效 **(5)** 反射後的吸收 **(6)** 背電極處的吸收

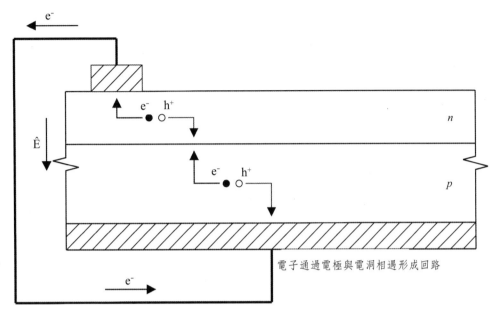

電子通過電極與電洞相遇形成回路

圖 3.2 ❀ 在 **p-n** 接面區電子與電洞在理想短路情況下的流動

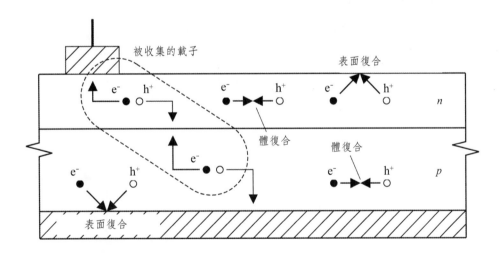

圖 3.3 ❀ 電子電洞對復合的一些可能模式，同時表示了未復合的載子被收集的情況。

　　整體來說，距 p-n 接面越近的地方產生的電子電洞對越容易被收集。當 V ＝ 0 時，那些被收集的載子將會產生一定大小的電流。如果電子電洞對在 p-n

接面附近小於一個擴散長度的範圍內產生，被收集到的幾率就比較大，正如第二章所討論的。

在沒有照光的情況下，描述二極體電流 (I) 對電壓 (V) 間函數關係的特性曲線（通常稱作 I-V 曲線）如圖 2.11 所示。光線的照射對太陽電池的作用，可以認為是在原有的二極體暗電流基礎之上的簡單地添加了一個電流增量，於是二極體公式變成：

$$I = I_0 \left[\exp\left(\frac{qV}{nkT}\right) - 1 \right] - I_L \qquad (3.1)$$

這裡 I_L 為光生電流（light-generated current）。

照光能使電池的 I-V 曲線向下平移到第四象限，於是二極體產生的電力可以被擷取，如圖 3.4 所示。

I-V 曲線描述電池的特性，其中輸出功率等於圖 3.4a 中第四象限中曲線的內接長方形的面積。為便於討論，太陽電池的 I-V 特性曲線通常被上下翻轉，如圖 3.5 所示，將輸出曲線置於第一象限，並用如下等式表示：

$$I = I_L - I_0 \left[\exp\left(\frac{qV}{nkT}\right) - 1 \right] \qquad (3.2)$$

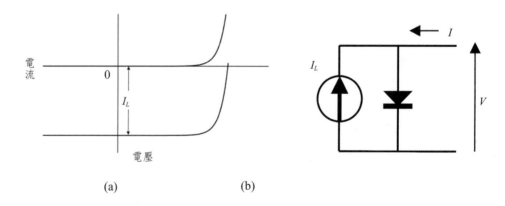

(a)   (b)

圖 3.4 ☼ 光的照射對 p-n 接面電流—電壓特性的影響。

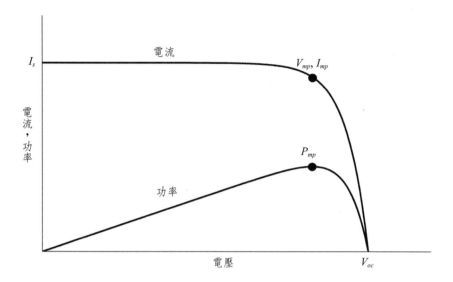

圖 3.5 ☼ I-V 曲線的典型示例，圖中標註了短路電流（I_{sc}）和開路電壓（V_{oc}）所在的點以及最大功率點 (V_{mp}, I_{mp})。

　　用於衡量在一定照射強度、工作溫度以及面積條件下，太陽電池電力輸出的兩個主要限制參數為（Shockley & Queisser, 1961）：

1. 短路電流（I_{sc}）——當電壓為 0 時，電池輸出的最大電流。在理想情況下如果 $V = 0$，$I_{sc} = I_L$，I_{sc} 與所接收的照光強度成正比。

2. 開路電壓（V_{oc}）——當電流為 0 時，電池輸出的最大電壓。V_{oc} 的值隨輻射強度的增加呈對數方式增長。這個特性使得太陽電池特別適用於為蓄電池充電。

　　注意，當 $I = 0$ 時：

$$V_{oc} = \frac{nkT}{q}\ln\left(\frac{I_L}{I_0} + 1\right) \qquad (3.3)$$

　　對於 I-V 曲線上的每一點，都可取該點上電流與電壓的乘積，以反映此工作情形下的輸出功率。太陽電池的性能也可以用「最大功率點」來描述，在最大功率點，$V_{mp} \times I_{mp}$ 達到電流電壓乘積函數的最大值。太陽電池的最大輸出功

率可以用圖形方式表示，即在 I-V 曲線下描繪一個矩形，並使其面積最大。換言之，令：

$$\frac{d(IV)}{dV} = 0$$

於是得到：

$$V_{mp} = V_{oc} - \frac{nkT}{q}\ln\left(\frac{V_{mp}}{(nkT/q)} + 1\right) \tag{3.4}$$

例如，如果 $n = 1.3$，$V_{oc} = 600$ mV，對於典型的矽太陽能電池而言，V_{mp} 大約比 V_{OC} 小 93 mV。

在強烈日光照射下（1kW/m^2），最大功率點的輸出功率被稱為太陽電池的「峰值功率」，因此太陽電池板的性能通常用「峰值瓦數（peak watt）」（W$_p$）來評定。

填滿因子（FF, Fill Factor）是衡量電池 p-n 接面的品質以及串聯電阻的參數。它的定義是：

$$FF = \frac{V_{mp}I_{mp}}{V_{oc}I_{sc}} \tag{3.5}$$

因此有：

$$P_{mp} = V_{oc}I_{sc}FF \tag{3.6}$$

很明顯，填滿因子（FF）越接近 1，太陽電池的品質就越好，在理想情況下，它僅是開路電壓的一個函數，而且可以用以下經驗公式計算（Green, 1982）：

$$FF_0 = \frac{v_{oc} - \ln(v_{oc} + 0.72)}{v_{oc} + 1} \tag{3.7}$$

在這裡 v_{oc}（注意格式是小寫）的定義為「正規化的 V_{oc}」，也即：

$$v_{oc} = \frac{V_{oc}}{nkT/q} \qquad (3.8)$$

式（3.7）只適用於計算理想情況下的填滿因子 FF_0，它忽略寄生電阻造成的損耗，針對理想情況的計算結果可以精確到小數點之後四位。

3.2 ｜光譜響應

當單個光子的能量（E_{ph}）比構成電池的半導體材料的能隙（E_g）大時，太陽電池就會吸收這個光子並產生一個電子電洞對，在這種情況下，太陽電池對入射光的光子產生響應。光子能量超出能隙 E_g 的部分迅速以熱的形式散失，如圖 3.6 所示：

太陽能電池的量子效率（QE, Quantum Efficiency）可以定義為：假設照射到太陽電池上的光子通量為 n_{ph}，這些光子在電池內部產生電子電洞對（$n_g = \frac{I_L}{q}$），最終這些載子對太陽電池輸出電流產生貢獻的機率。在通常情況下，如果沒有特別說明，「量子效率」一詞指的是外部量子效率（EQE, External Quantum Efficiency），外部量子效率可以藉由一些易於直接實驗測量的資料，例如電池的輸出電流大小以及實驗用光源的照射強度等數值計算得到。

$$EQE = \frac{I_L}{qn_{ph}} = \frac{I_{sc}}{qn_{ph}} = \frac{n_e}{qn_{ph}} \qquad (3.9a)$$

其中 I_L 是光生電流，假設太陽電池在理想的短路情況下運作時，I_L 可以用實驗測得的短路電流 I_{sc} 來代替。n_e 是在上述短路情況下，單位時間內通過外部電路的電子通量。n_{ph} 是在單位時間內，波長為 λ 的入射光子通量。

太陽電池能夠響應的最大波長被半導體材料的能隙所限制。當能隙在 1.0-1.6 eV 範圍內時，入射陽光的能量才有可能被最大限度地利用。單單考慮這個因素，就已將太陽電池最大可能轉換效率限制在 44% 以下（Shockley & Queisser, 1961）。矽的能隙為 1.1eV，與理想值接近。而能隙為 1.4eV 的砷化

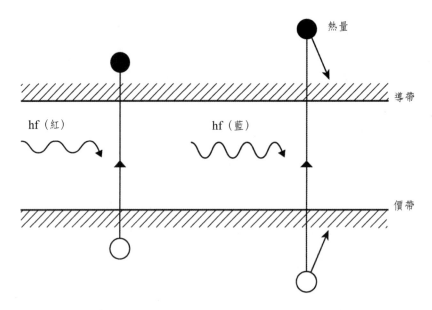

圖 3.6 ✿ 電子電洞對的產生與超越 E_g 部分能量的散失。

鎵，就理論而言更適合太陽光電應用。圖 3.7 闡釋了理想量子效率與半導體能隙間的關係。

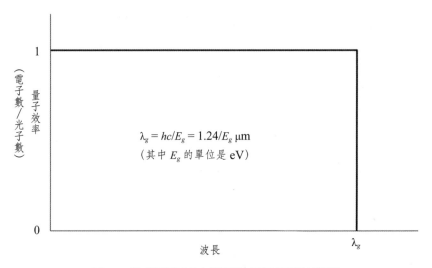

圖 3.7 ✿ 能隙對矽太陽電池量子效率的限制

另一個值得注意的物理量是太陽電池的光譜響應度（spectral responsivity），用每瓦特功率入射光所產生的電流強度表示（圖 3.8）。理想情況下，這個值隨著波長的增加而增加。然而，在短波長輻射下，電池無法利用光子的全部能量；在長波長輻射下，電池對光線的吸收作用較弱，導致大部分光子在遠離 p-n 接面的區域被吸收，如此一來，電池對光的響應會受到構成電池的半導體材料有限的擴散長度所限制。

光譜響應度可根據下式計算：

$$SR = \frac{I_{sc}}{P_{in}(\lambda)} = \frac{q \times n_e}{\frac{hc}{\lambda} \times n_{ph}} = \frac{q\lambda}{hc}EQE = \frac{q\lambda(1-R)}{hc}IQE \qquad (3.9b)$$

其中 P_{in} 是入射光的功率，而 IQE（Internal Quantum Efficiency）是內部量子效率，與外部量子效率 EQE 不同的是，內部量子效率的運算將電池頂部的反射 R 排除在外，換言之，$EQE = (1 - R) \times IQE$。當 λ 趨向于零時，SR 趨向於零，因為每瓦特的入射光中所包含的光子數目隨波長的減小而減少。

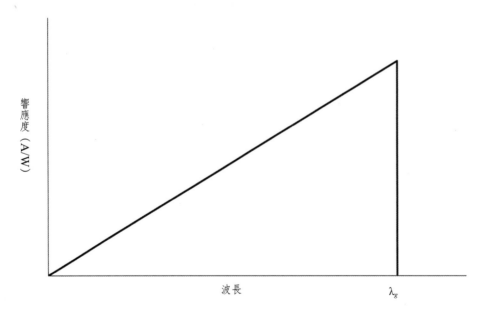

圖 3.8 ☼ 光譜響應度的量子限制與波長間的關係

電池光譜響應度受入射光波長的強烈影響，使得太陽電池的性能與太陽光的光譜成分密切相關。再者，光學損失和載子復合損失等一系列其他的因素，意味著實際太陽電池的性能與計算中的理想值存在差距。

3.3 ｜溫度的影響

太陽電池的工作溫度是由環境溫度、封裝電池的模組特性、照射在模組上的日光強度，以及其他一些變數，比如風速等因素決定的

根據下列等式，暗飽和電流 I_0 隨著溫度的上升而增加，

$$I_0 = BT^\gamma \exp\left(\frac{-E_{g0}}{kT}\right) \tag{3.10}$$

其中 B 與溫度無關，E_{g0} 是透過線性外插到溫度為零時，構成太陽電池的半導體材料的能隙（Green, 1992），γ 包含了其餘用於確定 I_0 的與溫度相關的參數。

短路電流（I_{sc}）隨著溫度上升而增加，因為能隙下降了，更多的光子具有足夠的能量來產生電子電洞對。然而這是一個比較微弱的影響。對矽電池而言，

$$\frac{1}{I_{sc}}\frac{dI_{sc}}{dT} \approx +0.0006\,^\circ\text{C}^{-1} \tag{3.11}$$

對於矽太陽電池來說，溫度上升的主要影響是開路電壓 V_{oc} 和填滿因子 **FF** 的下降，因而導致了輸出電功率的下降。這些影響可以從圖 3.9 中看出。

矽太陽電池的 V_{oc} 和 **FF** 受溫度的影響可用下列等式表示：

$$\frac{dV_{oc}}{dT} = \frac{-\left[V_{g0} - V_{oc} + \gamma(kT/q)\right]}{T} \approx -2\text{mV}/^\circ\text{C} \tag{3.12}$$

$$\frac{1}{V_{oc}}\frac{dV_{oc}}{dT} \approx -0.003\,^\circ\text{C}^{-1} \tag{3.13}$$

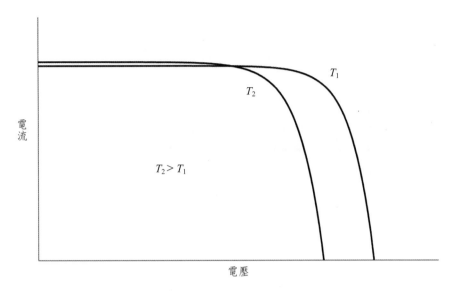

圖 3.9 ✿ 溫度對太陽電池 I-V 特性的影響。

$$\frac{1}{FF}\frac{d(FF)}{dT} \approx \frac{1}{6}\left[\frac{1}{V_{oc}}\frac{dV_{oc}}{dT} - \frac{1}{T}\right] \approx -0.0015\text{℃}^{-1} \qquad (3.14)$$

對矽太陽電池而言，溫度對最大輸出功率（P_{mp}）的影響如下：

$$\frac{1}{P_{mp}}\frac{dP_{mp}}{dT} \approx -(0.004\sim0.005)\text{℃}^{-1} \qquad (3.15)$$

V_{oc} 的值越高，受溫度的影響一般就越小。Emery 等（1996），King 等（1997）以及 Radziemska 等（1997）一些學者在有關著作中詳細地討論了溫度的影響。

3.4 ┃ 寄生電阻的影響

太陽電池通常伴隨有寄生串聯電阻（series resistance）和分流電阻（shunt resistance），如圖 3.10 所示，兩種寄生電阻都會導致 FF 降低。

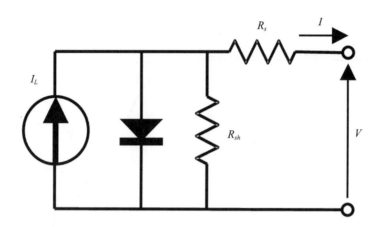

圖 3.10 ✿ 太陽電池等效電路中的寄生串聯以及分流電阻。

串聯電阻 R_s 主要源自於半導體材料的體電阻、金屬接觸與互連、載子在頂部擴散層的傳輸，以及金屬和半導體材料之間的接觸電阻。串聯電阻的影響如圖 3.11 所示：

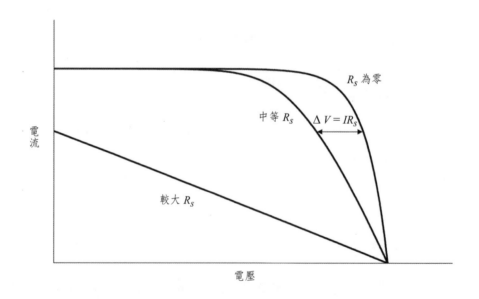

圖 3.11 ✿ 串聯電阻對太陽電池填滿因子的影響。

而分流電阻（R_{sh}）是由於 p-n 接面的非理想性和接面附近的雜質造成的，它引起接面的局部短路，尤其是在電池邊緣。分流電阻的影響如圖 3.12 所示。

由於填滿因子決定了太陽電池的功率輸出，最大輸出功率與串聯電阻有關，其關係式大致如下：

$$P_m \approx (V'_{mp} - I'_{mp}R_s)I'_{mp}$$

$$\approx P_{mp}\left(1 - \frac{I'_{mp}}{V'_{mp}}R_s\right)$$

$$\approx P_{mp}\left(1 - \frac{I_{sc}}{V_{oc}}R_s\right) \qquad (3.16)$$

如果將太陽電池的特徵電阻（characteristic resistance）定義如下（Green, 1982）

$$R_{ch} = \frac{V_{oc}}{I_{sc}} \qquad (3.17)$$

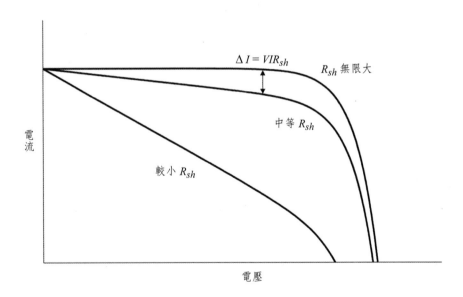

圖 3.12 ⚙ 分流電阻對太陽電池填滿因子的影響。

那麼可以定義一個「正規化的 R_s」為

$$r_s = \frac{R_s}{R_{ch}} \qquad (3.18)$$

因此

$$FF \approx FF_0(1 - r_s) \qquad (3.19)$$

或者根據更加準確的經驗公式

$$FF_s \approx FF_0 \, (1 - 1.1 \, r_s) + \frac{r_s^2}{5.4} \qquad (3.20)$$

它對於 $r_s < 0.4$ 並且 $v_{oc} > 10$ 時有效。

同樣的，對於分流電阻來說，可以定義

$$r_{sh} = \frac{R_{sh}}{R_{ch}} \qquad (3.21)$$

類似地，可以得出

$$FF \approx FF_0 \left(1 - \frac{1}{r_{sh}}\right) \qquad (3.22)$$

或與之前一樣，使用更為準確的運算式（Green, 1992）：

$$FF_{sh} = FF_0 \left[1 - \frac{v_{oc} + 0.7}{v_{oc}} \frac{FF_0}{r_{sh}} \right] \qquad (3.23)$$

它在 $r_{sh} > 0.4$ 時有效。

如果同時存在串聯電阻和分流電阻的話，太陽電池的 I-V 曲線由下式獲得

$$I = I_L - I_0 \left[\exp\left(\frac{V + I R_s}{(nkT/q)}\right) - 1 \right] - \frac{V + I R_s}{R_{sh}} \qquad (3.24)$$

為結合串聯電阻和分流電阻的影響，可以使用前面提到的 FF_{sh} 的運算式，

只要將式中 FF_0 的值用 FF_s 代替（Green, 1992）。

習題

3.1 (a) 假設矽的能隙是 1.12 eV，並假設量子效率是 1，如圖 3.7 和 3.8 所討論的情況，根據附錄 B 所提供的標準「非正規化」總體 AM1.5 光譜表格，計算在 300 K 溫度下矽太陽電池短路電流密度的最大值。

　　(b) 已知在工作溫度附近，矽的能隙隨溫度升高的減小量是 0.273 mV/°C，計算在 300 K 條件下，以下電流限制時的正規化溫度係數

$$\frac{1}{I_{sc}}\frac{dI_{sc}}{dT}$$

3.2 (a) 波長是 800 nm，強度為 20 mW/cm² 的單色光均勻照射在矽太陽電池（能隙為 1.12 eV）上。已知在此波長時，電池的量子效率為 0.8，如果電池的面積是 4 cm²，計算其短路電流的大小。

　　(b) 如果半導體的能隙是 (i)0.7 eV, (ii)2.0 eV，假設其餘條件不變，分別重複問題 3.2(a)。

　　(c) 對於 3.2(a) 中所描述的矽電池，計算開路電壓，填滿因子以及能量轉換效率，假設其理想因數為 1.2，暗電流密度為 1 pA/cm²。

　　(d) 估算造成填滿因子和能量轉化效率損失小於 5% 的 (i) 串聯電阻；(ii) 分流電阻的允許範圍。

3.3 (a) 一矽太陽電池的面積是 100 cm²，當照射在電池上的照光強度是 1 kW/m²，工作溫度是 300 K 時，電池的開路電壓是 600 mV，短路電流是 3.3 A。假設電池運作理想，計算在最大功率點時的能量轉換效率。

　　(b) 如果上述電池伴有 0.1 Ω 的串聯電阻和 3 Ω 的分流電阻，假設其餘條件不變，重新計算最大功率點時的能量轉換效率。

參考文獻

Emery, K., Burdick, J., Caiyem, Y., Dunlavy, D., Field, H., Kroposki, B. & Moriarty, T. (1996), in Proc. 25th IEEE Photovoltaic Specialists Conference, Washington, 13-17 May 1996, IEEE, New York, pp. 1275-1278.

Green, M. A. (1982), 'Accuracy of analytical expressions for solar cell fill factors', Solar Cells, 7, pp. 337-340.

Green, M. A. (1992), Solar Cells: Operating Principles, Technology and System Applications, University of NSW, Kensington, Australia.

King, D. L., Kratochvil, J. A. & Boyson, W. E. (1997), in Proc. 26th IEEE Photovoltaic Specialists Conference, Anaheim, 30 September-3 October 1997, IEEE, New York, pp. 1183-1186.

Radziemska, E. (2003), 'The effect of temperature on the power drop in crystalline silicon solar cells', Renewable Energy, 28(1), pp. 1-12.

Shockley, W. & Queisser, H. J. (1961), 'Detailed balance limit of efficiency of p-n junction solar cells', Journal of Applied Physics, 32, pp. 510-519.

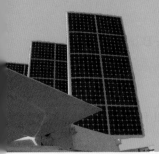

第 4 章
太陽電池特性和設計

4.1 │ 效率

如果在實驗室條件下，採用目前最先進的技術，單晶矽太陽電池的轉換效率有可能超過 24%。然而，工業上大量生產的電池，其效率通常只有 13-14%。造成這種情況的原因有很多，最重要的一個是實驗室在生產電池時可以把效率當成最主要的目標，而不考慮成本、工藝的複雜性或生產量。通常，實驗室技術不適用於工業生產。

太陽電池的研究使得電池的效率持續提高，不斷接近目前公認的理論極限 30%。雖然商業產品比實驗室成果落後數年，但商業模組的效率可望在未來幾年內超過 20%。以太陽電池提供電力來源，對於固定的功率輸出，如果效率提高，那麼所需要的模組就較少，因此成本會因效率的提高而顯著降低。太陽電池系統發電的成本取決於其初期成本、使用壽命、運轉成本、電力輸出量、貸款的費用，以及目前的貨幣價值在日後的折現率。這些因素可以用經濟學上一個按現值計算的現金流通標準公式來表示：

$$C = \frac{\sum_t \left[(ACC_t + O\&M_t + FUEL_t)(1+r)^{-t} \right]}{\sum_t \left[E_t (1+r)^{-t} \right]} \tag{4.1}$$

ACC_t 是第 t 年中所花費的資本，$O\&M_t$ 是在第 t 年中運轉和維護的總費用，$FUEL_t$ 是第 t 年中所花費的燃料費用（$FUEL_t$ 適用於存在燃料消耗的系統，比如，可用於偏遠地區供電系統的燃料費用），E_t 是在第 t 年中所生產的能量，而 r 是貼現率（discount rate）。

即使年產量達 10 MW，就當前單晶或多晶矽技術來說，矽晶圓的成本約占每瓦成品元件成本的一半，所以同時提高效率和降低矽晶圓成本是全面降低太陽電池成本的關鍵（Darkazalli *et al.*, 1991）。在下文中將討論影響電池效率的因素。

4.2 ｜光學損失

　　光學損失和復合損失會使電池輸出低於在第二、第三章討論的理想值。太陽電池的一些光學損失過程如圖 4.1 所示。

　　有許多方法可以減少這些損失：

1. 將電池表面頂層的電極面積減少到最小（雖然這將導致串聯電阻的增加）。
2. 在電池表面使用抗反射膜（antireflection coating）。如果一層透明的四分之一波長抗反射膜的厚度為 d_1，折射率為 n_1，那麼

$$d_1 = \frac{\lambda_0}{4n_1} \tag{4.2}$$

這層膜藉由干涉作用，理論上將從膜的上表面反射的光和從膜與半導體介面處反射回來的光相互抵消，其二者的相位相差 180°（Heavens, 1955）。如圖 4.2 所示。

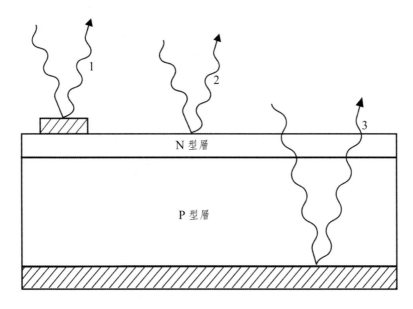

圖 4.1 ☼ 太陽電池光學損失的來源 **(1)** 頂電極（頂部接觸）的遮光 **(2)** 表面反射 **(3)** 背電極（背面接觸）的反射

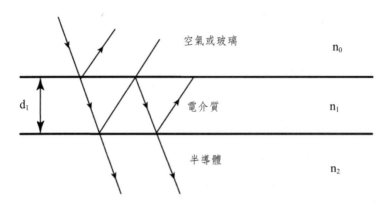

圖 4.2 ☼ 使用四分之一波長的抗反射膜抵消表面反射

為了將反射進一步最小化，可以將抗反射膜的折射率設計為膜兩邊材料（玻璃和半導體，或空氣和半導體）的幾何平均值：

$$n_1 = \sqrt{n_0 n_2} \qquad (4.3)$$

在這種條件下表面反射可以減少到零，如圖 4.3 所示。

3. 藉由表面絨面化（suface texturing）也可以減少反射。任何粗糙的表面能增加反射光再彈回表面的幾率，而不是將光直接反射到空氣中。這樣就減少了反射。

   晶體矽表面透過沿著晶面的蝕刻而被均勻地絨面化。如圖 4.4 所示，如果晶體矽的表面是按照內在原子的排列規律適當地排列而成，表面就會形成金字塔結構（Chitre, 1978）。經絨面化的矽表面的電子顯微鏡照片如圖 4.5 所示。

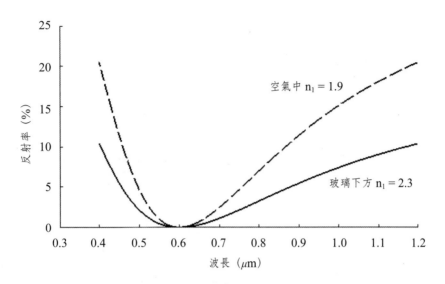

圖 4.3 ☼ 使用四分之一波長抗反射膜的矽太陽電池在不同波長照射下的表面反射率。實線
為在玻璃下方測得的反射率，虛線為在空氣中測得的反射率。兩種電池樣品所使
用的四分之一波長抗反射膜的折射率（n_1）都根據式（**4.3**）最佳化設計，將入射
光波長 **0.6 μm** 的反射降至最低。半導體矽的折射率 $n_2 = \mathbf{3.8}$，空氣的折射率 $n_0 = $
1，玻璃的折射率 $n_0 = \mathbf{1.5}$。

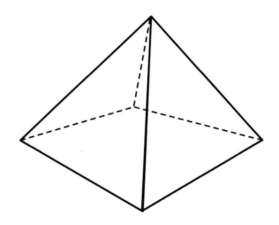

圖 4.4 ☼ 經過適當絨面化的晶體矽太陽電池表面上形成正方形底的金字塔

圖 4.5 ✿ 絨面化矽表面的掃描式電子顯微鏡圖片

絨面化或粗糙化的表面的另外一個好處是光按照斯涅爾定律（Snell's law）傾斜地耦合進矽晶體中，

$$n_1 \sin \theta_1 = n_2 \sin \theta_2 \qquad (4.4)$$

θ_1 和 θ_2 是光在介面處相對於法線的入射角，n_1 和 n_2 分別是介面兩邊介質的折射率。

4. 電池背表面（也稱後表面）的高反射減少了電池背電極的吸收，使到達背表面的光線被彈回，再度進入電池而有可能被吸收。如果背面反射體（back surface reflector）能夠完全隨機式地打亂反射光的方向，光線可能會因為電池內部的全反射而被捕獲在電池內。通過這種光捕捉（light trapping）方式，最多可以將入射光的路徑長度擴大至 $4n^2$（～ 50）倍，因此光線被吸收的可能性將顯著地增加（Yablonovitch & Cody, 1982）。背表面反射如圖 4.6 所示：

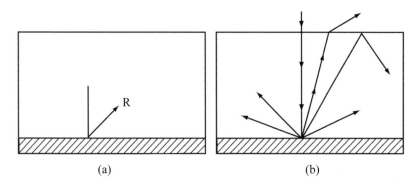

圖 4.6 ✿ **(a)** 背表面的反射 **(b)** 隨機式反射產生了光捕捉效果

太陽電池對更大波長輻射的轉換效率（或者稱紅光響應）可以藉由增加電池「背電場」（BSF, Back Surface Field）的方式來改善，也就是降低背表面的復合速率。背電場通常藉由加入一個重摻雜區域來實現。比如在電池背面網版印刷（screen print）一層鋁。這層金屬（相當於重摻雜層）與矽體中相對輕摻雜區之間形成一個低復合速率介面。背電場示意圖如圖 4.7 所示。

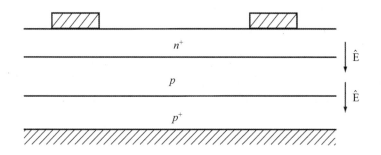

圖 4.7 ✿ 利用背電場減少背表面的復合速率

4.3 | 復合損失

太陽電池的效率也會因為電子電洞對在被有效利用之前復合而降低（Green，1986）。一些發生復合的場所如圖 4.8 所示。

復合可以經由以下幾種機制發生：

1. **輻射復合**——吸收的逆過程。電子從高能態返回到較低能態，同時釋放光能。這種復合方式在半導體雷射和發光二極體中適用，但是對矽太陽電池來說並不顯著。

2. **歐歇復合**——「衝擊離子化（impact ionization）」的逆過程（Hu & White, 1983）。電子和電洞復合釋放出多餘的能量，這些多餘的能量被另一個電子吸收，隨後，這個吸收了多餘能量的電子弛豫（relax）返回原先的能態並釋放出聲子。歐歇復合在摻雜較重的材料中尤其顯著。當雜質濃度超過 10^{17} cm^{-3} 時，歐歇復合成為最主要的復合過程。

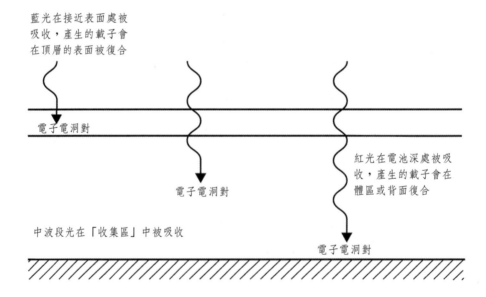

圖 4.8 ✿ 太陽電池中電子電洞對可能的復合場所

3. **經由陷阱復合**——當半導體中的雜質或表面的介面陷阱在禁帶間隙中產生允許的能階時,這個復合就可能發生。電子分兩個階段完成與電洞的復合。首先電子弛豫到缺陷能階,然後再弛豫到價帶。

在實際電池中,以上復合損失因素綜合作用的結果造成與圖 4.9 類似的光譜響應。而電池設計者的任務是克服這些損失,進而改善電池性能。電池的設計展現了電池的特色,不同的設計特點同時也將市場上各種不同的商業模組區隔開來。

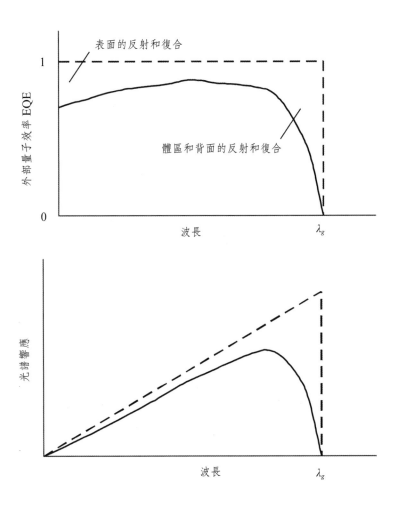

圖 4.9 ☼ 典型的實際太陽電池的外部量子效率和光譜響應,闡釋了光學和復合損失的影響

4.4 ┃頂電極設計

要收集太陽電池產生的電流，金屬頂電極（metallic top contact，或稱頂部接觸）是必需的。主柵線（busbar）和外部導線直接相連，而副柵線（finger）是更細小的金屬化區域，用來收集電流並傳輸給主柵線。簡單的頂電極設計如圖 4.10 所示。頂電極設計目標是藉由最佳化電流收集來減少由於內部電阻和電池遮蔽而產生的損失。

4.4.1 體電阻率和片電阻

電池中產生的電流一般從電池的內部垂直地流向電池的表面，然後橫向地通過頂部摻雜層，最後在頂層表面的電極被收集，如圖 4.11 所示。

電池的主體部分的電阻或稱體電阻（bulk resistance）的定義為：

$$R_b = \frac{\rho l}{A} = \rho_b \frac{w}{A} \tag{4.5}$$

考慮材料的厚度，l 是傳導路徑（有電阻）的長度，ρ_b 是體電池材料（矽太陽電池典型值為 0.5-5.0 Ω.cm）的體電阻率（bulk resistivity，電導率的倒數），A 是電池面積，w 是電池體區域的寬度（見圖 4.13）。

類似地，對於頂部的 n 型層而言，片電阻（$\rho_\square$）的定義為：

$$\rho_\square = \frac{\rho}{t} \tag{4.6}$$

這裡的 ρ 和 t 分別是該層的電阻率與厚度。片電阻 $\rho_\square$ 的實際單位是歐姆（Ω），一般用歐姆 / 方塊或 Ω/ □ 來表示。

對於不均勻摻雜的 n 型層，如果 ρ 是不均勻的，

$$\rho_\square = \frac{1}{\int_0^t \frac{dx}{\rho(x)}} \tag{4.7}$$

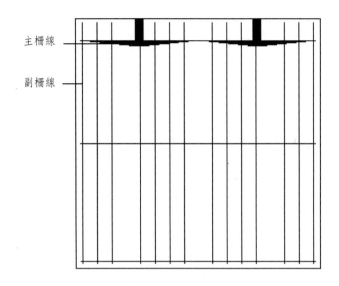

圖 4.10 ☼ 太陽電池的頂電極設計

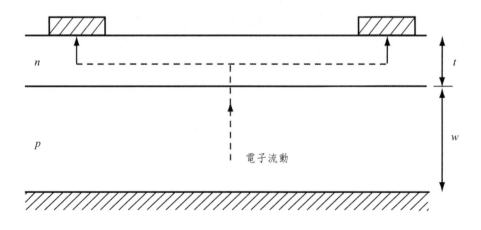

圖 4.11 ☼ 太陽電池中電子從產生點到外部電極的流動

用「四點探針（four point probe）」的實驗方法可以很容易地測得片電阻，
如圖 4.12 所示。

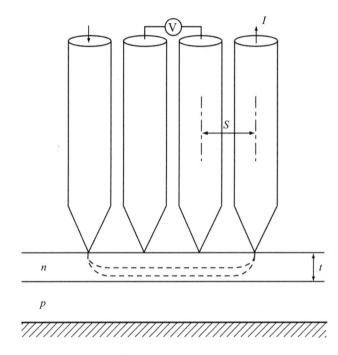

圖 4.12 ❖ 用四點探針測量太陽電池的片電阻

根據探針上電壓和電流的讀數，

$$\rho_\square = \frac{\pi}{\ln 2}\frac{V}{I}\ (\ \Omega/\square\ )$$ (4.8)

其中 $\pi/\ln 2 = 4.53$。

矽太陽電池的典型片電阻一般位於 30-100Ω/ □ 範圍以內。

4.4.2 柵線間隔

片電阻的重要性之一，在於它決定了頂電極柵線之間的理想間隔，如圖 4.13 所示。

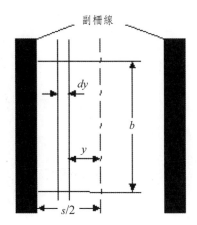

圖 4.13 ○ 用於計算由頂層的橫向電阻引起的功率損失所需要的尺寸參數

圖 4.13 中 *dy* 區域造成的功率損失由下式求出：

$$dP = I^2 dR \qquad (4.9)$$

上式中 $dR = \rho_\square\, dy/b$, *I(y)* 是橫向電流。在均勻的照光下，*I(y)* 在兩條柵線的正中間為零，並且向兩側柵線方向線性增加，在柵線處達到最大。因而 *I(y)* 又等於 *Jby*，*J* 為電流密度。所以總的功率損失為

$$P_{損失} = \int I^2 dR$$

$$= \int_0^{s/2} \frac{J^2 b^2 y^2 \rho_\square\, dy}{b}$$

$$= \frac{J^2 b \rho_\square s^3}{24} \qquad (4.10)$$

其中，*s* 是兩條柵線的間隔距離。

在最大功率點，產生的功率為

$$P_{產生} = \frac{V_{mp} J_{mp} bs}{2} \qquad (4.11)$$

所以功率損失百分率為

$$\frac{P_{損失}}{P_{產生}} = \frac{\rho_{\square} s^2 J_{mp}}{12 V_{mp}} \tag{4.12}$$

因此，頂電極柵線的最小間距可以由計算獲得。例如，如果一個典型的矽太陽電池的 $\rho_{\square} = 40\Omega/\square$，$J_{mp} = 30 \text{ mA/cm}^2$，$V_{mp} = 450 \text{ mV}$，那麼要使因橫向電阻影響而引起的功率損失小於 4%，必須使 $s < 4 \text{ mm}$。

4.4.3　其他損失

除了前面討論過的橫向電流損失，主柵線和副柵線也是導致多種損失的原因。這些損失包括遮光損失，電阻損失（也稱歐姆損失）以及接觸電阻損失。圖 4.14a 是一種對稱式接觸設計方案，並可以分解成數個單元電池，如圖 4.14b 所示。

大體上，可以認為（Serreze, 1978）：

1. 當主柵線電阻損失等於其遮光損失時，主柵線寬度（W_b）最佳
2. 漸縮（一端逐漸變細）的主柵線比寬度恒定的主柵線所引起的損失小。
3. 單元電池的尺寸，副柵線寬度（W_f）以及副柵線的間距（s）越小，引起的損失就越小。

很顯然，由於必須允許光進入電池以及實際製造的限制，對於第三點必須折中考量。金屬柵格線和半導體接觸介面處的接觸電阻損失（見圖 4.15），對於副柵線而言比對於主柵線更為重要。為了確保頂接觸的低損失，頂部的 n$^+$ 層要盡可能地重摻雜。這可以確保較小的片電阻（$\rho_{\square}$）以及較低的接觸電阻損失。

然而，高摻雜濃度會產生其他的問題。如果將大量的磷擴散到矽中，那麼多餘的磷將存在於電池表面，形成一個「死層（dead layer）」。在死層中光生載子很難被收集。由於這個死層，很多商業電池的藍光響應很差。

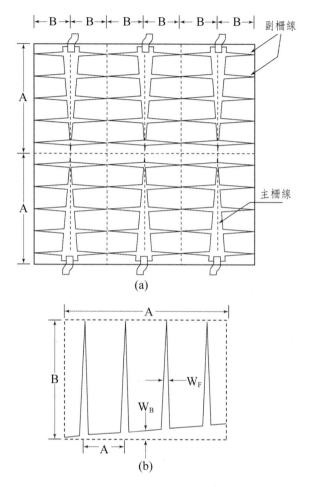

(a)

(b)

圖 4.14 ☼ **(a)** 頂電極設計示意圖，圖中標示了主柵線和副柵線的位置 **(b)** 典型單元電池的
重要尺寸參數（© **1978 IEEE, Serreze**）

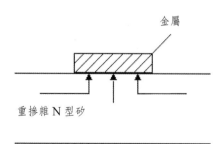

圖 4.15 ☼ 位於金屬柵線和半導體間接觸介面的接觸電阻損失點

4.5 | 實驗室電池與工業要求的對比

為了製作最高效率的矽太陽電池，在實驗室製造環境下使用的一些技術和設計包括：

- 以擴散方式製備的輕磷摻雜放射區（emmiter），這是為了減少復合損失，並避免電池表面產生「死層」
- 間隔緊密的金屬柵線，這是為了將放射區橫向電阻引起的功率損失最小化
- 極細的金屬柵線，寬度一般小於 $20~\mu m$，其目的是盡可能地減少遮光損失
- 拋光或研磨的表面，以便可以透過光蝕刻的方法製作頂電極柵線的圖案
- 小面積元件和良好的金屬傳導性，可以將金屬柵線的電阻減到最小
- 減小電極的面積，以及重摻雜位於電極下方的矽表面，使復合率盡可能降低
- 使用貴金屬的金屬化方案，如鈦－鈀－銀，以便獲得極低的接觸電阻
- 有效的背面鈍化，以減小復合
- 抗反射膜的使用，這能使表面反射從 30% 減小到遠低於 10% 以下

基於減少處理步驟以及降低成本的考量，以下技術通常不會在工業生產中使用：

- 光蝕刻技術
- 鈦－鈀－銀蒸鍍的電極
- 雙層抗反射膜
- 小面積元件
- 拋光或研磨矽晶圓的使用

為了確保產品可以商業化，工業生產要求：

- 廉價的材料和加工過程
- 簡易的技術和製程
- 高產量

· 大面積元件

· 較大的金屬接觸面積

· 和絨面化表面相容的製程

典型的大規模生產商業太陽電池製造步驟如下：

1. 透過表面絨面化形成金字塔。藉由使被金字塔表面反射的光線，在逃離電池表面之前至少撞擊另一個金字塔表面一次，使入射光反射率從大約 33% 減小到 11%。

2. 上表面磷擴散，以提供一層既薄而又重摻雜的 n 型層

3. 透過網版印刷在電池背面覆蓋鋁膏或銀鋁膏，然後燒結形成背電場和背金屬電極

4. 化學清洗

5. 網版印刷並燒結正面銀電極

6. 邊緣接面隔絕（去除邊緣接面），以切斷正面電極（頂電極）和背面電極之間的傳導（短路）路徑

4.6 ┃鐳射刻槽－埋柵太陽電池

　　新南威爾斯大學太陽光電工程研究中心開發了一種新穎的電極設計。它利用鐳射刻槽來規劃上表面金屬電極位置並決定其橫截面形狀。現在 BP Solar 公司在西班牙大規模商業生產這種電池，以「Saturn（土星）」命名投入市場。這種新的電池結構被稱做「鐳射刻槽－埋柵太陽電池」（Laser Grooved, Buried Contact Solar Cell, BCSC）。其橫截面如圖 4.16 圖所示。

　　相對於傳統電池的製造製程，BCSC 具有以下優勢：

· 高電極縱橫比（接觸電極的厚／寬比例較大）

· 極細的頂電極柵線（20 μm 寬）

· 在大面積元件上的遮光損失從網版印刷電池的 10-15% 減少到 2-3%

- 由於低金屬電阻和接觸電阻損失，填滿因子極佳
- 刻槽的寬度不變，藉由增加它的深度來增加金屬的橫截面積，而不增加遮光面積
- 能夠增大元件尺寸而不造成性能損失
- 不需要光蝕刻、抗反射膜、拋光或研磨的表面或鈦－鈀－銀等昂貴的金屬材料
- 非常簡單的生產製程
- 由此類電池發電的成本顯著低於標準網版印刷電池（Jordan & Nagle, 1994）
- 高達 20% 的大面積太陽電池效率和高達 18% 的模組效率已被證實。而使用網版印刷技術，其效率通常分別只能達到 14% 和 11%。

這種設計被作為聚光太陽電池（concentrator cell）使用時還有額外的優勢（Wohlgemuth & Narayanan, 1991）：

- 在較低成本的多晶或者單晶材料基板上可以達到更高的效率

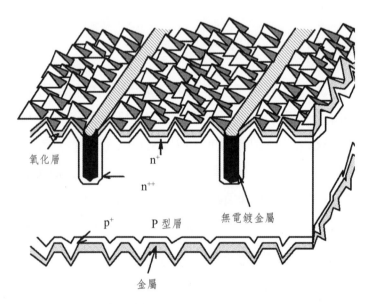

圖 4.16 ❀ 鐳射刻槽－埋柵太陽電池的橫截面

- 可以使用成本更低的鎳－銅金屬
- 「自動對準（self-aligning）」的製程
- 僅在刻槽區域採取更深的擴散摻雜，有效地避免了金屬與發射區的直接接觸。同時確保了發射區的低摻雜濃度，因而更為高效
- 通過使用輕摻雜的發射區來避免上表面「死層」的產生，以顯著改善電池對於短波光的響應
- 大面積的鍍金槽壁和重摻雜的接觸區域減小了接觸電阻

鐳射刻槽－埋柵太陽能電池的製造流程如下：

1. 表面絨面化
2. 表面磷擴散和氧化
3. 鐳射刻槽
4. 化學清洗
5. 槽壁磷重擴散
6. 背表面鋁金屬化與燒結
7. 頂電極、背電極同時進行無電鍍（electroless plating）（鎳－銅－銀）
8. 邊緣隔絕

新南威爾斯大學的研究人員在 1993 年開發了製程改良的埋柵太陽電池，使之更為高效率並且低成本。它與最初的埋柵太陽電池技術的主要差別是：新製程在電池背面採用硼摻雜的凹槽，並將鋁沉積和燒結步驟從生產過程中去除（Honsberg et al., 1993）。

習題

4.1　(a) 概述一下當今用於生產矽基板的技術。

　　 (b) 它們各自有哪些優點和缺點？

　　 (c) 單晶矽基板能夠長遠發展嗎？

4.2 (a) 除了矽以外，還有那些材料可以做太陽電池的基板？

    (b) 它們各自有哪些優點和缺點？

    (c) 是否有些材料比其他的材料的更適合於特殊的應用或環境？

4.3 用流程圖概述將石英岩轉化成太空用矽太陽電池所需的步驟。

4.4 (a) 畫出典型的商業太陽電池橫截面圖，並在圖中標出主要結構。

    (b) 簡要描述太陽電池的工作原理。

    (c) 概述在設計上影響太陽電池效率的幾個要素。

4.5 商業大規模生產的地面用太陽電池的效率，總是比在實驗室環境下製造的最高效的電池要低很多。討論兩種生產環境採用不同製程技術的原因及其所帶來的影響，並且解釋這些因素為何能夠造成如此大的性能差距。

4.6 藉由某技術，可生產出效率為 10% 的太陽電池模組。在照光充足的情況下（1 kW/m^2），每峰值瓦特的價格是 \$1。在一個特定的應用場合中，系統平衡組件（balance-of-system，即電池陣列之外的其他系統組件）的成本取決於電池陣列的面積，總計為 \$80/m^2。假設其他成本都相等，藉由另一種技術製造的效率為 5% 的模組，若要達到相近的系統總成本，其每峰值瓦特的定價應為多少？

4.7 (a)) 推導因電流在矽太陽電池頂部擴散層中橫向流動，所導致的功率損失百分率的運算式。

    (b) 一個商業電池的頂層片電阻為 35 Ω/ □。其最大功率輸出點的電壓為 420 mV，電流密度為 28 mA/cm^2。如果副柵線間距為 3 mm，計算因電流在頂部擴散層中橫向流動所導致的功率損失百分率。

    (c) 如果 350 μm 厚的基板體電阻率為 1 Ωcm，那麼電流在基板中流動所導致的功率損失百分率是多少？

4.8 計算並繪出矽太陽電池對應於波長的光譜響應度（「短路電流／入射單色光功率」的比值）的上限。

參考文獻

Chitre, S. R. (1978), 'A high volume cost efficient production macrostructuring process', Proc. 14th IEEE Photovoltaic Specialists Conference, Washington, DC, pp. 152-154.

Darkazalli, G., Hogan, S. & Nowlan, M. (1991), 'Sensitivity analysis and evaluation of manufacturing cost of crystalline silicon PV modules', Proc. 22nd IEEE Photovoltaic Specialists Conference, Las Vegas, pp. 818-821.

Green, M. A. (1986), *Solar Cells: Operating Principles, Technology and System Applications*, University of NSW, Kensington, Australia.

Heavens, E. S. (1955), *Optical Properties of Thin Solid Films*, Butterworths, London.

Honsberg, C. B., Yun, F., Ebong, A., Taouk, M., Wenham, S. R. & Green, M. A. (1993), '685 mV open circuit voltage laser grooved silicon solar cell', Technical Digest of the International PVSEC-7, Nagoya, Japan, pp. 89-90.

Hu, C. & White, R. M. (1983), *Solar Cells: From Basic to Advanced Systems*, McGraw-Hill, New York.

Jordan, D. & Nagel, J. P. (1994), 'New generation of high efficiency solar cells: Development, processing and marketing', *Progress in Photovoltaics*, **2**, pp. 171-176.

Serreze, H. B. (1978), 'Optimising solar cell performance by simultaneous consideration of grid pattern design and interconnect configurations', Proc. 13th IEEE Photovoltaic Specialists Conference, Washington, DC, pp. 609-614.

Wohlgemuth, J. H. & Narayanan, S. (1991), 'Buried contact concentrator solar cells', Proc. 22nd IEEE Photovoltaic Specialists Conference, Las Vegas, pp. 273-277.

Yablonovitch, E. & Cody, G. D. (1982), 'Intensity enhancement in textured optical sheets for solar cells', *IEEE Transactions on Electron Devices*, **ED-29**, pp. 300-305.

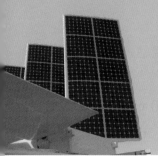

第 5 章

太陽電池的互連 和模組的裝配

5.1 ｜模組和電路設計

太陽電池很少被拿來個別使用，而是將具有相似特性的電池連接和封裝成模組，形成太陽電池陣列的基本建構單元。

因為從單個單晶矽電池所能得到的最大電壓大約只有 600 mV，所以電池一般被串聯在一起以獲得所期望的電壓（Mack, 1979）。一般 36 個電池串聯在一起形成額定電壓為 12 V 的充電系統。

在峰值日照情況下（100 mW/cm²），電池所能產生的最大電流（密度）大約是 30 mA/cm²，電池因此並聯在一起以獲得所需要的電流。圖 5.1 以圖解的方式說明了典型的連接系統和用來描述此系統的標準術語。

讀者可以透過網際網路查詢聖第亞國家實驗室（2002）的資料庫，其中包含大約 125 個典型商業模組的特性。

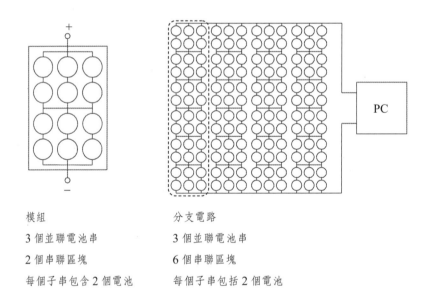

模組

3 個並聯電池串

2 個串聯區塊

每個子串包含 2 個電池

分支電路

3 個並聯電池串

6 個串聯區塊

每個子串包括 2 個電池

圖 5.1 ⚙ 用於模組電路設計的典型連接系統和術語（© 1980 IEEE, Ross），PC 代表功率調節裝置（**power conditioning equipment**）

5.2 ｜ 相同特性的電池

在理想情況下，在模組中的電池會表現出同樣的特性，並且整個模組與單個電池的 I-V 曲線應具有相同的形狀，只是坐標軸的尺度會有差別。因此對於 N 個串聯和 M 個並聯起來的電池，

$$I_{\text{total}} = M I_L - M I_0 \left[\exp\left(\frac{q V_{\text{total}}}{nkTN}\right) - 1 \right] \qquad (5.1)$$

5.3 ｜ 非相同特性的電池

在實際情況中，所有電池都具有不同的特性，輸出最小的電池限制了整個模組的總輸出。模組中電池的最大輸出的總和與模組實際達到的最大輸出之間的差別就是不相配損失（mismatch loss）。

圖 5.2 是不相配電池之間的並聯示意圖。圖 5.3 和圖 5.4 說明了在這種情況下決定開路電壓和短路電流的方法。

圖 5.5 是不相配電池之間的串聯示意圖。圖 5.6 和圖 5.7 說明了在這種情況下決定開路電壓和短路電流的方法。

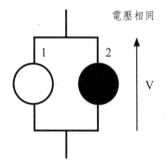

電壓相同

電池 2 輸出比較低的原因：

・生產缺陷

・衰退（例如：破裂）

・部分遮擋（例如：樹木、建築物、樹葉、鳥糞、褪色的封裝材料等）

・高溫

圖 5.2 ✿ 並聯的兩個不相配電池。

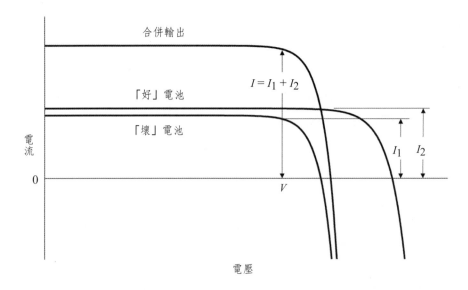

圖 5.3 ☼ 並聯的兩個不相配電池以及對電流的影響。合併輸出曲線是透過對於每個電壓值
上的 I_1 和 I_2 加總得到的。

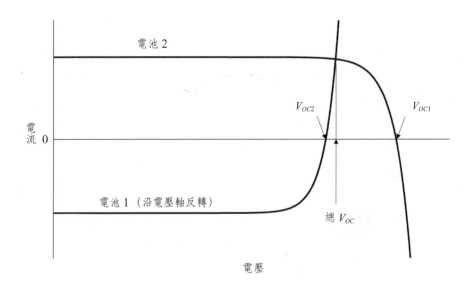

圖 5.4 ☼ 計算並聯的不相配電池總 V_{OC} 的簡易方法。其中一個電池的曲線沿電壓軸反轉，
因此曲線的交點（此處 $V_1 + V_2 = 0$）提供了並聯時的 V_{OC}。

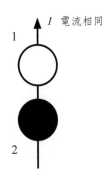

電池 2 輸出比較低的原因

・出廠缺陷

・衰退（例如：破裂）

・部分遮擋（例如：樹木、建築物、樹葉、
  鳥糞、褪色的封裝材料等）

・高溫

圖 5.5 ☼ 串聯的兩個不相配電池。

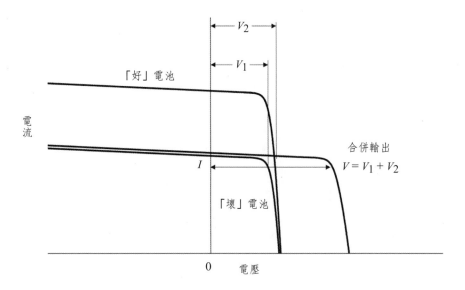

圖 5.6 ☼ 串聯的不相配電池以及對電壓的影響。合併輸出曲線是透過對於每個電流值對應
　　　的 V_1 和 V_2 加總得到的。

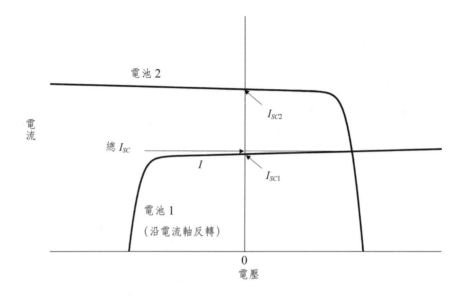

圖 5.7 ✿ 計算串聯不相配電池的總 I_{SC} 的簡便方法。交點處的電流表示串聯時的短路電流（即 $V_1 + V_2 = 0$）。

5.4 ｜非相同特性的電池模組

假如上面圖表中的電池被替換成電池模組、電池串、電池區塊或者源電路，會出現相似的效果和曲線形狀。

來自於不同廠家的電池或模組，即使額定電流相同，仍可能具有不同的光譜響應，而導致不相配損失問題的出現。

5.5 ｜熱點過熱

存在於模組裡的不相配電池，可導致某些電池在產生電力而某些電池在消耗電力。最壞的情況是，當模組或者模組串被短路時，所有「好」電池的輸出都會消耗在「壞」電池上。圖 5.8 中的電池串裡有一個壞電池。圖 5.9 說明了

這個壞電池對整個模組輸出的影響。相對於好電池產生的電壓，壞電池變成逆向偏壓（reverse biased），如圖 5.10 所示。

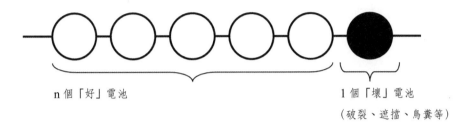

n 個「好」電池   1 個「壞」電池
                              （破裂、遮擋、鳥糞等）

圖 5.8 ✿ 一個「壞」電池位於電池串中，減少了通過「好」電池的電流，往往導致這些好
電池產生較高的電壓，使得壞電池逆向偏壓。

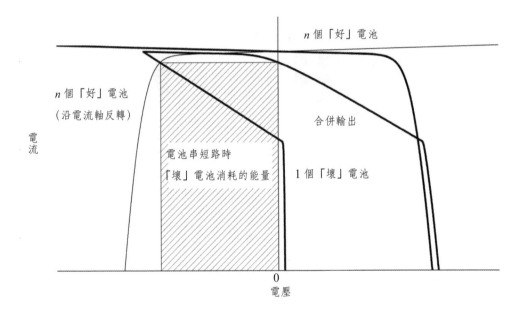

圖 5.9 ✿ 一串好電池中的一個壞電池對整個模組的影響（引用 Ross & Smokler, 1986）

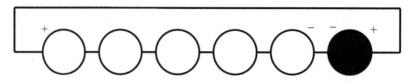

圖 5.10 ☼ 電池串中壞電池的逆向偏壓。導致這種情況發生的原因是，好電池試圖以高於壞電池所能承載的電流導通壞電池。即使在短路的情況下同樣如此。

　　在壞電池上的電力消耗導致電池 *p-n* 接面的局部擊穿。在很小的區域會產生很大的能量消耗，引起局部過熱，或者稱為「熱點（hot spot）」，會進一步導致電池或玻璃破裂、焊料熔化等破壞性的結果。電池組也會發生同樣的問題，如 5.11 所示。

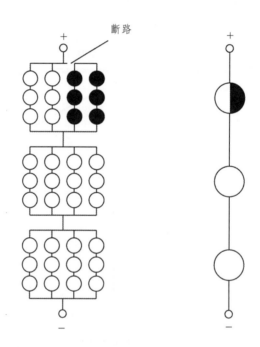

圖 5.11 ☼ 在一組電池中潛在的「熱點」。左圖的電池組合與右圖的電池組合（其中一個是「壞」電池的 **3** 個串聯電池）是類似的（**Ross & Smokler, 1986**）。

對於熱點問題和不相配電池，有一個解決辦法是在原電路上加裝旁通二極體（Standards Australia, 2005）。通常情況下，例如光線不被遮擋時，每個二極體處於逆向偏壓，每個電池都在產生電力。當一個電池被遮擋時會停止產生電力，並成為一個高阻抗電阻，同時其他電池促使其逆向偏壓，導致連接電池兩端的二極體導通，原本流過被遮擋的電池的電流被二極體分流。有旁通二極體和故障電池的電路如圖 5.12 所示。含有故障電池的電池陣列的輸出見圖 5.13。

實際上，將每個電池配備一個旁通二極體會過於昂貴，所以二極體通常會連接於一組電池的兩端，如圖 5.14。被遮擋的電池的最大功率消耗大約等於該電池所在電池組的總發電能力。

對於矽太陽能電池，在不引起損壞的情況下，一個旁通二極體最多連接 10-15 個電池。因此對於通常的 36 電池模組，至少需要 3 個旁通二極體以確保電池不被熱點所損壞。

不是所有的商業模組都具有旁通二極體。如果它們沒有配備旁通二極體，必須留意模組不會被長時間短路，並且此部分模組不會被周邊建築物或臨近的電池陣列所遮擋。將單一二極體整合入每個太陽能電池也是可行的，它是確保各個電池都不被損壞的一個低成本方法（Green, 1980）。

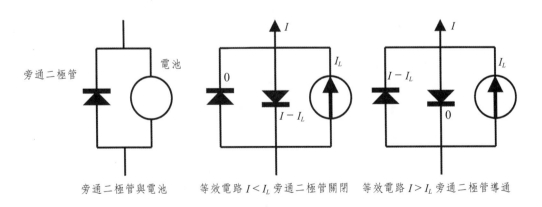

旁通二極管與電池　　　等效電路 $I < I_L$ 旁通二極管關閉　　等效電路 $I > I_L$ 旁通二極管導通

圖 5.12 ✿ 一個旁通二極體與一個電池並聯。當總電流超過電池的 I_L 時，二極體導通。

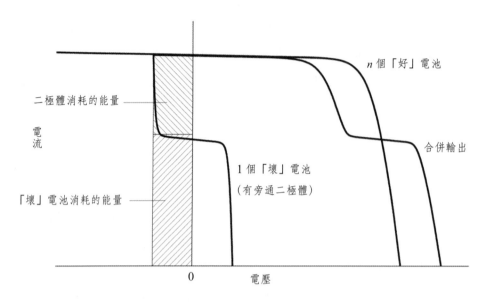

圖 5.13 ✿ 配備旁通二極體的「壞」電池對總輸出的影響。當總電路短路時，壞電池和二極體上消耗的能量約等於一個好電池的輸出能量。

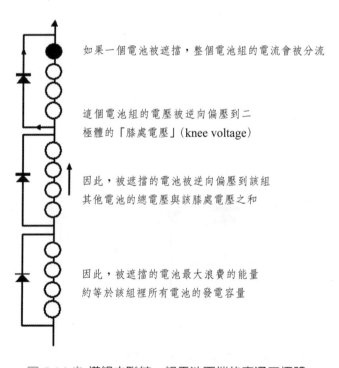

圖 5.14 ✿ 模組中聯結一組電池兩端的旁通二極體

對於並聯模組，如 5.15 所示，另外的問題是當使用旁通二極體時會發生熱失控（thermal runaway）——一串旁通二極體比其餘的熱，承載了很大一部分電流，因此導致更熱。因此應當選用能夠承受模組合併所產生的並聯電流的二極體。

Standards Australia（澳洲標準 2005）標明了非嵌入式旁通二極體的規範。合格的二極體應當能夠承受受其保護模組的 2 倍開路電壓或者 1.3 倍短路電流的工作條件。

有些模組包含阻隔二極體（blocking diode），如圖 5.16 所示，保證電流只會從模組裡流出。例如，它可以防止夜間時蓄電池對太陽電池放電。

因為阻隔二極體會消耗一部分收集的電力，所以不是所有電池串都被建議使用（Albers, 2004）。當使用阻隔二極體時，與旁通二極體相似，應當可以承受其所保護模組 2 倍開路電壓或者 1.3 倍短路電流的情況（Standards Australia, 2005）。

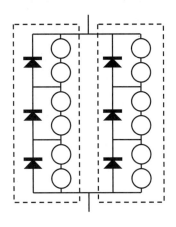

圖 5.15 ❁ 並聯模組中的旁通二極體。

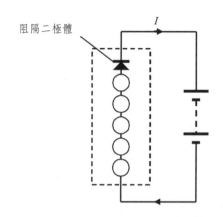

圖 5.16 ☼ 藉由使用阻隔二極體，確保模組中的電流單向流通

5.6 | 模組構造

　　太陽電池陣列經常用於沒有公用電網或不適合採用燃料系統的荒蕪和偏遠環境。因此模組必須能夠擴充和無需維護的運轉。製造廠家聲稱的模組壽命一般是 20 年左右，而整個太陽光電產業正在努力尋求達成 30 年的模組壽命。封裝是影響太陽電池壽命的主要因素（**King** *et al.*, 2000）。圖 5.17 是一個典型的封裝示意圖。

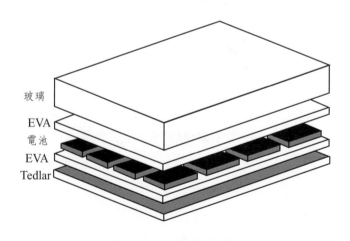

圖 5.17 ☼ 一個典型的層狀模組結構。

澳洲有關太陽電池陣列的安裝標準（Standards Australia, 2005）係參考 IEC 61215 標準（IEC, 1993）。這是一個被模組廠家廣泛採用，以確保模組能在極端但是不無可能存在的環境下，持續運轉的一個標準。IEC 61215 測試要求製造商提供同一批經過正常品質檢驗所生產的模組中任意八個。每個模組接受不同次序的檢查，這些檢查包括模組的電學、光學和機械結構檢查。如果每個樣品符合以下所有的要求，模組就達到了品質標準：

1. 沒有明顯的肉眼能看到的缺陷。
2. 在 STC 情況下，經過單個測試後的最大輸出功率的衰退小於 5%，在所有測試程序之後的最大輸出功率的衰退小於 8%。
3. 通過絕緣性測試和高電壓測試。
4. 樣品不存在任何明顯的斷路或接地故障。

以下討論最重要的運轉環境防護（也稱為「抗候性」）方面的問題。

5.7 ｜抗候性

（Treble, 1980; King 2000 *et al*.; Ecofys BV, 2004）：

模組必須能夠經得起像灰塵、鹽、沙子、風、雪、潮濕、雨、冰雹、鳥、濕氣的冷凝和蒸發、大氣氣體污染物、每日和季節溫度的變化，以及能在長時間紫外光照射下保持性能。

頂部蓋板必須具有並且保持對於 350-1200 nm 波段太陽光的良好透光率。必須具有好的抗衝擊性能，具備堅硬、光滑、平坦、耐磨，以及能利用風、雨或噴灑的水進行自我清潔的抗污表面。整個結構必須沒有能使水、灰塵或其他物質殘留的突出物體。

濕氣的滲入是大部分長時間下模組失效的原因。水蒸汽在電池板或者電路上的冷凝會導致短路或者腐蝕。因此封裝系統必須對氣體、蒸汽或液體有很強的抵禦性。最易受侵入的地方是電池和封裝材料之間的介面，以及所有不同材

料互相接觸的介面。用於黏結的材料必須精心挑選以確保能在極端環境下維持黏著。常用的封裝材料是乙烯－醋酸乙烯共聚物（EVA）、鐵弗龍（Teflon）和鑄件樹脂。EVA 被普遍應用於標準模組，通常在真空室中處理，也應用於真空室中。Teflon 用於小型特殊模組上，它的上面不再需要覆蓋玻璃。樹脂封裝有時被用在建物整合型的大型模組上。

　　回火過的低鐵含量卷製平板玻璃（rolled sheet glass）是現今作為頂層表面的最佳選擇，因為它相對便宜、堅固、穩定、具有高透光率、密封性和良好的自我清潔能力。回火使玻璃能夠抵禦熱應力。低鐵玻璃可以讓透光率達到 91%。一個最新的進展是具有抗反射塗層玻璃的成功研製，利用腐蝕處理或浸漬塗布，達到了高達 96% 的透光率。Tedlar（一種聚氟乙烯聚合物材料）、Mylar 或玻璃一般被用於模組的背面以防止濕氣侵入。但是所有聚合物在一定程度上都具有可浸透性。典型的模組短期性能損失是由於城市和鄉村環境中灰塵的堆積和污染，如圖 5.18 所示。灰塵的對性能影響的資料可查閱 Hammond 等（1997）。

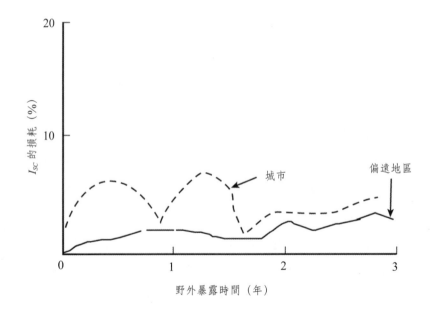

圖 5.18 ☼ 在城市和鄉村環境下短期性能的衰退（引用 Ross & Smokler, 1986）

5.8 │ 溫度因素

對於晶體矽材料，尤其需要模組盡可能地在較低的溫度運作，這是因為：

· 在低溫下電池的輸出會增加（參見 3.3 節）
· 熱循環（thermal cycle）和熱應力將會減少
· 溫度每升高 10℃，性能衰退速率會增加大約一倍。

為了減少模組的性能衰退速率，最好能夠排除紅外輻射，因為紅外線的波長太長而無法被電池吸收；然而還沒有十分經濟合理的方法可以解決這個問題。模組和太陽電池陣列要善加利用輻射、傳導和對流等機制進行冷卻，並對無用輻射的吸收予以最小化。通常情況下，在模組的熱量散失中，對流和輻射各占一半。

對於不同的封裝類型，具有截然不同的熱特性，製造者利用這點製造出不同的產品來滿足不同的市場需求。典型製造商可能提供以下一些特性不同的模組：

· 海洋模組
· 射出成型模組
· 袖珍型模組
· 層壓式模組
· 太陽光電屋頂瓦片
· 建物整合型薄板

圖 5.19 說明了當溫度升高到環境溫度以上時模組類型的選擇。模組溫度與環境溫度之差與照射強度的增加大約成線性關係。

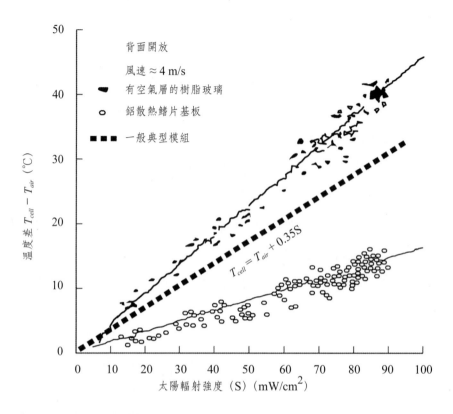

圖 5.19 ☼ 對於不同的模組類型，隨著太陽光照射強度的漸增，電池溫度與環境溫度的差也增大（**Ross & Smokler, 1986**）

標稱工作電池溫度（nominal operating cell temperature, NOCT）的定義為，當模組中電池處於開路狀態，並在以下具有代表性的情況時所達到的溫度：

電池表面照光強度 = 800 W/m^2

空氣溫度 = 20°C

風速 = 1 m/s

安裝方式 = 背面開放

在圖 5.19 中，性能最佳的模組在運作時 NOCT 為 33°C，最差模組的運作在 58°C，比較典型的模組運作在 48°C。用來估算電池溫度的近似運算式為：（Ross & Smokler, 1986）

$$T_{cell} = T_{air} + \frac{NOCT - 20}{800} \times S \ (\text{℃}) \qquad (5.2)$$

這裡 T_{cell} 是電池溫度，T_{air} 是空氣溫度或環境溫度。S 是照光強度，用 W/m^2 來表示。當風速很大時，模組的溫度將會比這個值低，但是在靜態情況之下溫度會較高。對於建物整合型模組，溫度效應尤其應該值得重視。必須確保使盡可能多的空氣流經模組的背面，以防止溫度過高。

電池包裝密度（即有效電池面積占模組總面積的比值）同樣對工作溫度有影響，包裝密度較低的電池具有較低的 NOCT，例如：

・50% 的電池包裝密度→41℃ NOCT
・100% 的電池包裝密度→48℃ NOCT

圖 5.20 顯示了圓形和正方形電池的相對包裝密度。

具有白色背面並在模組中稀疏排列的電池，藉由「零深度聚光效應（zero depth concentrator effect）」，同樣可以使輸出少量地增加（SERI, 1984），如圖 5.21 所示。部分光線照射到電池的電極部分以及電池之間的模組區域，這些光被散射後最終照射到模組的有效區域。

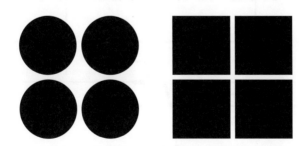

圖 5.20 ☼ 圓形和方形電池的包裝密度示意圖

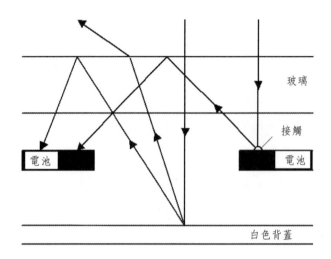

圖 5.21 ☼ 在電池稀疏排列並具有白色背面的模組中的零深度聚光效應

　　熱膨脹是另一個設計模組時必需考慮到的溫度效應。圖 5.22 說明了電池隨著溫度升高所發生的熱膨脹。

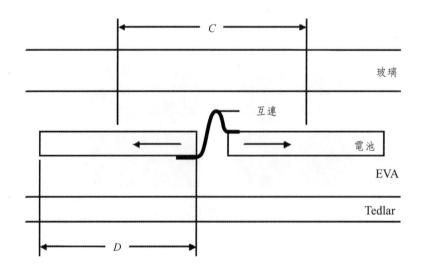

圖 5.22 ☼ 使用應力釋放環以適應電池間因溫度上升引起的熱膨脹

由圖 5.22，電池之間的空間可以增加一定量 δ，公式如下：

$$\delta = (\alpha_g C - \alpha_c D) \, \Delta \, \mathrm{T} \qquad (5.3)$$

其中 α_g, α_c 分別表示玻璃和電池的膨脹係數，C 是相鄰電池間中心之間的距離，D 是表示電池的長度。

一般情況下，電池與電池之間採取環形互連，是為了減少循環應力（cyclic stress）。雙重互連是為了降低在這樣的應力下而自然疲勞失效的概率。

除了相互連接的應力，所有的模組介面會受到溫度相關的循環應力，甚至最終可能導致剝離。

5.9 │ 電絕緣

封裝系統應該至少能夠承受系統電壓。除了在特殊指定環境外，金屬框架必須接地，因為內部的和終端的電勢會遠高於大地的電勢（Standards Australia, 2005）。《澳洲標準》說明了需要安裝接地漏電安全裝置的情況（Standards Australia, 2005）：

1. 陣列 $V_{oc} < 50$ V ──無須安裝。
2. 50 V $< V_{oc} < 120$ V ──如果系統是接地並絕緣的，那麼在直流端需要安裝接地故障保護，或者非絕緣情況下在交流端安裝直流殘餘電流檢測裝置（DC-sensitive residual current device）。
3. 陣列 $V_{oc} > 120$ V ──除了上述措施以外，需要為浮接（floating）並且絕緣的陣列安裝一個絕緣監視器。

5.10 │ 機械保護

太陽電池模組必須具有足夠的強度和剛性，以便在安裝前和安裝時能夠正

常地搬運。如果玻璃被用於頂層表面，必須已經退火處理過。因為模組的中心區域比框架附近區域的溫度高，由此而產生的框架邊緣的張力會導致裂縫。在太陽能陣列中，模組必須能夠承受支架結構中一定程度的扭曲，如圖 5.23 所示，以及抵抗風所引起的振動和大風、雪、冰造成的負荷（IEC 1993）。

　　對這種機械損傷最敏感的點位於模組的角、邊緣、電池的邊緣以及所有的襯底支架。

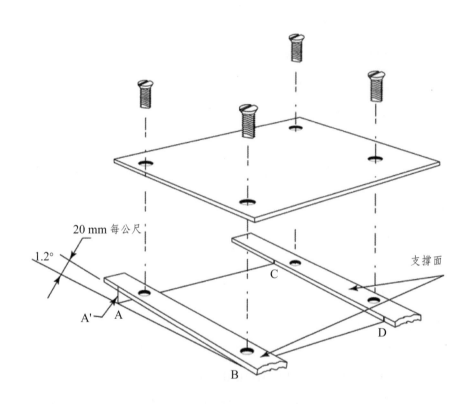

20 mm 每公尺

1.2°

A'　A

C

支撐面

D

B

圖 5.23 ✿ 模組因安裝架變形而引起的扭曲（JPL 1981）。

5.11 | 衰退與失效

太陽電池模組的工作壽命主要是由封裝的耐久性決定的（Czanderna & Pern, 1996）。雖然光致衰退能夠引起硼摻雜矽電池的性能衰退（Schmidt & Cuevas, 1999）。實際應用顯示，在 20-30 年預期壽命之後，太陽能模組就會以不同的形式衰退或者失效。長期的性能研究指出，典型的性能損耗範圍在每年在 1-2% 之間（King et al., 2000）。Ross（1980）提出了在每年運轉時由各種衰退所引起的預期輸出減少量。

1. **前表面汙損**——隨著表面灰塵的積累會逐漸降低模組的性能。模組的玻璃表面藉由風雨的沖刷實現自我清潔，而將這些損失保持在 10% 以下；然而對於其他材料的表面而言這個損失的百分比可能更高。

2. **電池的衰退**——模組中逐漸的衰退主要是由以下因素引起的：
   - 由於金屬接觸附著力的降低或者腐蝕引起 R_s 變大
   - 由於金屬越過 p-n 接面導致 R_{sh} 減小
   - 抗反射塗層的老化
   - 電池中活性的 p 型材料硼形成硼氧化合物而造成衰減。（Schmidt & Cuevas, 1999）。

3. **模組的光學老化**——封裝材料的變色可導致性能逐漸下降（Czanderna & Pern, 1996）。暴露於紫外線、溫度或濕氣會造成泛黃；或由於來自模組邊緣的密封、架設或終端盒等部分的外來物質的擴散，會發生局部的發黃現象。

4. **電池短路**——短路容易在電池互連的地方出現，如圖 5.24 所示。對薄膜電池這是個比較常見的問題。因為在薄膜電池中頂電極和背電極距離較近，由於針孔、以及電池材料上腐蝕或損壞的區域而導致的短路機率更大。

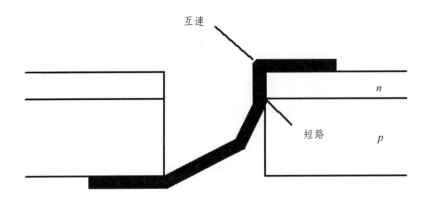

圖 5.24 ☼ 互連區域的短路導致電池故障

5. **電池斷路**──這是個比較常見的故障。儘管多重的連接點和互連的主柵線能通常確保電池正常地運作。電池的破裂可以導致斷路，如圖 5.25 所示。

導致電池破裂的原因可能有以下幾種：

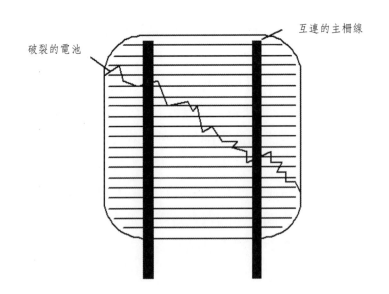

圖 5.25 ☼ 互連的主柵線對防止電池破裂造成的斷路故障所產生的作用。

‧熱應力

‧冰雹或碎石

‧在生產或者裝配過程中造成的「隱性裂痕」，一般在生產檢驗時無法發覺，但是之後就會出現。

6. **互連的斷路和寄生串聯電阻**——由循環熱應力和風力負荷引起的疲勞，導致互連電路的斷路故障，寄生串聯電阻會隨歲月而逐漸增大。隨著錫鉛合金的老化，焊接處會變脆且會破裂分離成錫和鉛的碎片，導致了電阻的增加。

7. **模組的斷路和寄生串聯電阻**——斷路故障和老化的影響也會在模組結構中出現，最典型的是在匯流排接線和接線盒中發生。

8. **模組電路短路**——雖然所有模組在出售前都會經過測試，然而生產缺陷通常可能引起模組短路。它們的出現是因為風化所致的絕緣老化，繼而導致剝離、破裂和電化學腐蝕。

9. **模組玻璃破損**——頂部玻璃損壞可能出現的原因有人為蓄意破壞、熱應力、安裝操作不當、風或者冰雹的影響。在較低的風速下，屋頂的碎石被風吹起，越過安裝在屋頂上的傾斜模組的表面，落下垂直擊中鄰接的模組，造成模組的破裂（King *et al.*, 2000）。

10. **模組剝離**——這在早期的模組中是比較普遍的一個故障，但是現在已不構成主要問題。問題一般是由於較低的焊點強度，潮濕和光熱老化等環境問題，或者因為受熱和潮濕產生的膨脹不等而引起的。這個在比較熱和潮濕的氣候裡比較常見。當濕氣經過封裝材料時，太陽光和熱誘發化學反應而導致剝離。

11. **熱點故障**——不相配的、破裂的或者被遮擋的電池能導致熱點故障，有關內容已在第 5.5 節中探討。

12. **旁通二極體故障**——用於克服電池不相配問題的旁通二極體，也有可能產生故障，通常是由於過熱或規格不符造成的（Durand, 1994）。如果把二極體工作溫度控制在 128°C 以下，就可以降低問題產生的可能性。

13. **封裝材料的失效**——紫外線吸收劑和其他密封穩定劑能確保封裝材料具有更長的壽命。然而隨著流失和擴散，這些成分會逐漸耗盡，一旦濃度低於某個臨界值，封裝材料會快速地衰退。特別是 EVA 層顏色的變深，伴隨著乙酸的形成，會導致某些太陽能陣列輸出功率的逐漸減小，特別是對於聚光型系統（Wenger 等，1991; Czanderna 與 Pern, 1996; King 等，2000），即便最近 EVA 對光穩定性的改進已經減少了這種問題的發生。

5.12 | 內含耗能和生命週期的議題

早期的太陽電池製造需要大量的原材料和加工能量。這就帶來了太陽電池系統的淨生產能量問題。現代商業電池產品的效率比早期電池要高，生產技術減少了對材料的使用和浪費，能源的應用效率也更高，所以太陽電池在投入應用初期的幾年就能夠收回生產它們所消耗的能量。現在主要致力於開發能將模組回收利用的生產方法（Wanbach, 2004; Arai *et al*., 2004）。

包括製程的分析或輸入輸出技術的許多方法，被用來計算並報告在生產元件和模組時能量利用的情況，這些能量通常叫做生產的「內含耗能」（embodied energy, E_{man}），在模組的製造過程中這是最基本的能量需要，包括原材料採集所需的能量。「從搖籃到墳墓分析」），也被用來分析材料和能源在製造過程、應用直至壽命終結時的流動。這個方法被《國際標準組織生命週期評定標準 ISO 14040》採用。對於能量的使用，Einput 可以定義為基本能源需要的總和包括生產（E_{man}）、運輸（E_{trans}）、安裝（E_{inst}）、操作（E_{use}）和報廢（E_{decomm}）（Kato, 2000）。

$$E_{input} = E_{man} + E_{trans} + E_{inst} + E_{use} + E_{decomm} \tag{5.4}$$

每年運作中的太陽電池模組都會替代一定量用來發電的能源。這個被稱為

E_{gen}，會隨著地點和被替代燃料的不同而變化。能量償還期（energy payback time, EPT 或 EPBT）指太陽電池產生的能量達到製造時消耗的能量所需要的時間。因此

$$EPT = \frac{E_{input}}{E_{gen}} \tag{5.5}$$

利用目前的製造技術，典型的晶體矽太陽電池模組的 EPT 為 2-8 年，而薄膜模組的 EPT 為 1-3 年（Kato, 2000; Alsema, 2000）。當新技術得以應用時，以上的時間預期可以分別縮短到 2 年以下和 1 年以下（Alsema *et al.*, 1998）。然而，EPT 並未指出的是模組的壽命（L_{pv}）可能在 20-40 年之間，所以太陽電池模組在生命週期裡的能量輸出會遠遠大於製造所需要的能量。為了反映出這一點，可以定義能量產出比（EYR）（Pick, 2002）

$$EYR = \frac{E_{gen} L_{pv}}{E_{input}} \tag{5.6}$$

EYR 大於 1 表示這個太陽電池模組（或系統）是一個產生淨能量的產品。例如一塊模組 EPT 是 4 年時間，壽命 20 年，EYR 就會是 5，表示模組在生命週期中會產生 5 倍於製造模組所需要的能量。

習題

5.1　假設一個太陽能模組包括 40 個串聯的特性相同的電池。在艷陽下，在每個電池的開路電壓是 0.61 V，短路電流是 3 A。整個模組在艷陽下被短路，其中一個電池被部分遮擋。假設所有的電池的理想因數都為 1，並且忽略溫度影響，求在被遮擋的電池上所消耗的能量與遮擋百分比（被遮擋區域面積／總面積）之間的函數關係。

5.2　(a) 簡要討論矽太陽電池的特性對光譜響應的影響。

　　　(b) 什麼時候需要考慮電池間光譜響應的差別？為什麼？

5.3 (a) 解釋為何局部的「熱點」會發生在大型太陽電池陣列中的一個被部分遮擋的電池中？

(b) 解釋為了防止「熱點」所引起的損壞所需要採取的措施。

5.4 (a) 一個額定 12 V 的太陽電池模組包含 36 個具有相同特性的電池，每個電池的短路電流 3.0 A，具有類似於商業電池的填滿因子和開路電壓。畫出這個模組在 25°C 時的電壓－電流特性曲線，並在圖中適當標註。

(b) 假設生產者誤將其中一個電池接線極性相反，在 5.4(a) 的曲線圖中，添加對應的 I-V 特性曲線，並且指出該曲線是如何決定的。

(c) 遮擋上述連接錯誤的電池會引起什麼樣的效果？為什麼？

(d) 如果為上述連接錯誤的電池加裝一個旁通二極體會有幫助嗎？

5.5 (a) 太陽電池以可靠性著稱。但是在過去的幾年裡，在實際應用中仍有許多故障發生。盡可能多地列舉這些故障，並舉例說明。

(b) 討論這些問題在後來是如何被避免的。

5.6 解釋太陽電池術語「標稱工作電池溫度」。這個參數為什麼要盡可能低？指出在不同的模組設計中這個參數會如何變化？為什麼？

參考文獻

Albers, K. (2004), 'Made in the USA. Reverse current overload tests for modules in Europe', *Photon International*, 5/2004, p. 18.

Alsema, E. A. (2000), 'Energy pay-back time and CO_2 emissions of PV systems', *Progress in Photovoltaics: Research and Applications*, **8**(1), pp. 17-25.

Alsema, E. A., Frankl, P. & Kato, K. (1998), 'Energy pay-back time of photovoltaic systems: Present status and prospects', Proc. Second World Conference on PV Solar Energy Conversion, Vienna, 6-10 July, 1998.

Arai, K., Aratani, F., Ishiyama, K., Izumina, M. & Urashima, N. (2004), 'Research and development on recycling technology of photovoltaic power systems in Japan', presented at International PV-SEC 14, Bangkok, 26-30 Jan, 2004.

Czanderna, A. W. & Pern, F. J. (1996), 'Encapsulation of PV modules using ethylene vinyl acetate copolymer as a pottant: A critical review', *Solar Energy Materials and Solar Cells*, **43**, pp. 101-181.

Durand, S. (1994), 'Attaining a 30-year photovoltaic systems lifetime: The BOS issues', *Progress in Photovoltaics: Research and Applications*, **2**, pp. 107-113.

Ecofys, B. V. (2004), 'Technology fundamentals. PV module manufacturing', *Renewable Energy World*, May-June issue-*Planning and Installing Photovoltaic Systems*, James & James/Earthscan, London.

Green, M. A. (1980), 'Integrated solar cells and shunting diodes', Australian Patent 524, 519; US Patent 4, 323, 719; French Application 80. 18371; W. German Application P30 31 907; Japanese Patent Application 114102/80.

Hammond, R., Srinivasan, D., Harris, A., Whitfield, K. & Wohlgemuth, J. (1997), Proc. 26th IEEE Photovoltaic Specialists Conference, Anaheim, pp. 1121-1124.

IEC (1993), *Crystalline silicon terrestrial photovoltaic (PV) modules-Design qualification and type approval*, International Electro-Technical Commission, Standard 61215.

JPL (1981), *Block V-Solar Cell Module Design and Test Specification for Residential Applications*, Project 5101-162 for US DOE. and NASA Jet Propulsion Laboratory.

Kato, K. (2000), 'Energy resource saving and reduction in GHG emissions by PV technology-values in the present and added value in the future', *IEA PVPS Task I Workshop*, Glasgow.

King, D. L., Quintana, M. A., Kratochvil, J. A., Ellibee, D. E. & Hansen, B. R. (2000), 'Photovoltaic module performance and durability following long-term field exposure', *Progress in Photovoltaics: Research and Applications*, **8**, pp. 241-256.

Mack, M. (1979), 'Solarpower for telecommunications', *Telecommunications Journal of Australia*, **29** (1), pp. 20-24.

Pick, E. & Wagner, H. (2002), *Cumulative Energy Demand (CED) And Energy Yield Ratio (EYR) For Wind Energy Converters*, Proc. World Renewable Energy Congress VII (WREC

2002), July 2002.

Ross, R. G. (1980), 'Flat-plate photovoltaic array design optimization', Proc. 14th IEEE Photovoltaic Specialists Conference, San Diego, pp. 1126-1132.

Ross R. G. Jnr & Smokler, M. I. (1986), *Flat-Plate Solar Array Project-Final Report, Vol. VI: Engineering Sciences and Reliability*, JPL Pub. No. 86-31.

Sandia National Laboratories (2002), *Database of Photovoltaic Module Performance Parameters* (www. sandia. gov/pv/docs/Database. htm).

Schmidt, J. & Cuevas, A. (1999), 'Electronic properties of light-induced recombination centres in boron-doped Czochralski silicon', *Journal of Applied Physics*, **86** (6), pp. 3175-3180.

SERI (1984), *Photovoltaics for Residential Applications*, SERI/SP-281-2190, Solar Energy Research Institute, Golden, Colorado.

Standards Australia (2005), *Installation of Photovoltaic (PV) Arrays*, AS/NZS 5033.

Treble, F. C. (1980), 'Solar Cells', *IEE Proceedings*, **127A** (8), pp. 505-526.

Wambach, K. (2004), 'Recycling of solar cells and photovoltaic modules', Proc. 19th European PV Solar Energy Conference and Exhibition, Paris, 7-11 June.

Wenger, H. J., Schaefer, J., Rosenthal, A., Hammond, B. & Schlueter, L. (1991), 'Decline of the Carrisa Plains PV powerplant: The impact of concentrating sunlight on flat plates', Proc. 22nd IEEE Photovoltaic Specialists Conference, Las Vegas, pp. 586-592.

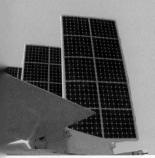

第 6 章

獨立型太陽光電系統的組成元件

6.1 ｜前言

太陽電池和系統有各式各樣的應用，包括（Rannels, 1991; Sandia National Laboratories, 1991, Preiser, 2003）：

- 太空應用（如人造衛星和太空站）
- 導航設施和報警裝置（如信號燈塔）
- 無線電通信（如微波中繼站、偏遠地區的無線電話、緊急呼叫電話）
- 鐵路平交道、公路和緊急信號燈
- 陰極保護（如管線的防蝕）
- 10 mW 以下的電氣消費產品（如計算機和鐘錶）
- 蓄電池充電（如小型船隻、露營車、照明，乃至汽車的電力系統）
- 教育（如開發中國家電視用電）
- 冷藏設備（如偏遠地區的藥物和疫苗的儲存）
- 抽水（如灌溉和民生用水供應）
- 水的淨化（無論在開發中國家和已開發國家都有著日益增加的應用）
- 太陽能車（如高爾夫球車、太陽能汽車、小船等，可用於不允許使用燃油和噪音馬達如水庫等場所）
- 照明（如看板，庭院燈，安全照明，緊急報警燈）
- 遠端監控（如氣象、污染、高速公路監測，水質、水位高度和流速）
- 遠端讀表（meter reading）
- 氣體流速測量
- 直接驅動用電設備（如通風扇，玩具等）
- 電氣圍籬（防止如野狗和袋鼠等野生動物的進出）
- 遠端電動門
- 偏遠部落的供電
- 偏遠地區住家的供電（通常使用混合電力系統）
- 與公用電網併聯（也稱為市電併聯或簡稱併網型）發電時提供住宅和商

業用電

- 分散型太陽能發電－各種大小的陣列供電至分佈於各地的配電級電網
- 集中型太陽能發電廠

一些主要的應用將在接下來的章節中詳細討論。

上面提到的多數都是獨立型系統，由於不同用戶對於負載總量，使用場所和使用時段的要求差別很大，使得系統設計變得非常複雜。在一些應用中，甚至估算負載可能都會變得相當困難。併網型發電應用正在日益發展，並且已經超越獨立型系統成為太陽光電市場的主流。併網型和獨立型系統作為電力供應的各種可能應用，如圖 6.1 所示。

延伸電網至用戶端所需的昂貴架設成本，意味著許多社區、產業和家庭仍然需要依賴柴油、汽油或再生能源來提供電力。對於那些偏遠地區居民生活分散，地形複雜的國家譬如澳洲來說，相較於傳統技術，太陽光電系統是一個更有吸引力的選擇，並且已經被廣泛地應用在小型系統中，在大型系統上也將變得越來越普及。

相較於併網型太陽光電系統，獨立型系統的有效經濟範圍隨著電網的負載，距離電網的遠近和系統本身的設計而變化。例如，澳洲在八十年代，只有當系統年用電總量必須超過 6000 kWh 的時候，併網型才會比獨立型系統更加經濟（Harrington, 1986）。對於較小的系統，比如說每年用電量少於 3000 kWh，併網型系統發電費用將超出 20000 澳幣，這時獨立型系統會比較經濟。澳洲溫室辦公室（Australian Greenhouse office, 2003a）指出，目前的併網型系統線路架設費用約為每公里 10000 澳幣，雖然在過去二十年中電價下降了很多，但太陽光電系統和混合能源系統價格也下降了 40%（Watt, 2004）。

1991 年在美國，如果電網所需延伸的距離超過了 5 英哩，並且負載每月小於 1500 kWh（相當於兩住戶的用電量），使用太陽光電系統是經濟的。2 kW 等較小型系統在電網只要延伸達 1/3 英哩時便可能具有成本效益。

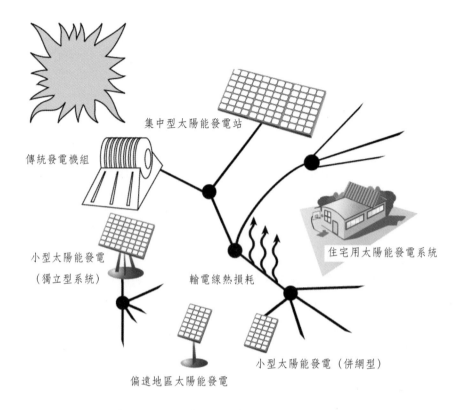

集中型太陽能發電站

傳統發電機組

小型太陽能發電
（獨立型系統）

輸電線熱損耗

住宅用太陽能發電系統

偏遠地區太陽能發電

小型太陽能發電（併網型）

圖 6.1 ☼ 併網型與獨立型太陽光電系統的可能應用

6.2 ｜獨立型太陽光電系統設計

　　採用獨立型太陽光電系統的電力系統，其設計由地點、氣候、地理特徵和設備選擇所決定。本章將討論系統各組成元件的選擇和連接，下一章將討論具體的設計方法。除非刻意註明，否則文中提到的蓄電池都是鉛酸蓄電池。圖 6.2 是一個採用太陽電池的獨立型電力系統的示意圖。

　　過去十年中，許多國家和地區都制定了太陽光電系統的標準或指南，設計和安裝人員應該理解和貫徹這些標準。有些時侯，必須遵從這個標準才能得到政府補貼或其他的財務支援。在澳洲，太陽光電應用的主要標準是 AS 4509 系列（該系列包括三個標準：Standards Australia, 1999-2000a, 1999-2000b,

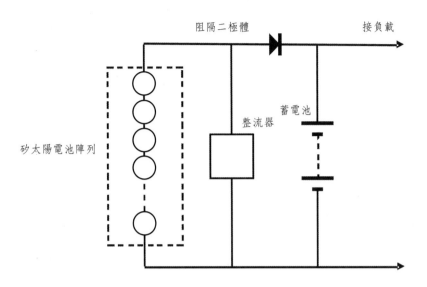

圖 6.2 ❂ 獨立型太陽光電系統示意圖（**Mack, 19179**：經 **the Telecommuication Socity of Australia** 允許使用）

2002）。其他的標準適用於系統模組和一些特殊方面，下文中將會提到一部分，其餘的將在附錄 E 中列出。

6.3 ｜太陽電池模組

在獨立型系統中，電池模組通常是用來為蓄電池充電的。一般而言，採用網版印刷技術或埋柵矽太陽電池技術的 36 個電池模組，能夠串聯起來為一個 12 V 蓄電池充電。每個（網版印刷者）太陽電池的典型性能如下：

開路電壓（V_{oc}）＝ 600 mV（25°C）

短路電流（I_{sc}）＝ 3.0 A

填滿因子（FF）＝ 75%

最大功率電壓（V_{mp}）＝ 500 mV（25°C）

最大功率電流（I_{mp}）＝ 2.7 A

電池面積 ＝ 100 cm^2

因此，36 個電池串聯得到：

開路電壓（V_{oc}）＝ 21.6 V（25°C）

短路電流（I_{sc}）＝ 3.0 A

填滿因子（FF）＝ 75%

最大功率電壓（V_{mp}）＝ 18 V（25°C）

最大功率電流（I_{mp}）＝ 2.7 A

實際上，封裝到模組中的電池比未經封裝的電池平均效率要低一些，主要是由於：

1. 玻璃的表面反射
2. 電池與密封材料之間介面的反射
3. 電池之間的不相配損失
4. 互連阻抗損失

為 12 V 的鉛酸蓄電池充電，需要使用 V_{mp} ＝ 18 V 的元件，這是因為：

1. 當太陽電池工作溫度升到 60°C 時，電壓損失約 2.8 V
2. 通過阻隔二極體時，電壓下降 0.6 V
3. 通過穩壓器時，通常電壓下降 1.0 V
4. 照光強度不足的情況下，電壓也會下降
5. 要使蓄電池完全充飽，需要 14.0 V-14.5 V 的電壓

事實上，由於網版印刷電池的阻抗損耗一般都很高，在穩態的情況下，最大功率電壓隨著光強度的降低而升高的狀況並非不尋常。這是因為儘管常溫下開路電壓隨著光強度的減小呈對數下降，但是如果溫度降低，那麼電壓損耗就會隨通過元件電流的減少而降低，因而導致最大功率電壓的也些微增大。

太陽電池的平均壽命主要取決於封裝品質，尤其是防潮保護。第五章介紹了常見的電池失效原因。

前面也討論過，模組設計和材料選擇能夠對電池的工作溫度及效率產生非

常大的影響。太陽電池的輸出也受到諸如安裝地點、陰影、傾斜角度以及模組的清潔程度等因素的影響。

6.4 ｜蓄電池

澳洲標準 AS 4086 系統地規範了獨立型供電系統中蓄電池組的要求（Standards Australia, 1993, 1997）。此標準適用於各種類型的蓄電池，包括鉛酸（lead-acid）、鎳鎘（nickel-cadmium）、以及排氣（vented）和閥控（valve regulated）蓄電池等。

6.4.1 電池種類

適用於獨立型太陽光電系統的蓄電池種類很多，包括鉛酸、鎳鎘、鎳金屬氫化物（nickel-metal-hydride）、充電式鹼性（rechargeable alkaline manganese, RAM）、鋰離子（lithium-ion）、鋰高分子（lithium-polymer）和氧化還原（redox）蓄電池（Crompton, 1990; Sauer, 2003; Spiers, 2003）。目前，鉛酸蓄電池使用得最為普遍。其他還有許多蓄電池技術，如溴化鋅（zinc-bromide）、氯化鋅（zinc-chloride）、鎂－鋰（magnesium-lithium）、硫化鈉（sodium-sulphur）和鎳氫（nickel-hydrogen），但是現階段很少應用於偏遠地區的太陽光電系統。氫－氧（hydrogen-oxygen）蓄能系統的效率很低，在此暫不考慮（Bossel, 2004）。

6.4.2 應用

蓄電池可以用作：

1. 維持系統運轉（如抽水系統，將在稍後討論）
2. 短期儲存，以便更有效地分配以 24 小時為一個週期的電力
3. 長期儲存，以確保系統在低日照月份仍然能夠提供電力

6.4.3　要求

獨立型太陽光電系統的主要限制因素就是蓄電池的維護。對用來作為長期儲存的蓄電池系統來說，典型的要求為：

- ‧壽命長
- ‧極低的自放電（self-discharge）
- ‧較長的工作週期（duty cycle）（長期低電量使用）
- ‧高的充電效率
- ‧低成本
- ‧低維護

6.4.4　效率

由於太陽電池陣列和蓄電池兩者的成本都很高，蓄電池的效率因此顯得非常重要。蓄電池效率可以利用下列幾個特性來表示：

1. **庫倫效率（coulombic, or charge efficiency）**——通常在固定放電率下測量，是指和充入電量相比較，所能夠從蓄電池取回的電量比例。自放電會影響庫倫效率。
2. **電壓效率（voltage efficiency）**——也是在固定放電率狀態下測量，同時反映出在從電池取回電荷時，蓄電池的電壓會比充電時來得低。
3. **能量效率（energy efficiency）**——庫倫效率和電壓效率的乘積。

應用於獨立型太陽光電系統時，蓄電池的典型平均充電效率為 80%-85%，冬天升高至 90-95%，因為：

- ‧當蓄電池處於較低充電狀態（85-90%）時，庫倫效率較高。
- ‧大多數電荷直接進入負載，而非蓄電池（試驗測量獲得 95% 的庫倫效率了）。

6.4.5　額定功率和容量

蓄電池的**額定功率**（**power rating**）被定義為充放電的最大速率，單位為安培（A）。

蓄電池容量（**battery capacity**）則是在蓄電池電壓不低於某指定值的情況下，蓄電池所能釋放的最大能量。它在固定放電率下的單位是千瓦·時（kWh）或安培·時（Ah）。放電率會影響蓄電池容量。太陽光電系統的典型放電率為300小時，對於放電率定為10小時的鉛酸蓄電池來說，蓄電池容量提高近一倍。蓄電池的容量還會受溫度影響，在20°C以下時，溫度每降低1°C，容量大約會下降1%。然而，另一方面，高溫會加速蓄電池的老化、自放電以及電解液消耗。

6.4.6　放電深度

放電深度（**Depth-of-Discharge**）指從蓄電池取出電量占額定容量的百分比。淺循環（shallow cycling）蓄電池的放電深度不應超過25%，而深循環（deep cycling）蓄電池則可釋放80%的電量（Ball & Risser, 1988）。因為蓄電池壽命受蓄電池的平均充電狀態所影響，因此我們在設計一個系統時必須在電池的循環深度和容量之間做一折衷。

6.5 ｜鉛酸蓄電池

6.5.1　類型

目前，獨立型太陽光電系統中最常用的是鉛酸蓄電池，這類蓄電池包含各種不同的類型：深（淺）循環、凝膠式（gelled）蓄電池、受控（withc aptive）或液態電解液蓄電池、密封和開放式蓄電池等（Ball & Risser, 1988; Sauer, 2003）。

閥控鉛酸（Valve-regulated leadacid, VRLA），或稱「密封（sealed）」蓄電池，允許電解液產生的氫氣溢出。使用催化劑（catalytic converter）可以盡可能地將產生的氫、氧化合物轉化為水，這樣氣體只有在蓄電池過壓的時候才會被釋放。因為不可以補充電解液，故稱為密封式蓄電池，使用時需要遵循嚴格的充電控制，但比開放式蓄電池更易於維護。

開放式或蓄電池配備超量的電解液，藉由氣體溢出來帶動攪拌電解液，以防止電解液分層。使用時充電型態要求並不嚴格。但是，需要經常補充電解液，並確保電池安置處的通風良好，以防止氫氣累積發生爆炸。

6.5.2 極板材料

不同種類的鉛酸蓄電池具有不同類型的極板（plate）。

1. 純鉛（pure lead）極板。因純鉛極板柔軟而又容易損壞，操作時必須非常小心。但是，具有低自放電率和較長的使用壽命等優勢。

2. 添加鈣的鉛極板（鉛鈣極板），強度會有顯著提高，它的價格也較純鉛蓄電池更低。但使用這種極板的蓄電池不適合反復深度放電，而且壽命較短。由於具有較低的氫氣放氣率，鉛鈣極板也被廣泛地應用於閥控鉛酸蓄電池中。

3. 為增加強度和降低電阻率，銻也常被加進鉛極板。鉛銻蓄電池通常應用於汽車工業。實際上，它們比純鉛或鉛鈣蓄電池更便宜，但壽命較短，而且自放電問題更嚴重。另外，在深循環時電池會迅速老化，所以需要幾乎一直保持充滿電狀態。因此，不太適合應用於獨立型太陽光電系統。鉛銻蓄電池的電解液消耗較快，所以需要經常加滿，因此通常僅適合於開放式蓄電池。

6.5.3 充電型態

太陽光電系統的蓄電池通常被用於定電壓模式（浮動）或循環模式。在冬天，很多太陽光電系統中的蓄電池會長期處於低充電狀態，這會帶來不少問

題，比如說，長期的低充電狀態下會使極板上生成硫酸鉛晶體，導致蓄電池的效率和容量降低。這種現象稱為硫酸鹽化（sulphation）。

將最大放電量限制在 50% 左右能夠有效地減少硫酸鉛產生，並維持硫酸濃度。硫酸濃度較高的蓄電池在冬天結凍的可能性較小。另一種解決冬季問題的辦法是增加太陽電池板的傾斜角度，以便充分利用冬季陽光，但代價是降低在夏天的日光使用率。

儘管過充電（overcharging）在短期內有利於均衡充電（charge equalization），但長期使用也會衍生出問題。過充的好處是會生成氣體，有助於攪動電解液，以防止電解液在蓄電池底部積聚出高濃度區。但是，持續太久的過充電也會導致電解液損耗和極板上的活性物質脫落。

為了防止過度充電，每個電池的電壓通常會用穩壓器限制在 2.35 V。如此一來，蓄電池的電壓最大值也就被限制在大約 14 V 的位置。典型的鉛酸蓄電池的充電特性如圖 6.3，放電特性如圖 6.4。

最普遍的調節和控制鉛酸蓄電池的方法是藉由測量電池電壓估算出電池充電量。充電會在電壓達到指定的高壓斷路（high voltage disconnect, HVD）點

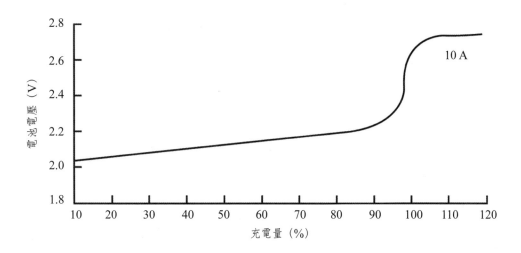

圖 6.3 ☼ 在 **25°C** 下，適用於太陽光電系統的 **500 Ah** 鉛酸蓄電池的定電流充電特性（**Mack, 1979**；經 **the Telecommunication Society of Australia** 授權使用）

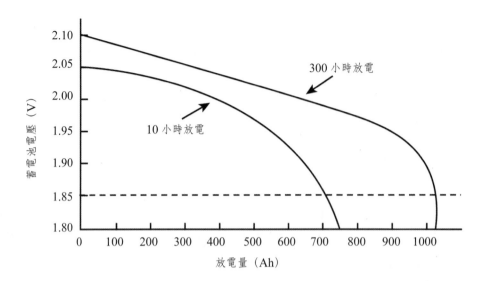

圖 6.4 ☼ 不同放電率下 **550 Ah** 鉛酸蓄電池的定電流放電曲線；其中每一電池的下限電壓為 **1.85 V**（**Mack, 1979**；經 **the Telecommunication Society of Australia** 授權使用）

時停止，以減少氣體排放，控制電解液的攪動（以達到均勻混合）而不會有過量的電解液消耗。同樣地，放電也會在電壓達到指定的低壓斷路（low voltage disconnect, HVD）點時停止，以減緩蓄電池老化。

　　蓄電池製造廠商正在不斷尋求更有效的充電控制方法，因為上述的方法還不夠理想，主要是因為藉由電壓來指示蓄電池的充電狀態並不十分精確。

6.5.4　效率

　　典型的鉛酸蓄電池效率如下：

・庫倫效率－ 85%
・電壓效率－ 85%
・能量效率－ 72%

注意：許多蓄電池廠商用庫倫效率來作為蓄電池效率，容易引起誤解。通常，
　　　充 / 放電速率的變化會對電壓效率產生顯著影響。

6.5.5　工業標準和分類

有一個歐盟的大型計畫已經針對獨立型太陽光電系統的蓄電池選用，制定了標準和分類（Wenzl et al., 2004）。該計畫對實際系統資料進行標準化評估，依據其用途定義了六個類別的蓄電池系統，同時提供了一個線上設計工具－RESDAS 和設計建議（Energy Research Centre of the Netherlands, 2004）。

6.6 | 其他蓄電設備

6.6.1　鎳鎘蓄電池

鎳鎘蓄電池通常作為家電產品的可重複充電電池使用，也能符合獨立型太陽光電系統的要求，特別是在寒冷的氣候下。和鉛酸蓄電池相比，這類電池有許多優點：

- ·可過量充電
- ·能夠完全放電，以避免設計時需要預留額外容量
- ·更耐用
- ·低溫工作也有極佳的性能，即使凍結也不會損壞電池
- ·低內阻
- ·更高的充電速率
- ·放電過程中電壓維持一定
- ·壽命更長
- ·維護要求低
- ·不使用時自放電率低

不過，它們也有許多缺點：

- ·較一般的鉛酸蓄電池貴兩至三倍
- ·充電蓄能效率更低（60%-70%）

‧需完全放電以防止記憶效應，以免之後使用時無法深度放電

‧放電速度比較慢

現在已有越來越多鎳鎘電池被應用於太陽光電系統中，近幾年的設計也在試圖克服以上缺點。與鉛酸蓄電池相比，儘管其總運轉成本在某些情況下花費更低，但是它的初始安裝價格大約是鉛酸蓄電池的三倍（Sauer, 2003）。

6.6.2 鎳氫蓄電池

鎳氫蓄電池藉由從金屬化合物中吸收和放出氫來完成充放電過程。電解液裡含有氫氧化鉀（potassium hydroxide）水溶液（aqueous solution），大部分溶液被電極和分離層吸收，因此電池可置放於任意角度下使用。與鎳鎘蓄電池相似，其電壓為 1.2 V。但跟鎳鎘電池相比，其能量效率較高，可達 80-90%，最大功率略低，而受記憶效應影響更少。鎳氫電池對反轉電壓的忍受程度較鉛酸電池低，因此必須留意並避免這種連接，特別是需要在多個電池串聯的時候更須注意。

由於價格昂貴，鎳氫電池不太可能被廣泛地應用在偏遠地區的太陽光電系統上，但這種電池正在迅速地取代鎳鎘電池，成為可攜式設備的第一選擇（Sauer, 2003）。

6.6.3 充電式鹼性錳電池

充電式鹼性錳（rechargeable alkaline manganese, RAM）電池已問世達幾十年之久。這種電池屬於密封型蓄電池，額定電壓為 1.5 V。不含重金屬，相較其他類型的蓄電池而言也更環保，但僅適用於小型蓄電系統。

鹼性錳電池的問題在於內阻較高，而且一旦過度放電會影響其使用壽命，因此有必要將放電深度限制在僅幾個百分點的範圍內。這種蓄電池在特殊情況下也適用於太陽光電系統，如緊急照明或是可接受淺循環的應用場合（Sauer, 2003）。

6.6.4　鋰離子和鋰高分子電池

鋰電池通常應用於可攜式電子產品,如電腦、相機、PDA 和手機上。鋰電池的額定電壓為 3.6 V,已經足以電解水分子,所以我們不可以使用水來作為電解液,而必須採用鋰鹽(lithium salt)有機溶液。鋰電池也屬於密封型蓄電池,但會配備保險閥。金屬鋰的化學活性非常強,所以在電池設計上要嚴格防範爆炸和著火的可能性。使用時也需要注意安全,防止過充電、過放電、過電流、短路和高溫(Sauer, 2003)。

6.6.5　氧化還原蓄電池

氧化還原蓄電池藉由可逆反應在液態電解液中充電和放電。溶液在流過蓄電池時,離子在分隔的兩種活性材料溶液之間的交換,係透過離子選擇膜(ion-selective membrane)控制。電解液存放在電池外部的桶槽,以避免自放電。在澳洲,釩(vanadium)和鋅溴氧化還原蓄電池正在緊鑼密鼓地研發當中。相較於鉛酸電池,氧化還原蓄電池有較長的循環週期、更高的能量密度,而且能夠完全放電。

氧化還原蓄電池的容量是活性材料存量的函數,而額定功率則與蓄電池的反應室(chamber)大小有關。因此,對任意系統設計我們都能分別選擇電池的容量和額定功率。氧化還原蓄電池的效率也很高,比如釩氧化還原電池(Largent *et al.*, 1993)。

・庫倫效率－ 97%

・電壓效率－ 92%

・能量效率－ 87%

將氧化還原蓄電池用在太陽光電系統上時會帶來一系列問題,比如需要定期維護以及在惡劣環境下活性材料的污染。但是在鐵鉻(iron-chromium)氧化還原蓄電池中出現的交叉污染問題,在只有一種活性物質的釩蓄電池中並不存在。

6.6.6 超級電容器

超級電容器（super capacitor）與一般的電容器不同，這種靜電儲存裝置在電極之間使用了離子導電薄膜（ion-conducting membrane），而非雙電極。它的優點是長循環壽命，低內阻，並且適用於高功率系統。而且其充電狀態與電壓直接相關，容易估算。

超級電容器因其高自放電率，而不適合作中、長期的電力儲備。不過，它們也許會在尖峰電力需求高的時候派上用場，比如在水泵啟動的瞬間或用來穩定電力的波動（Sauer, 2003）。

6.7 | 功率調節與控制

6.7.1 二極體

阻隔二極體的使用可以避免太陽光電系統中的蓄電池短路，同時防止在沒有照光的時候，蓄電池經由太陽電池放電。它們的功能通常依靠充電控制器（charge regulator）來滿足。

二極體電壓截波器（**Diode voltage chopper**）也可以用來確保蓄電池不會提供負載過高的電壓。

6.7.2 穩壓器

蓄電池穩壓器（voltage regulator），也稱為充電控制器，被用在太陽光電電力系統中，避免蓄電池的放電不足和過充（Roberts, 1991; Preiser, 2003; Schmid & Schmidt, 2003; von Aichberger, 2004）。在任何澳洲標準中都沒有關於穩壓器的詳細說明，但是為針對鄉村地區制定的家庭用小型太陽能發電系統的穩壓器應用指南（見 8.9 節）已經被納入在家庭用太陽電池發電系統的通用技術標準（UPM, 2003），以及 Usher 和 Ross 的文章（1998）當中。經常被提及的主要技術參數有四個，分別是（Watts et al., 1984）：

1. **高壓斷路電壓（regulation set point, VR）**——即最大允許工作電壓。當電壓達到該點時，充電控制器可以中斷充電或者限制輸入蓄電池中的電流。除非蓄電池的溫度變化小於 ±5°C，否則須要隨溫度變化對 VR 進行調整。

2. **遲滯電壓（regulation hysteresis, VRH）**——定義為高壓斷路電壓與斷路後恢復充電電壓之差。如果遲滯電壓設置得太大，充電就會被長時間中斷。如果遲滯電壓設定得太小那麼電路就會在斷開與閉合之間作頻繁的切換，可能造成噪音並且有可能損壞開關元件。高壓斷路電壓與遲滯電壓之間的電位差稱為 VRR。

3. **低壓斷路電壓（low voltage disconnect, LVD）**——電壓低於這個值時系統會自動將負載斷路，限制了最大放電深度和電池可用容量。LVD 被用來防止過度放電。

4. **低壓斷路電壓遲滯（low voltage disconnect hysteresis, LVDH）**——是低壓斷路電壓與斷路後，重新允許閉合時的電壓值之差。如果低壓斷路電壓遲滯設定得太小，負載電路會在電池低充電狀態下，非常迅速地開啟與閉合，可能導致控制器和（或）負載受損。然而如果設得太高，負載則會長時間保持在停用狀態。低壓開路電壓與開路滯後電壓被統稱為「低壓再閉合（low voltage reconnect）」（Usher & Ross, 1998）。

以上設定值的具體數值取決於蓄電池的型號、控制器型號和工作溫度。這個主題已經在 Usher 和 Ross 的文章（1998）中被詳細介紹過了。

防止蓄電池過充的基本充電控制方法有兩種，每種方法又有許多變異（Usher & Ross, 1998）：

中斷（開／關）控制——充電控制器相當於一個開關，在充電時允許太陽電池產生的電流流入蓄電池。當達到最大設定電壓（VR）時，控制器藉由製造一個開路或短路來切斷充電電流。當電壓降到 VR-VRH 的時候重新導通。為了避免控制器的開閉頻率過高，另一種導通方法，則是在斷路之後設定一個重新連通時間延遲。如果蓄電池的容量小於太陽電池所要求的規格，照光充足

的時候採用中斷調節會使充電提前結束。這樣會導致很高的電流通過蓄電池的內阻，在電極之間產生一個高電位差。這樣，在蓄電池完全充滿之前就會達到最大工作電壓。

定電壓（定電位）控制——和中斷控制類似，在達到最大設定電壓之前充電電流會流入蓄電池。不同的是，在接近最大工作電壓時充電電流會逐漸減小，以確保蓄電池能夠儲存全部電流。有些充電控制器會自動偵測電池的運轉狀況來改變最大工作電壓的設定值，或者用較低的電壓來避免產生過多氣體。還有一些其他變異方法也在使用。線性和脈衝寬度調變（pulse width modulation）拓樸（Topology）最常用。這兩種方法中的任何一種都能夠應用於並聯或串聯的元件連接方式（見圖 6.5）。

並聯控制器用固態元件來消耗太陽電池陣列所產生的過剩電力，以便將蓄電池的電壓限定在預設的範圍內。在蓄電池與開關之間串聯一個阻隔二極體，以防止蓄電池短路。並聯控制器在過去僅適用於太陽電池陣列電流低於 20 A 的小型系統，以避免蓄電池的外部過熱問題發生。因為過剩電力的消耗通常發生在日照輻射和環境溫度都比較高時。當負載或蓄電池只使用太陽電陣列產生的電流時，並聯控制器不會消耗太多能量。然而，隨著低電阻半導體開關組件

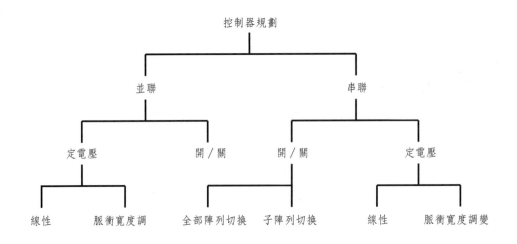

圖 6.5 ☼ 控制器家族之分類（摘自 Usher & Ross, 1998）

的問世，這已不再是個問題了，能量損耗可以被控制得比並聯控制器的更低（Schmid & Schmidt, 2003）。正如先前討論過的（見第五章），如果沒有使用旁通二極體，短路會造成局部過熱。

當達到某一預設電壓時，**串聯調節器**被用來控制陣列電流。該控制器被串聯於太陽光電元件和蓄電池之間，這樣在控制器兩端也就形成了電位差。經由這種連接方式，在採用開／關規劃方式時，可以輕易地切斷電路，或是在採用線性規劃方式時，將控制器當作一個可變電阻來使用，在電壓趨近高壓斷路電壓（VR）時將其限制為定電壓。後者，控制元件一直會消耗部分能量（圖 6.6）。

脈衝寬度調變（PMW）控制器藉由調整電流脈衝工作週期（duty cycle）來控制電路。既適用於並聯電路也適用於串聯電路。

子陣列開關拓僕（**sub-array switching topology**）是開／關控制器的改良方案。該方案的特點是工作時不需要關閉全部太陽電池陣列，而是根據需要連接或切斷子陣列（圖 6.6），工作方式就是在接近正午而充電電流增加時將部分陣列斷路，而稍候又將這些太陽電池陣列重新連通，這種控制方法適用於大規模的太陽光電系統。

自我調整系統（**self-regulating system**）不採用控制器，而是將陣列直接連結到蓄電池，並且靠太陽光電板本身的自我調整特性進行調整。當太陽電池的工作點在電流－電壓圖上從最大功率點（MPP）移向右端點（即開路電壓點 V_{oc}）時，太陽能電池或模組的電流－電壓關係曲線的斜率會逐漸變大。這樣當電壓提高到超過最大功率點時，產生的電流就會自動減少。這種機制可以用來在恆溫狀況下對蓄電池的電量進行控制。然而，由於太陽能電池的輸出電壓對溫度的變化相當敏感，如此一來，每日溫度波動以及風速的不確定性，就使得設計一款可靠的自我控制系統變得相當困難，特別是很難適用於一系列不同的工作環境。這種方法也僅適用於那些四季溫差不大的地方，並且蓄電池儲電量要設計得比陣列需要的規格稍為大一些。

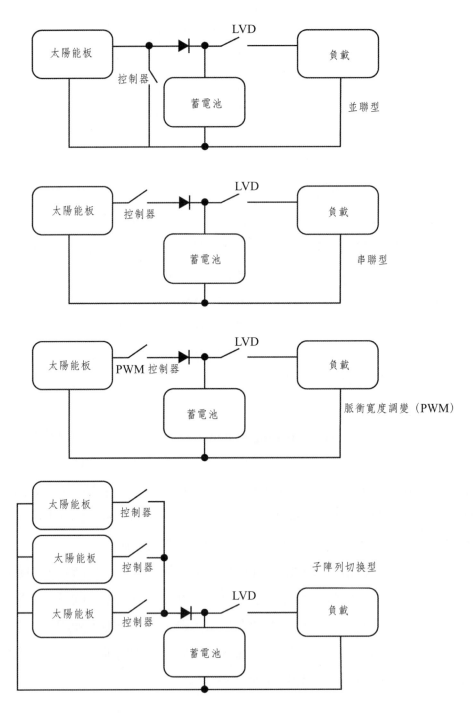

圖 6.6 ✿ 控制系統的各種規劃方式（摘自 **Usher & Ross, 1998**）。**LVD** 即低電壓斷路（**low voltage disconnect**）

設計自我調整系統時必須考慮的另一個複雜因素是不同的電池技術，其電池串聯電阻的實際值會有所差異。這將導致採用不同技術的太陽電池，其最高功率點和開路點之間的電流－電壓曲線的斜率就會有非常顯著的差別，使得設計系統時對準確度的掌握上更加困難。

製造商通常採取的對策是從標準模組上移除大約 10% 的太陽電池以減少電池過充的可能性。這是因為，採用自我調整系統後，在電壓控制器兩端就不會再存在電位差。原來為確保在最熱的天氣條件下能將蓄電池充滿，所需要的額外電壓便不再需要，同時也免除了在低溫下蓄電池過充的風險。因而，自我調整系統造價更低，不僅因為省卻了充電控制器，也因為減少了接線，安裝更簡單，以及減少了所需太陽電池的數量。

總而言之，設計自我調整系統有許多種不同的方法，同時也存在著在低溫地區或寒天情況下蓄電池過充，或是在天氣較熱時蓄電池未充滿的風險。設計和生產時小小的誤差，就能使以上兩種極端狀況經常發生，大大降低整個系統的有效性和可靠性。

自我調整系統的另一個問題是，太陽光電發電容量必須與負載需求密切匹配。例如，在夜間，負載必須從蓄電池擷取部分能量，以便在隔天早上溫度較低，太陽光電輸出較高電壓的時候，蓄電池能夠接受充電；當天稍晚一點時，當太陽光電板工作溫度接近設計最高溫度時，即使蓄電池接近完全充滿也問題不大，因為自我調整會自動使輸出電流降低。這種充電方法在系統維護和閒置時非常關鍵。在系統無負載的時候，如果未能將蓄電池從太陽光電陣列斷路，將使蓄電池在每天一開始就處於完全充電狀態，而導致嚴重的過充。這種發生在現場的實例，過熱、過充以及電解液的快速損耗已導致蓄電池快速損壞。

自我調整系統最適合於可以容忍較大過充的蓄電池，例如鎳鎘電池；而鉛酸電池如果沒有特別設計和監控則不應該被應用於此類系統當中。

最大功率點追蹤器（maximum power point tracker）可以將太陽能板的輸出電壓從其瞬時最大功率點（與照光和工作溫度有關），轉換為符合系統充電要求的電壓。除了在為保護蓄電池而將充電量減少或暫停的狀況下外，太陽光

電陣列可以在其最高效率下連續運轉。這個追蹤電路實際上是一個直流 - 直流轉換器（DC-to-DC converter），通常採用脈衝寬度調變的方法。應該考慮的是使用最大功率追蹤器所獲得的能量效益是否大過系統增加的成本和複雜度。另外三個主要的優點是：減少陣列與蓄電池之間線路壓降的靈敏度；降低每個模組對電池數量變化的靈敏度，如此便可以採用具有較少數量大面積電池的模組了；最後，有機會使用較為複雜的充電電流波形（Schmid & Schmit, 2003）。

蓄電池過度放電保護（**protection against excessive discharge**）基本上要求電路在電壓達到低壓斷路電壓點（LVD）處斷開，過後又會在低壓重連接點（LVR）處導通。在對系統可靠性要求較高的設計當中，太陽電池陣列和蓄電池應該設計得比負載的規格大一些。蓄電池一般傾向於淺循環運作，只有在異常狀況下，才會以低壓斷路的方式保護電池；在一些可靠性較低的系統中，必須經常斷開電路才能保護蓄電池組正常工作。有學者建議，即使蓄電池組的額定最大放電量較高，在放電深度達到 40% 時，也必須斷開負載（Usher & Ross, 1998）。一些控制器允許用戶取消低電壓斷開，但這種做法不值得推薦（UPM, 2003）。

在很多地區，冰凍保護（**freeze protection**）非常重要。蓄電池電解液的結凍溫度（freezing temperature）取決於其密度，而密度又與充電狀態有關。在寒冷條件下，需要將負載斷開設置點提高以防止結凍（Usher & Ross, 1998; Spiers, 2003）。

6.7.3 換流器

在太陽光電系統應用當中，當太陽光電陣列輸出的直流電必須轉換為交流電時，便需要使用換流器（inverter）。換流器是將直流電轉換為交流電的設備，同時還可以用來提升電壓，典型的用途為將 12 V、24 V 或 48 V 的直流電變成 110 V 或 220 V 的交流電。如果系統規模更大，換流器也可以提供更高電壓。

配置在獨立型太陽光電系統上的換流器需要提供穩定的電壓和頻率。負載環境在不斷變化，因此需要換流器根據情況對輸出能量作以調整。多數獨立型

太陽光電系統安裝的換流器還會配備一個絕緣變壓器，用來將電路的直流和交流部分隔離（Standards Australia, 2005）。下面我們將介紹幾種常見的換流器（Watts *et al*, 1984; Bower, 2000; Schmid & Schmidt, 2003; Ross, 2003）：

1. **輕型換流器**——一般提供 100-10,000 W 的連續輸出，具備或不具備頻率控制功能，主要適用於諸如電腦和電視等家電產品。其缺點在於效率較低，易產生電氣雜訊和噪音。

2. **中型換流器**——能連續輸出 500-20,000 W 的功率，有些具有「負載需求開關（load-demand-start）」（即隨負載的啟用或關閉而自動閉合或切斷）裝置。此規格的換流器適用於許多小型家電產品或動力工具，但沒有足夠的突波容量以提供較大型的交流感應電動機運轉。

3. **大型換流器**——一般以 10,000-60,000 W 的功率作連續輸出，可適用於啟動突波負載為 30,000-200,000 W 的交流感應電動機。

對於上述的大多數換流器來說，當負載量在換流器額定功率 25-100% 的範圍以內時，效率為 80-85%。但是在負載非常小的情況下，換流器效率會變得很低。有些新型換流器很適合在低負載下運作，效率在 80% 左右，而在高負載情況下其效率可以超過 90%（Kobayashi & Takigawa, 1993）。

選用換流器時需要考慮的另外兩個要素是輸出波形和待機耗電。交流用電器一般要求的波形是正弦波，正如市電所提供者。然而，許多小型換流器會產生方形波或近似正弦波，這樣會由於高頻諧波部分的能量不一致而引起電機啟動故障，甚至有被燒壞的可能。目前，市場上可取得的正弦波換流器已逐漸增多，因此以上問題將會隨著時間而得到解決。

如果不將換流器關閉，就算沒有負載連接它也會不斷地消耗大量電力，這樣會迅速耗盡蓄電池裡的電能。所以如果換流器沒有內建控制電路的話，我們就必須自行在系統中加入一些換流器控制元件。關於換流器電路的規劃設計可以參閱本章後附帶的（Schmid & Schmidt, 2003）。

在獨立型太陽光電系統中，對換流器的要求如下（Preiser, 2003）：

· 可承載的輸入電壓範圍較大。

· 電壓波形近似於正弦波。

· 輸出電壓（±8% 以內）以及頻率（±2% 以內）誤差小。

· 低負載工作時保持高效率（10% 負載時效率最好達到 90% 以上）。

· 能夠承受短暫過載，特別是在電機機啟動時。

· 在電抗性負載（reactive load）下可運轉良好。

· 對採用半波整流的負載的忍受能力。

· 對短路的忍受能力。

6.8 | 系統平衡組件

　　經由前幾節的介紹可以看出，太陽光電電力系統的造價除了與太陽光電模組直接相關以外，同時還與其他許多因素有著密切的關聯。蓄電池、控制器、換流器和其他系統組件被統稱為系統平衡組件（Balance of System, BOS）。此外，還有許多其他費用也會影響系統造價，如運輸、安裝器材、場地、地基平整、排水設施、電氣佈線、支架和護蓋等。隨著太陽電池價格的不斷下降，這些非太陽光電配件成本所占的比例就會越來越顯著，太陽光電電力系統發生故障也主要出現在系統平衡組件上（Durand, 1994）。雖然在將來為確保其可靠性，系統平衡組件的價格有可能上漲，但隨著太陽光電市場的成長，太陽光電系統的大量生產會使成本降低。

　　最常見的系統平衡組件包括電氣佈線系統，安裝支架和護蓋。一般太陽光電系統的使用壽命長達二十年以上，因此，對這些器材的最主要要求就是長期工作的穩定性，而造價又不能太貴。

　　澳洲和其它國家的標準已經涵蓋了許多 BOS 項目，這些標準提供組件選取與使用的指南，使用者須遵循所在地標準進行設計，如果無法取得也可以參照其他國家的標準（附錄 E，Standards Australia, 1999-2000a, 2005）。

6.8.1　電氣佈線

電纜線造價不低，尤其在低電壓高電流，或遠距離傳輸的應用中其成本非常昂貴。雖然銅製導線比鋁製導線價格更高，但太陽光電系統中一般會使用銅製導線。但是，基於成本的考慮，也可以在超長距離使用鋁線。必須注意的是鋁線不能與銅線直接連接，而且在使用鋁線時需要使用專用的接頭。

當設計系統時，導線尺寸（即導線截面積）上須注意選擇使得太陽光電陣列與蓄電池之間，以及直流控制板與直流負載間的阻抗損耗都必須小於5%，而蓄電池與直流控制板間的阻抗損耗則應小於 2%（Standards Australia, 2002）。電流超過導線額定值將會造成導線過熱，絕緣層脫落，甚至有可能引發火災。有關陣列安裝的澳洲標準（Standards Australia, 2005）以及電纜型號選擇的其他相關事宜請參閱 Standards Australia（2002, 2005）及 Roberts 的論文（1991）。

電線的規格與它的橫截面積和分股（分幾股，每股直徑等）有關。電流較大時應使用更粗的電線；佈線時還應預防動物破壞等。

6.8.2　過電流保護

和所有電力系統一樣，為保護電氣設備和人員安全，太陽光電系統也必須配備如斷路器或保險絲等過電流保護裝置。這類保護裝置的種類繁多，規格完備。需要留意的是直流電路中所使用的元件，必須確定其規範是屬於直流用途，並且要能滿足太陽光電系統潛在的最大輸出電流。詳細的建議可參考澳洲標準（Standards Australia, 2005）。這些建議視系統設計與額定功率之不同而有很大的差異，這裡不再贅述，但設計通則是：線路的短路與過載保護宜採用高遮斷容量（high rupturing capacity, HRC）熔絲或適當類型的斷路器（AC或 DC），其額定值必須妥善選定以限制電流低於整個電路中任一部分的最大載流量（current-carrying capacity）（Standards Australia, 1999-2000a）。蓄電池的過電流保護裝置的安裝位置應盡可能接近電池，但須避免任何因火花點燃從蓄電池中逸出氫氣的機會（Standards Australia, 2002）。每個串聯太陽能電池

電路都應配備獨立的過電流保護設備，澳洲標準（Standards Australia, 2005）也建議了接地故障保護（earth fault protection）。

6.8.3 開關

電路中有時可以用斷路器或保險絲作為開關，來隔絕太陽電池陣列、蓄電池、控制器和負載。為降低外界環境的影響，開關應安裝在適當的箱體中。直流開關功率大，價格較昂貴，並且應注意不可以在直流電路中使用交流開關。開關的額定電壓至少應為太陽電池陣列開路電壓的 1.2 倍，且必需能夠斷開所有極（pole，亦稱為刀）。詳細規範依系統安排之不同而規定於澳洲標準中（Standards Australia, 2005）；要求與良好的電路規劃方式明訂於設計標準中（Standards Australia, 2002）。在低電壓（50 V_{ac} 與 120 V_{dc} 以下）與更高電壓電路之間必須進行安全隔離，並且做好緊急狀況下將系統斷電的應變措施（Standards Australia, 1999-2000a, 2005）。

6.8.4 連接器

接線不良顯然是造成太陽光電系統故障的最常見因素。減少問題的措施列述如下：

1. 確保連接器（connector）與電線線徑大小相匹配。
2. 應優先採用環形連接器，因為相較於鍬型連接器，端子較不易脫落。
3. 剝除電線末端約 1 公分長的絕緣層，必要時以溶劑清潔，然後用壓著鉗（crimp tool）將連接器與導線相連接。
4. 子系統彼此間的接線宜使用端子排（terminal strip），接線處應位於耐候型接線盒中。端子和連接器應使用相同的金屬材料。
5. 仔細檢查是否有裸線可能接觸到不同電位的金屬而發生短路的地方。
6. 確保刀痕和切割處有絕緣保護。
7. 安裝完畢，再次檢查所有接線。

8. 蓄電池電線端子應該壓著處理，採用螺栓固定的蓄電池連接器應使用不銹鋼螺栓、鏍帽、墊片與彈簧墊片（Standards Australia, 1999-2000b）。

另外，電路中的插頭、插座以及耦合器必須是多極的，且其額定電壓需為太陽電池陣列開路電壓的 1.2 倍以上（Standards Australia, 2005）。它們的額定電流也應等於或大於所連接電纜中的電流。最後，不應使用一般用在主交流電源的插頭和插座。更多細節可參閱 Standards Australia（2005）。

6.8.5 接地

接地是指將太陽光電系統中選定的某些點，藉由低阻抗路徑與大地連接。澳洲標準（Standards Australia, 2005）提供了流程圖以幫助決定必要的設備接地。在有些情況下，如使用雙重絕緣的設備，是不需要接地的。設計時必需要確保所有金屬箱體和太陽能板框架部分等可能被手碰觸到的地方，都要作完備的接地處理。

系統接地一般指的是將載電流導體中的一個點（一般取負極，但也可能用正極或中間抽頭）與大地相連接。製造商對功率調節裝置（如換流器等）之要求，在選擇最妥善的接地系統安排方式時也應納入考慮。這部分的細節詳述於澳洲標準（Standards Australia, 2005）。

為確保與大地接觸良好，我們需要埋設一個接地棒。接觸到地下水有助於接地；反之，岩石土壤可能影響接地導電能力。

6.8.6 雷擊防護

當太陽光電系統所在地區有可能出現雷擊時，就必須安裝避雷設備（Standards Australia, 1999-2000a），但一般並非必要（Standards Australia, 2002）。此類保護設備可包括箝位電路（clamping circuit）、金屬氧化物變阻器（metal oxide varistor）、暫態吸收齊納二極體（transient absorption zener diode）和斷路器等。這些元件就像電路開關，平時開路，直到兩端電壓差升高到額定擊穿閘值電壓以上時再導通，進而啟動接地電路（Florida Solar Energy

Centre, 1987）。這些元件對直接遭受到雷擊並無法提供防護作用。系統的設計指南包含雷擊的風險評估與防護（Standards Australia, 2002），而一般實務操作資訊請參閱相關文獻（IEA-PVPS, 2003）。

6.8.7　讀表和警報

蓄電池端電壓、輸入電流及備用發電機（如果系統有包含此設備的話）的運轉時數都應該測量。蓄電池高電壓和低電壓警報器也應該安裝（Standards Australia, 2002）。

6.8.8　蓄電池保護和安全標識

人類、自然環境和設備必須遠離酸性物質和氫氣（可能發生爆炸），我們因此需要對蓄電池作隔離保護。當環境溫度低於零度時，可將蓄電池置於水下冰封，但務必要做好排水準備；如果氣溫高於零度，則須安放在專用機房或箱子內。蓄電池絕不能被直接放置在水泥表面上，這會增加蓄電池的自放電速度，尤其是當混凝土表面潮濕的時候，危害更為顯著。此外還須防止蓄電池高溫和局部過熱。

澳洲的要求詳見澳洲標準（Standards Australia, 1997）。使用液態電解質的蓄電池時，必須提供足夠的通風，以減少任何潛在的爆炸危險。基於安全考慮，在大型開放空間內，牆壁高度必須高於蓄電池頂部 500 mm，以將電池與潛在的點火源相隔離。對於其他的情況建議另外採用特別的方法（Standards Australia, 2002）。

蓄電池周圍必須封閉，以防止非工作人員，尤其是兒童的進入。電池附近須置有安全標識，如「警告：易燃易爆」等（Standards Australia, 1999-2000a）。對於小型系統而言，卡車用或船舶用電池盒也是廉價的選擇，這些電池盒就算被陽光直接曝曬也沒問題。

6.8.9 電子設備的保護

在使用任何電子設備時，妥善保護好調節器、控制器和換流器，防止其受到外來環境破壞，對延長設備的使用壽命和確保其工作穩定來說非常重要。所有的印刷電路板都需要覆蓋一層保護膜，使其免遭灰塵的污染。

設計時還必須考慮到通風情況，以確保電路板溫度維持在可接受範圍內。但是，通風同時也可能會帶來灰塵的問題，因此可以在通風入口處安裝灰塵過濾器。還須注意的是，電子設備不能直接固定在蓄電池上面，其理由主要有三：

1. 酸性氣體可能會損壞設備。
2. 設備可能產生電火花。
3. 電路維護時，工具可能會掉落在電池上，導致短路和火花。

6.8.10 模組安裝

太陽電池陣列所採用的模組安裝類型會影響到系統的輸出功率，安裝費用和維護要求。支架結構種類繁多，但是任何設計方案都必須滿足當地有關的技術條例規範，例如風荷載量就是最需嚴格遵循的設計標準（Standards Australia, 2002）。這部分與其他太陽光電系統相關的機械工程，材料科學設計細節可參考本章結尾的文獻資料（Messenger & Ventre, 2000）。許多基礎的機械工程書籍都會提供這些結構上風載量的計算方法。近年來，太陽能車與電動車以及其他運輸器具在空氣動力學（aerodynamics）方面的長足進步，說明了在降低太陽電池陣列的風荷載量上仍有很大創新和改進設計的餘地。特別是對於尺寸較大的太陽電池陣列來說，改進其邊緣的空氣動力學結構，可以有助於減輕其風荷載量，也就可以使用重量更輕、造價更低的支架結構了。

如圖 6.7 所示的，直接將太陽電池模組安裝在地面上是目前最普遍的設計方案。安裝時可以選擇將太陽能板以一定角度固定，或是裝在追日光設備上。大部分的太陽能板製造商會為他們的產品配備專用的地面支架零件，特別是固

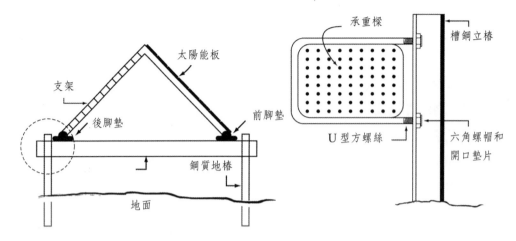

圖 6.7 ☼ 使用常用零件的太陽電池陣列簡易式地面安裝（圖片經聖第亞國家實驗室授權使用，**1991**）

定傾斜角型的產品。一些住宅用系統則是安裝於屋頂，設計時模組下面必須保留至少七公分的縫隙，以確保空氣流通。而小型照明系統、電話中繼站，則可將太陽光能板架設於長杆頂端。

需要注意的是，不同材料之間直接接觸有可能導致有害的電解作用（Standards Australia, 1999-2000b; Messenger & Ventre, 2000）。常用的支架結構材料包括：

1. 鋁
    - 輕便，堅固，耐腐蝕
    - 易於施工
    - 與大多數太陽光電模組框架材質相同
    - 不易焊接
2. 角鐵
    - 易於施工
    - 如果未鍍鋅會快速腐蝕，而鍍鋅者緩慢腐蝕
    - 易於焊接

3. 不銹鋼

- ‧可沿用數十年
- ‧昂貴，不易施工
- ‧不易焊接
- ‧適用於鹽害環境（如海邊等）

4. 木材

- ‧廉價，容易取得且易於施工
- ‧需要作防腐處理
- ‧不適合潮濕環境

所有的支架材料都應搭配使用不銹鋼螺帽和螺絲。

固定式陣列

目前最常用的方式是固定式陣列。模組被安裝在支撐結構上，根據其所處地理位置不同決定傾斜角度（**Standards Australia, 1999-2000b**）：在北半球面向南安放，而在南半球則面向北，取正負 5° 的範圍即可。舉例來說，為確保一年四季系統能量輸出趨於定值，我們選擇將冬季日照接收面積最大化，所以太陽能板安裝角度就是當地緯度再加上約 23°。一般建議採用至少 10° 的傾角，這樣可以利用雨水清洗太陽能板表面（**Standards Australia, 2002**）。澳洲標準（**Standards Australia, 2002**）建議的傾角列於表 6.1。

表 6.1 ▎固定式陣列的近似最佳化陣列傾角

不同緯度適用的傾角調整量（°）			
緯度（°）	四季輸出電量均等	冬季輸出最大化	夏季輸出最大化
5～25	+5	+5～+15	−5～+5
25～45	+5～+10	+10～+20	+10

換季調整式

隨著一年中正午太陽仰角的變化，我們可以每月或每季手動調整太陽能板的裝設角度。這種簡易的方法既可以增加系統的能量輸出，又不會顯著提高其造價。對於小型系統來說，隨季節變化機動地調節其傾角非常划算。在中緯度地區，每三個月調整一次陣列傾角可以將年能量輸出增加 5% 左右。採用這種設計的太陽能板需注明傾角和所對應的調整時間（Standards Australia, 1999-2000b）。

單軸追日

安裝單軸追日設備的太陽能板可以隨著太陽的東升西落，沿垂直軸每小時或更頻繁地作自動調整，系統的能量輸出會顯著增加。根據氣象資料理論推估，這種方式所得到的日照量，將比安裝於多個不同地點的具最佳安裝傾角的固定陣列高出 29%-37%（Nann, 1990）。然而，系統實際增加的日照量往往小於理論值，其原因很多，比如說太陽能板間相互遮陰等（Townsend & Whitaker, 1997）。一項實驗研究指出，和固定式陣列相比，沿縱軸轉動的追日系統可將效率提高 18%，而單獨調整地面傾角也可獲得 11% 的效率增益（Helwa, 2000）。為確保系統運轉穩定，建議使用錨釘和混凝土鞏固其支撐，並且應仔細檢查太陽能板運動路徑上有無障礙物。該系統的造價較高，維修費用也不低（Lepley & Hammond, 1997），所以在設計、安裝和使用中更要加以規範，考慮周全。

雙軸追日

沿南－北和東－西兩個軸向對太陽進行追蹤可進一步增加太陽光電系統的能量輸出。曾有學者對此系統進行測量評估，發現和固定式陣列相比其效率增加多達 30%（Helwa, 2000）。然而其造價和維護費用都很高，因此到目前為止還很少有此類大型系統投入使用。不過小型系統，可由一根支柱支撐一到兩片模組構成（如圖 6.8），已經在澳洲廣泛地應用於抽水系統當中（Solar Energy Systems, 2004）。

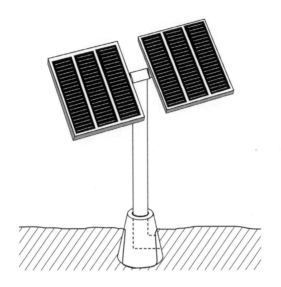

圖 6.8 ☼ 小型太陽電池陣列用的被動式追日設備（圖片使用經聖第亞國家實驗室許可，
1991）。但由於該設備製造過程中會使用到破壞臭氧層的物質，現在已不再生產。

　　由於更多的追日系統正在開發和測試中，這類系統的成本控制和可靠性正
在不斷地改進。未來它們在較大型的太陽光電系統的應用可能會增加，特別是
應用在安裝於地面上的併網型發電系統，因為和偏遠系統相比，集中發電在故
障排除等方面具有明顯優勢。

聚光型陣列

　　聚光型太陽電池陣列是用光學透鏡和反射鏡將陽光聚焦在一個小面積的高
效率太陽電池上（Swanson, 2003）。藉由使用成本相對較太陽電池低得多的
光學元件，整個系統的造價可以被控制得更低。直接輻射的日光最能夠被有效
地聚光，因此聚光型發電系統應選擇安裝在直接輻射／間接輻射比值最高的位
置。對於此類系統來說，精確地追蹤太陽的位置對其工作效率是非常重要的，
尤其是在聚光率高時更加必要。配備追日系統可以增加對直射陽光的攔截面，
但是會犧牲側面光線的接收效果（請參閱第一章）。總體來說，系統效率要視
所在地天空的晴朗程度而定。有學者曾選取美國和歐洲幾處的直接日照資料加
以研究，以比較在不同地點架設傾斜固定太陽能板的能量收益情況（Luque *et*

al, 1995）。在某些天氣晴朗的地區，比如美國的阿布魁基，直接日光輻射量會高於固定傾斜面上的輻射量，而在其他一些地區，如匹茲堡，則相對較少。

最近，在澳洲南澳省西北部地區的一個 220 kW 的大型太陽能發電廠剛完成試運轉（Australia Greenhouse Office, 2003*b*）。它由十組拋物線形反射鏡構成，使得投射於矽太陽電池表面的照光強度提高了 500 倍。每塊鏡片都是面積約 130 平方公尺的曲面。這個太陽能系統直接連接到一個柴油機電力系統上以供電給一個偏遠村落。另外三個總容量為 720 kW 的系統正在澳州北領地（Northern Territory）裝設（Watt, 2004）。

習題

6.1　試論述蓄電池在太陽光電系統中的使用狀況，尤其考慮下列情況：

　　‧蓄電池在太陽能系統充電時，應注意哪些事項？

　　‧哪種電池在不同應用中都適用？

　　‧在台灣，能夠買到的蓄電池，其價格、主要廠家和規格有哪些？

6.2　對市場上可取得的不同種類的電線和連接器做一調查，探討其對太陽光電系統的適用性，並回答下列問題：

　　‧市場上販售的電線和連接器規格？

　　‧這些電線和連接器為什麼適合／不適合太陽光電系統應用？

　　‧列舉主要廠家，價格與規格。

　　‧電線的使用壽命一般是多久？

　　‧較適用於太陽光電系統的電線／連接器，價格會較高嗎？

6.3　畫一個獨立型太陽光電系統的結構概圖，註明所有組件，然後：

　　(a) 簡要探討每個組件的功能與可靠性，以及其對整個系統的重要性。

　　(b) 哪些故障是每個組件都會發生的？

　　(c) 選擇蓄電池的規格和種類時需考慮什麼？

　　(d) 您認為獨立型太陽光電系統在未來可能做哪些改進？

(e) 氣候對獨立型系統的運轉有何影響？

6.4 回答以下問題：

(a) 在獨立型太陽光電系統中，如果用一個控制器將太陽電池短路將出現何種後果？系統的輸出電壓和輸出電流間有什麼樣的關係？

(b) 試解釋太陽光電系統蓄電池充電中的自我調整概念。

(c) 採用自我調整充電方式，系統容易出現什麼問題？

(d) 為什麼太陽能板在標準測試條件下的開路電壓高於蓄電池標稱工作電壓？

參考文獻

文獻的更新資料請參閱：*www.pv.unsw.edu.au/apv_book_refs*。

Australian Greenhouse Office (2003*a*), *Renewable Energy Commercialisation in Australia*, Canberra (www.greenhouse.gov.au/renewable/pubs/booklet.pdf).

Australian Greenhouse Office (2003*b*), *Remote Area Power Supply (RAPS)* (www.greenhouse. gov.au/renewable/power/raps.html).

Ball, T. & Risser, V. (1988), 'Stand-alone terrestrial photovoltaic power systems', Tutorial Notebook, 20th IEEE Photovoltaic Specialists Conference, Las Vegas, USA.

Bossel, U. (2004), 'Hydrogen. Why its future in a sustainable energy economy will be bleak, not bright', *Renewable Energy World*, **7** (2), pp. 155-159.

Bower, W. (2000), 'Inverters-Critical photovoltaic balance-of-system components: Status, issues, and new-millennium opportunities', *Progress in Photovoltaics: Research and Applications*, **8**, pp. 113-126.

Crompton, T. R. (1990), *Battery Reference Book*, Butterworths, London.

Durand, S. (1994), 'Attaining a 30-year photovoltaic systems lifetime: The BOS issues', *Progress in Photovoltaics: Research and Applications*, **2**, pp. 107-113.

Energy Research Centre of the Netherlands (2004), *RESDAS Renewable Energy Systems Design Assistant for Storage* (www.ecn.nl/resdas).

Florida Solar Energy Centre (1987), *Photovoltaic System Design-Course Manual*, FSEC-GP-31-86, Cape Canaveral, Florida.

Harrington, L. (1986), *The Supply of Power to Remote Areas of New South Wales*, Energy Authority of NSW, EA 86/58.

Helwa, N. H., Bahgat, A. B. G., El Shafee, A. M. R. & El Shenawy, E. T. (2000), 'Maximum collectable solar energy by different solar tracking systems', *Energy Sources*, **22** (1), 23-34.

IEA-PVPS (2003), *Common Practices for Protection Against the Effects of Lightning on Stand-Alone Photovoltaic Systems*, IEA PVPS Task 3 (www.oja-services.nl/iea-pvps/products/download/rep03_14.doc).

Kobayashi, H. & Takigawa, K. (1993), 'Inverter design and testing experience in Japan', Technical Digest 7th International Photovoltaic Science and Engineering Conference, Nagoya, Japan.

Largent, R. L., Skylas-Kazacos, M. & Chieng, J. (1993), 'Improved PV system performance using vanadium batteries', Proc. 23rd IEEE Photovoltaic Specialists Conference, Louisville.

Lepley, T. & Hammond, B. (1997), 'Evaluation of tracking flat plate and concentrator PV systems', Proc. 26th Photovoltaic Specialists Conference, Anaheim, 30 September-3 October, IEEE, New York, pp. 1257-1260.

Luque, A., Sala, G., Araújo, G. L. & Bruton, T. (1995), 'Cost reducing potential of photovoltaic concentration', *International Journal of Solar Energy*, **17**, pp. 179-198.

Mack, M. (1979), 'Solar power for telecommunications', *Telecommunication Journal of Australia*, **29** (1), pp. 20-44.

Messenger, R. & Ventre, J. (2000), *Photovoltaic Systems Engineering*, CRC Press, Boca Raton.

Nann, S. (1990), 'Tracking photovoltaic systems for moderate climates', in *1989 Congress of ISES*, **1**, Pergamon Press, UK, pp. 392-396.

Pedals, P. (1993), 'Home power with NiCad batteries', *Earth Garden*, March-May, pp. 68-69.

Preiser, K. (2003), 'Photovoltaic systems', in Luque, A. & Hegedus, S. (Eds.), *Handbook of Photovoltaic Science and Engineering*, Wiley, Chichester, pp. 753-798.

Rannels, J. E. (1991), 'Worldwide systems and applications', Proc. 22nd IEEE Photovoltaic Specialists Conference, Las Vegas, pp. 479-485.

Roberts, S. (1991) *Solar Electricity. A Practical Guide to Designing and Installing Small Photovoltaic Systems*, Prentice Hall, New York.

Ross, J. N. (2003), 'System electronics', in Markvart, T. & Castañer, L. (Eds.), *Practical Handbook of Photovoltaics: Fundamentals and Applications*, Elsevier, Oxford, pp. 565-585.

Sandia National Laboratories (1991), *Stand-Alone Photovoltaic Systems-A Handbook of Recommended Design Practices*, Albuquerque, New Mexico (www.sandia.gov/pv/docs/ Programmatic.htm).

Sauer, U. D. (2003), 'Electrochemical storage for photovoltaics', in Luque, A. & Hegedus, S. (Eds.), *Handbook of Photovoltaic Science and Engineering*, Wiley, Chichester, pp. 799-862.

Schmid, J. & Schmidt, H. (2003), 'Power conditioning and photovoltaic power systems', in Luque, A. & Hegedus, S. (Eds.), *Handbook of Photovoltaic Science and Engineering*, Wiley, Chichester, pp. 863-903.

Solar Energy Systems (2004), *Sun Mill Quality Solar Pumps* (www.solco.com.au).

Spiers, D. (2003), 'Batteries in PV systems', in Markvart, T. & Castañer, L. (Eds.), *Practical Handbook of Photovoltaics: Fundamentals and Applications*, Elsevier, Oxford, pp. 587-631.

Standards Australia (2005), *Installation of Photovoltaic (PV) Arrays*, AS/NZS 5033.

Standards Australia (1993), *Secondary Batteries for use with Stand-Alone Power Systems Part 1: General Requirements*, AS 4086.1.

Standards Australia (1997), *Secondary Batteries for use with Stand-Alone Power Systems Part 2: Installation and Maintenance*, AS 4086.2.

Standards Australia (1999-2000a), *Stand-Alone Power Systems Part 1: Safety Requirements*, AS 4509.1 (Amendment 1, 2000).

Standards Australia (1999-2000b), *Stand-Alone Power Systems Part 3: Installation and Maintenance*, AS 4509.3 (Amendment 1, 2000).

Standards Australia (2002), *Structural Design Actions-Wind Actions*, AS/NZS 1170.2.

Standards Australia (2002), *Stand-Alone Power Systems Part 2: System Design Guidelines*, AS 4509.2.

Swanson, R. (2003), 'Photovoltaic concentrators', in Luque, A. & Hegedus, S. (Eds.), *Handbook of Photovoltaic Science and Engineering*, Wiley, Chichester, pp. 449-503.

Townsend, T. U. & Whitaker, C. M. (1997), 'Measured vs. ideal insolation on PV structures', Proc. 26th IEEE Photovoltaic Specialists Conference, Anaheim, 30 September-3 October 1997, IEEE, New York, pp. 1201-1203.

UPM (2003), *Universal Technical Standard for Solar Home Systems*, Instituto de Energia Solar, Ciudad Universitaria, Spain (www.taqsolre.net/doc/Standard_IngV2. pdf. Also available in Spanish: www. taqsolre.net/doc/Standard_EspV2. pdf and French: www. taqsolre.net/doc/SHS_French.pdf).

Usher, E. P. & Ross, M. M. D. (1998), *Recommended Practices for Charge Controllers*, IEA_PVPS Task 3 (www. oja-services. nl/iea-pvps/products/download/rep3_05. pdf).

von Aichberger, S. (2004), 'In charge of energy. Market survey on charge controllers', *Photon International*, January, pp. 40-46.

Watt, M. (2004), *Australian Survey Report 2003*, International Energy Agency Photovoltaic Power Systems Programme (www. oja-services. nl/iea-pvps/countries/australia/index. htm).

Watts, R. L., Smith, S.A., Dirks, J. A., Mazzucchi, R. P. & Lee, V. E. (Eds.) (1984), *Photovoltaic Product Directory and Buyers Guide*, Pacific Northwest Laboratory, Richland, Washington, under US Department of Energy Contract DE-AC06-76RLO 1830.

Wenzl, H., Baring Gould, I., Bindner, H., Bopp, G., vonder Borg, N., Douglas, K., Jossen, A., Kaiser, R., Lundsager, P., Manwell, J., Mattera, F., Nieuwenhout, F., Norgaard, P., Perujo, A., Rodrigues, C., Ruddell, A., Sauer, D. U., Svoboda, V., Tselepis, S. & Wilmot, N. (2004), 'Which battery is best? Selecting the technically most suitable and economically best battery for a renewable energy system: Approach, results, outlook', Proc. Solar 2004, Murdoch, WA, ANZSES, Murdoch (www. benchmarking. eu. org).

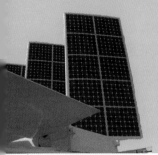

獨立型太陽光電
系統之設計

7.2　系統可用率

7.3　混合系統

7.4　太陽光電系統的簡易設計方法

7.5　聖第亞國家實驗室的方法

7.6　澳洲標準 AS4509.2

7.7　系統設計軟體

7.1 ｜前言

　　獨立型太陽光電系統的設計核心在於根據特定負載的需求來選擇適合的組件及其規格。除了考慮負載的特性，同時也需要考慮組件成本及其工作效率。儘管系統的可靠性和使用壽命會受到一些影響，但受限於預算在實際設計中往往不會採用最佳性能的配置（Durand, 1994）。作為決定能量輸出的關鍵性參數，系統所在位置的太陽輻射資料，或該處輻照量的估計值，是不可或缺的。本章中列舉了幾種不同的設計方法。

　　根據不同情況，主要的設計準則包括以下幾點（Meyer, 2004）：

- ‧最低生命週期成本——可達初期投資成本的三倍，如果能儘量延長蓄電池壽命則將大大地壓低後續維護費用。
- ‧對負載和陽光輻射量波動的容忍度。
- ‧設計的模組化和靈活性。
- ‧維護和修理的簡易程度。
- ‧輸出電力的品質。
- ‧可靠性。
- ‧社會因素。

7.2 ｜系統可用率

　　系統的可用率（A, availability）被定義為系統能夠滿足負載需求的時間占其總運轉時間的百分比（Ball & Risser, 1988）。舉例來說，如果設計的是一個95% 可用率的系統，那麼該系統就應該能夠在 95% 的時間內滿足負載需求。在獨立型太陽光電系統中，系統的可用率主要取決於蓄電池的容量。一般情況下，獨立型太陽光電系統的可用率設計為 95% 左右，而關鍵性系統則通常需要 99% 的可用率。

　　比如說，電信中繼站就是一個關鍵性設備，而太陽光電陰極保護系統則不

是關鍵性設備。如果系統與公用電網，那麼可用率偏低也是可以接受的。

　　一般來說，天氣、故障、系統維護和負載需求過高是影響太陽光電系統可用率的主要原因。但是，系統可用率越接近於 100%，其投資成本也將快速增加，如圖 7.1 所示。

　　在太陽光電系統的設計過程中，每一特定用途的要求，所在地區的日照變化情況以及工程預算的限制決定了這套系統應該具備多高的可用率。一般電力系統，如家用太陽能系統，可先按照非關鍵設備標準來設置其系統可用率，如果必需提高可用率，則可在稍後資金較充裕時再升級系統配置。

　　和太陽光電系統相比，鮮少有燃煤、核能、水力等大型發電系統可以達到 80-90% 的可用率。更重要的是可用率低於 80% 的太陽光電系統一般不會留下剩餘電力，因為即使在夏天萬里無雲的日子裡，太陽光電系統產生的電力仍然低於負載的耗電。因此，在圖 7.1 中，太陽光電系統的可用率曲線在 0-80% 的範圍內接近線性。

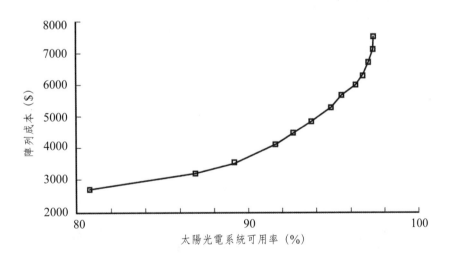

圖 7.1 ☼ 美國東北部某太陽光電系統造價與可用率間的關係（圖片經聖第亞國家實驗室授權使用，1991）

7.3 ｜混合系統

在一些應用中，使用混合系統是一個既經濟又令人滿意的選擇。這種系統用太陽光電系統發電來提供部分或大部分的負載需求，並以柴油或汽油發電機作為備用。這種方式允許太陽光電系統設計成具有相當低的可用率，大幅降低所需的蓄電池容量，並且也相對地減少了系統中電池陣列的數量。當然，在許多應用上，尤其是偏遠地區，發電機和太陽光電系統間的相容性很差。但是像農場用電，這類具備現成維護人力的應用，特別是系統設計落在圖 7.2 中標示為宜採用混合系統的區域時，是非常值得考慮使用混合系統的。

混合指標圖的使用

如圖 7.2 所示的混合指標圖（hybrid indicator），其中縱軸為每日負載量（kWh），橫軸是太陽能 / 負載功率比。這個功率比指的是太陽電池陣列的額定峰值功率（即設備在 1 kW/m^2 日光照射下的輸出值），除以每日負載量，所以得到的單位為 W_p/Wh。

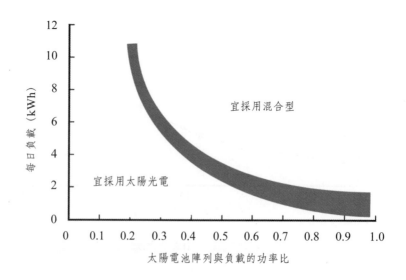

圖 7.2 ☼ 混合指標圖（聖第亞國家實驗室，1991）

使用這張圖時，第一步首先假設設計的系統完全由太陽光電系統供電，然後再查出它在圖中所處位置。從圖 7.2 中可以看出，混合系統傾向於大型負載或陣列負載轉換率較高的情況。後者指的是在多雲的地區，只好配置很大面積的太陽能電池板，因此該比值會很高。在這種情況下減少太陽能板的面積，使用其他種類發電機會更為經濟。上述混合指標圖僅作為參考，還有許多其他因素影響太陽光電或混合系統的選擇。此外隨著太陽電池技術的不斷成熟，其價格相對於傳統發電機將持續下降，上述曲線也會隨之逐漸改變。

7.4 ▏太陽光電系統的簡易設計方法

澳洲 Telecom 公司，也就是現在 Telstra 集團，一直致力於研發偏遠地區太陽電池供電的電信系統，因此他們也在全力扶植澳洲太陽光電市場的發展。目前 Telstra 集團在整個澳洲地區的太陽光電系統總裝置容量已超過 3 百萬瓦（MW_p），其中絕大多數為太陽光電蓄電池系統，少數為太陽光電柴油機混合系統（McKelliff, 2004）。儘管 Telstra 公司目前已經擁有成熟的試算表軟體模型用於太陽光電系統的設計，也重新製作了自己的太陽能資源分佈圖，但他們原有的簡易系統設計方法（Mack, 1979）代表著保守穩健的設計思維，仍然是目前業界廣泛使用的設計模型的理論與實踐基礎。這種方法的核心是要求高系統可用率，同時將太陽能電池板的數量根據蓄電池容量進行最佳化。

1. **決定負載**——為盡可能精確地指出負載特性，以便對配件和成本進行最佳化設計，必須取得以下資訊：
   ・系統標稱電壓。
   ・負載所能忍受的電壓變動範圍。
   ・每天的平均負載量。
   ・全年的負載變動樣式（load profile）。
   以微波中繼站為例，其電壓範圍約為 24±5 V，平均每天的負載量 100 W（電流為 4.17 A），所需儲備電能為 15 天用量。

2. **選擇蓄電池容量**——對於這種電信負載而言，設計方法相當保守，一般要求蓄電池存儲滿足 15 天的用電量，以達到非常高的系統可用率。上面的例子中所需要的蓄電池容量為：

$$4.17\,A \times 24\,h \ / \ 天 \times 15\,天 = 1500\,Ah$$

3. **傾斜角度的初步估計**——太陽能板傾角的選擇取決於場地的位置，一般會選擇比其所在地區緯度大 20° 的傾角。以墨爾本為例，所處緯度為 37.8°S，因此該處太陽能板的安裝傾角可初步估計為 37.8° + 20° = 57.8°。

4. **日照量**——利用所在地區現成的日照數據，可以估算出投射在指定傾斜面上的日照量。在附錄 G 中所提供了墨爾本地區全年典型的水平面日照資料。使用這個日照資料時，所提供的計算範例可用來決定當傾角為 57.8° 時，實際落在太陽電池陣列上的相對日照量。上述計算的前提是假設日照中的漫射部分與傾斜角無關。這樣的假設在傾斜角並不很大時是合理的。

5. **陣列大小的初步估算**——根據以往經驗，一般要選擇安裝總峰值電流（即在 1 kW/m² 日光照射下）為平均負載電流五倍的太陽能板容量，之所以選擇如此大的比值是因為：
   - 夜間沒有陽光。
   - 早上、傍晚以及多雲天氣時，陽光強度減弱。
   - 蓄電池的充電效率有限。
   - 蓄電池有自放電的問題。
   - 灰塵會影響光線射入。

   利用初估的太陽電池陣列容量以及藉由步驟 4 修正過的日照資料，便可以計算出全年產生的總安培小時（Ah）。在計算過程中，需要考慮灰塵覆蓋引起的發電損失，雖然可能高估了灰塵的影響，一般可以假設

灰塵造成 10% 的損失。亞利桑那州的一個研究報告指出（Hammond, 1997），當太陽光垂直入射於模組時，兩次雨水沖刷之間由塵泥覆蓋引起的能量損失最大為 3%，並且會隨著入射角的增加而變大，入射角為 24° 時損失為 4.7%，而入射角為 58° 時損失可達 8%。鳥類糞便對太陽能板發電損失的影響更為嚴重。

然後系統的全年發電量可以藉由比較負載的全年用電量得出。在評估負載耗電量的時候，需要將蓄電池自放電情況計算在內，通常將此設定為每個月蓄電池充電量的 3%。

假設蓄電池在夏天一直保持完全充電狀態（a full state of charge）狀態，那麼蓄電池的全年充電狀態也就可以決定了。

6. **陣列傾角最佳化**——保持陣列尺寸不變，略微調整傾斜角度並重複上述計算過程，直至蓄電池的放電深度降至最小值為止。這樣得到的傾角為最佳化傾角。

7. **陣列尺寸最佳化**——使用最佳化傾角，結合對蓄電池的放電深度的測量，不斷重複上述調整過程來最佳化太陽電池陣列的尺寸（亦即發電容量）。

8. **總結整個設計**

附錄 G 中提供了上述設計過程的範例，不過，此方法主要受到三重限制：

1. 首先需要設計一個決定蓄電池容量的機制，來搭配上述方法的使用。同時還必須同時考慮太陽電池陣列和蓄電池兩者成本間的變化關係。

2. 這種技術只在日光直射和漫射成分已知的前提下有用。

3. 方法中的迭代計算需要使用電腦。

7.5 │ 聖第亞國家實驗室的方法

美國聖第亞國家實驗室（Sandia National Laboratories）所開發的方法

（Chapman, 1987）可以自動納入累積多年的日照數據對系統進行評估，相對於 7.4 節中介紹的方法更加成熟可靠。這種方法克服了上述方法所受到的限制，並且適用於任何固定傾角系統的設計，設計者可以在緯度 ±20° 的範圍內自由選擇傾斜角度。

這種設計方法的要求設計者必須訂出系統的缺電機率（*LOLP, loss-of-load proability*）。缺電機率被定義為在任何時間點，太陽光電系統（含蓄電池等）不能滿足負載需求的機率。它與前面討論過的系統可用率（*A*）直接相關：

$$LOLP = 1 - A \qquad (7.1)$$

事實上對特定的缺電機率來說，存在著陣列大小和蓄電池容量的多種組合方式，在這些組合中，各組成元件的造價及效率決定了最低成本的設計方法。一般來說當缺電機率趨近於零的時候系統的造價會呈指數級增加。

在這套系統設計模型的開發過程中，需要額外處理日照資料變化與現有的平均日照資料間的相關變化性。相關度已經從對 24 年內每小時的日照資料所做的研究結果獲得，如此，從統計學的角度可提供相當的準確度。在系統設計的理論模型中，緯度是必要的變數之一，這表示採用理論計算得到的日光強度是每日全天大氣光學質量的函數，而這類似於先前所提過的方法（藉由總體平均日照資料可以將日光近似地分解成直射和漫射兩個部分）。

該研究得出了一個有趣的結論：即使僅憑藉全年最低日照月份的資料來設計系統，系統設計的準確度也不會受到影響，這使得設計得以大為簡化，導致前面提到的聖第亞實驗室方法的誕生。此外，利用和 7.4 節相似的計算方法，但是藉由篩選更廣範圍內的設計方案，並結合妥善處理過的平均總體輻照資料，可以得到一組曲線，有助於下面的計算：

1. 決定特定 LOLP 系統的蓄電池容量。
2. 陣列傾角的最佳化。
3. 為選定的斜面估測投射於其上的日照量。

4. 結合步驟 (1)，設計太陽電池陣列的裝置容量。

　　事實上共有四組曲線，每組都對 (1) 中特定的 LOLP 提供了不同的蓄電池容量。完成上述步驟 (2)-(4) 後，每組曲線都會提供不同的設計方案（即各種太陽能板／蓄電池規格之間的不同組合）。我們可以進而從成本的角度分析這四組曲線，然後確定滿足系統要求的最低成本方案。

　　成本的估算可以根據客戶的意願，以初始投資作為基礎，或是以使用壽命內的運轉總成本作為基礎來進行。在後者中必須考慮蓄電池的壽命。蓄電池的使用壽命與溫度以及放電深度（DOD）密切相關，排氣式鉛酸蓄電池的壽命可以用下式估算：

$$CL = (89.59 - 194.29T)e^{-1.75DOD} \tag{7.2}$$

其中 CL 是蓄電池使用壽命（單位為週期），T 為蓄電池的溫度，DOD 為蓄電池的放電深度。

　　在太陽光電－蓄電池系統中，在不同工作週期下蓄電池的放電深度會有所不同。我們將一天定義為一個放電週期，放電深度則取每日最大放電深度。統計結果顯示在蓄電池的所有週期中，各放電深度的分佈可以表示為 LOLP 和儲能天數的函數，這樣（7.2）式就可以為蓄電池的實際壽命提供確切的估計。

　　在附錄 E 中提供了該設計方法的完整範例。該方法有很多優點，克服了7.4 節中簡易設計方案所受到的限制。但它也有兩個重大限制：

1. 除非設計者可取得上述幾組不同曲線（試算圖表）的詳細差異資料，否則很難進行系統設計。

2. 該方案僅對冬天日照最差月份時的系統進行最佳化設計，無法查核系統在夏天的工作狀態是否仍然符合負載需求。

7.6 ｜澳洲標準 AS4509.2

澳洲標準（Standards Australia, 2002）提供了系統設計時所需的基本準則，一個設計範例以及一些空白的輔助表格。它涵蓋了電力負載的評估，介紹了與其他再生能源發電及其備用發電系統（化石燃料）搭配使用的設計程序，並詳細考慮了彼此間相互的連接。該標準在其附錄中提供的設計範例並非硬性規定，因此也指出「其他方法同樣適用」。

這些太陽光電系統的設計步驟主要包括：

1. 估算直流和交流電負載的需求量及其季節變化。
2. 如果只能取得年平均、每月的或最差月份的日照資料，那麼就需要根據日照資料的準確性，以及負載的重要性將所估算出的負載量以過度供給係數（oversupply coefficient）放大 1.3 ～ 2.0 倍。
3. 根據實地勘測或已知數據，對該地點進行能量資源評估。
4. 根據最小與最大的日照能量／負載比，決定出最差與最佳月份。
5. 系統規劃，需要考慮各種可能的能源方案，有時還要加裝發電機組。採用發電機可以在較少的太陽能板和蓄電池數量下，達到等效的系統可用率。
6. 組件大小的估算，須確保蓄電池能在約兩周內重新充滿，並且能夠排氣充電：
   - 對太陽能板的傾角作初步估算（參閱表 6.1），並計算該傾角所對應的日照量（第一章）。
   - 根據需要選擇蓄電池的容量，主要需考慮系統自給天數、每日／最大放電深度、每日能量需求、突波需求（surge demand）及最大充電電流等。
   - 檢視蓄電池容量是依要求的儲存容量或是依電力需求決定，這與系統自給天數等系統參數密切相關。
   - 根據負載來選擇太陽能板的總面積和電池串數量，不足部分需要由發

電機彌補。

- ‧使用其提供的表格，列出系統中換流器、穩壓器、充電控制器、發電機和蓄電池通風設備等。
- ‧根據該標準附錄 C 中的說明，選擇電線尺寸。

附錄 E 中列出了一些其他國家的標準與設計指南。

7.7 ｜系統設計軟體

近幾年出現了很多商業用和免費電腦軟體，用於計算獨立型或者市電併聯型太陽光電系統的發電容量，並模擬其運轉性能（Knaupp, 2003; Silvestre, 2003; National Renewable Energy Laboratory, 2004）。有些軟體可直接結合太陽日照以及其他氣象資訊資料庫。不同的程式採用不同的演算法，所使用方法的透明度及對中間結果所能提供的檢驗程度也有所不同。當然如果不通過其他方法檢驗，這些軟體所提供的結果就不一定可靠，因此在地標準和設計指南仍然需要優先參考。

估算用的軟體，有時候是以試算表的形式呈現，在指定了負載、日照、與方位（對獨立型系統而言還包括蓄電池的自給供電天數）後，可以協助我們計算所需系統組件的大小。此類程式還可以輔助選擇太陽能板、電線、蓄電池和功率調節設備等。此外，模擬軟體可以模擬系統運轉狀態。文獻（Knaupp, 2003; Silvestre, 2003）提供了所列現有程式的概述，可供讀者參考。

習題

7.1 回答以下問題：

(a) 在太陽光電應用中，「混合系統」指的是什麼？

(b) 和一般太陽光電系統相比，混合系統有哪些優缺點？

(c) 混合系統最適合於哪些應用？

7.2 調查並回答以下問題：

(a) 以我國的電信業為例，調查並列舉太陽光電在電信方面的應用。

(b) 說明電信業在太陽光電應用的經驗，以及對該應用持何種態度？

(c) 太陽光電在我國電信領域的應用是在持續增長還是逐年萎縮？

(d) 我國的電信業在使用太應電池上所面對的問題為何？

7.3 應用本書正文中所提到的方法，試求出將位於北緯 34° 某處的太陽能板，在十一月份時系統能量輸出最大化所需要的傾斜角度。該處十一月水平面上總體日照輻射量為 12 MJ/m^2 / 天，對應的漫射輻射量為 4.1 MJ/m^2 / 天。

7.4 設計位於北緯 23° 的一套獨立型太陽光電系統。此系統用來供電給 48V 直流電下的 250W 的固定負載。自一月起，該處一年內水平面上的總體日照輻射量分別為（括弧內為漫射輻射）：15.5(3.2)，17.2(4.2)，21.6(4.0)，23.3(6.0)，24.9(7.0)，24.1(8.8)，23.8(8.9)，22.9(8.1)，20.7(7.3)，18.9(4.8)，15.6(4.7) 和 14.5(3.8)MJ/m^2 / 天。

參考文獻

文獻的更新資料請參閱：*www. pv. unsw. edu. au/apv_book_refs*。

Ball, T. & Risser, V. (1988), 'Stand-alone terrestrial photovoltaic power systems', Tutorial Notebook, 20th IEEE Photovoltaic Specialists Conference, Las Vegas, USA.

Chapman, R.N. (1987), 'A simplified technique for designing least cost stand-alone PV/ storage systems', Proc. 19th IEEE Photovoltaic Specialists Conference, New Orleans, pp. 1117-1121.

Durand, S. (1994), 'Attaining a 30-year photovoltaic systems lifetime: The BOS issues', *Progress in Photovoltaics: Research and Applications*, **2**, pp. 107-113.

Hammond, R., Srinivasan, D., Harris, A., Whitfield, K. & Wohlgemuth, J. (1997), 'Effects of soiling on PV module and radiometer performance', Proc. 26th IEEE Photovoltaic

Specialists Conference, Anaheim, 30 September-3 October, IEEE, New York, pp. 1121-1124.

Knaupp, W. (2003), 'Optimizing system planning', *Photon International*, Issue 9/2003, pp. 52-59.

Mack, M. (1979), 'Solar power for telecommunications', *The Telecommunication Journal of Australia*, 29(1), pp. 20-44.

McKelliff, P. (2004), Personal communication regarding Telstra's current PV use.

Meyer, T. (2004), 'Photovoltaic energy: Stand-alone and grid-connected systems', in Cleveland, C. (Ed.), *Encyclopaedia of Energy*, **5**, Academic Press, San Diego, pp. 35-47.

National Renewable Energy Laboratory (2004), 'Energy analysis—Solar technology analysis models and tools' (www.nrel.gov/analysis/analysis_tools_tech_sol.html).

Sandia National Laboratories (1991), *Stand-Alone Photovoltaic Systems—A Handbook of Recommended Design Practices*, Albuquerque, New Mexico. (www.sandia.gov/pv/docs/Programmatic.htm).

Silvestre, S. (2003), 'Review of system design and sizing tools', in Markvart, T. & Castañer, L. (Eds.), *Practical Handbook of Photovoltaics: Fundamentals and Applications*, Elsevier, pp. 551-561.

Standards Australia (2002), *Stand-Alone Power Systems Part 2: System Design Guidelines*, AS 4509.2.

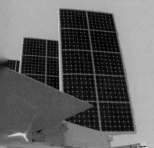

太陽電池的特殊應用

8.1 ┃前言

太陽光電系統的應用十分多樣化，它可以比一個硬幣還小，也可以比一個足球場還大，其發電規模可以小至提供一隻手錶用電，或大至提供一整個城鎮用電，而所需要的能源只是太陽光（Sandia National Laboratories, 1991）。這些優點，加上其簡潔的運作方式，使太陽光電系統在很多獨立型特殊用途的供電上特別引人矚目。本章將著重討論太陽光電系統的各種特殊應用。截至2003 年底，澳洲非家庭用的非併網型發電系統的累計裝置容量已達到 13.59 MW_P，家庭用的非併網型發電系統累計裝置容量達到 26.06 MW_P，分散式併網型累計總裝置容量達到 4.63 MW_P 以及 1.35 MW_P 的集中式併網型發電（Watt, 2004）。這當中還不包括很多遍佈於全國的小型應用，例如庭園照明、手錶、計算機等。

8.2 ┃太空應用

在開發初期，由於成本高昂，太陽電池僅適合於太空應用。太陽電池不斷地被用來為太空船、人造衛星、以及火星上的遙控載具提供電力。正如預期地，由於可靠性非常重要，太空應用的產品標準以及品質管制要求極嚴格（Hardingham, 2001）。同時由於太空船本身重量以及面積的限制，對太陽電池的轉換效率也有很高的要求。使用於太空中的太陽電池不受地球磁場以及大氣層的保護，受到高能量粒子以及輻射的影響，其壽命只能達到 7 年左右。太陽電池抵抗這類太空中的轟擊而不會嚴重衰退的能力稱為輻射硬度（radiation hardness）。

由於太陽能板佔人造衛星總重量的 10%-20%，占總成本的 10%-30%，所以太陽電池的重量及成本的降低成為下一代太空用太陽電池的研究重點（Allen, 1991）。當然，將太陽電池封裝成很小的面積以便用於發射也是一個很重要的能力。很多太空用太陽電池採用砷化鎵以及相關化合物製造，而不是採用矽，

效率較高，但是成本也高得多。

8.3 ┃ 海事導航設施

　　海事導航設施系統當中的一次電池（primary battery）更換所需要的高昂費用，使得採用太陽電池供電從很多年前就已經開始變得經濟實用。這種系統所使用的燈以及透鏡有很高的效率，負載很小，因此太陽電池十分適合於這種應用。通常一個系統包括：

- 10-100 瓦的太陽電池。
- 安裝於耐候型保護盒內的低維護費用蓄電池。
- 電壓控制器或自我調整。
- 軍用標準的計時器以及電動機控制電路。
- 配備軍用標準直流電動機的燈光自動調節器。

系統組件的抗候能力是非常重要的，通常是由以下幾部分來達成：

- 用於裝電池的防風雨以及抗鹽害的蓄電池遮罩以及太陽電池模組封裝系統。
- 防水及抗鹽害的接線。
- 透鏡以及電路防護盒的密封構件。
- 用於防止鳥類棲息的長釘，它可以保持光透鏡和太陽電池表面不受鳥糞玷污。

　　因為導航設施非常重要，所以對可用率要求高。然而，現在有不少老舊的電路仍在運作，這種由上百個電路元件所組成的電路，目前已可以用單一微處理器或微電腦晶片取代。然而因為海事導航設施需要通過軍方的認證，要實現這方面設計的現代化需要數年的時間。太陽電池是澳洲海岸偏遠燈塔、海港以及河流浮標供電的標準選擇。

8.4 ｜電信

在許多國家，電信系統的中繼站採用太陽電池供電。這樣的系統適合於荒蕪的地區，譬如巴布亞紐幾內亞以及像澳洲這種擁有大量缺乏電網且無人居住地區的國家。後者是世界上最早在電信領域大量使用太陽光電供電的國家之一，以下將作詳細介紹。

多年以來電信已經是澳洲太陽電池的市場支柱。Telecom 公司（現在是 Telstra 公司）於 1972 年第一次將太陽光電實驗性地應用於電信設施，現在該公司仍然是太陽電池市場的主要客戶之一。到 1989 年為止的前十年中，每個聲音頻道的成本從 30 澳幣降低到 2 澳幣（Mark & Lee, 1989）。現在 Telstra 公司的網路中太陽電池的總裝置容量超過 3 MW_p（McKelliff, 2004）。Telstra 公司使用太陽光電發電對通訊系統中的中繼站進行供電，這些通訊系統連接主要的中心城市，並且提供偏遠以及農村地區個別客戶的服務。下面將探討太陽電池在電信系統上的三種不同應用（Mark & Lee, 1989）。

8.4.1 可搬運的太陽光電電源供應器

在過去幾十年的時間裡，典型的主幹線微波無線電中繼站的負載已經從 1000 W 降低到 100 W 以下，這開啟了太陽電池在這方面應用的市場。在 1976 年以前，Telecom 公司就已經開發出了標準的可搬運型太陽能電源供應系統，這個太陽能電源供應系統使用標準的海運貨櫃以便：

· 在運輸過程中存放太陽電池陣列
· 存放系統所使用的蓄電池
· 做為維護人員的工作間
· 提供太陽能板安裝支撐

這樣的系統提供了世界上第一個電信主幹線鏈結的基礎。在 1979 年從 Alice Spring 到 Tennant Creek 間 500 公里的連接，13 個中繼站所需電力全部

採用太陽電池供應。這些系統設計成具有極高的可用率，典型的設計是具備 15 天的蓄電池儲存容量。所使用的蓄電池具有以下特性：

· 純鉛陽極板（lead positive plate）。
· 低的自放電特性（典型值為每月 3%）。
· 很長的使用壽命（8 年左右）。

這些系統的實際運作十分成功，因此後來又在全國各地相繼安裝 70 多個微波中繼站。藉由對蓄電池以及電子設備採用被動式冷儲存保護技術（passively-cooled storage shelter）使得系統的可靠性獲得提高。儘管在這方面的應用中，太陽光電－蓄電池供電系統是電力供應系統的首選，有時也會採用混合系統。這種混合系統採用柴油發電機提供中繼站的電力低於全年所需電力的 10%，卻大幅降低了所需要的太陽電池陣列數量以及蓄電池儲存容量大小，並且確保了系統的可用率達到 100% 左右。所獲致的成本降低進一步提高了太陽電池的成本效益，卻也無可避免地增加了系統的維護成本，因此混合系統不適用在很偏遠的地區。

8.4.2 無線電話服務

澳洲偏遠地區的無線電話用戶使用太陽電池供電的無線電話，以連接到最接近的中繼站。這樣的小型獨立系統包括：

· 太陽能板（一個或兩個標準大小），通常安裝在杆子上。
· 一個 12V 的蓄電池。
· 傳送器（transmitter）電路和天線。

系統的負載是變動的，但是消費者如果在這方面具有足夠的知識，負載是可以控制的。消費者的培訓也可以降低所要求的系統可用率程度，因此降低系統成本。

除了以上所述的 Telecom 公司網路系統，很多獨立的超高頻（UHF）、特高頻（VHF）和微波無線電使用者，如軍方、警方以及一些商務用戶也使用太

陽電池提供電力。

8.4.3 行動電話網路

Telstra 公司於 2004 年在 Roebuck 平原（靠近 Broome）啟用了第一個行動電話基地台。由這個基地台所新增的行動電話涵蓋範圍包括 Broome 以及其周邊、離澳洲西北海岸較遠的地區。新的系統具有較傳統系統更高的耐熱性能，這樣可以省略冷氣設備（圖 8.1）。

8.4.4 光纖網路

在澳洲以及世界各地，許多正在架設中的長距離主幹網路採用光纖做為傳輸媒介。太陽電池用來提供電力給那些距離公用電力網絡很遠的中繼站。研究

圖 8.1 ☼ Telstra 公司的第一個以太陽能供電的行動電話基地台，位於西澳的 Roebuck 平原（經 Silcar Pty Ltd. Design & Construction 授權使用）

人員正在考慮應用特殊設計的太陽電池元件，這些元件以高效率將電力轉換為鐳射光，如此一來電力便可以沿光纖傳送（Wenham & Cranston, 1993）。

8.5 ｜陰極保護

油和氣體的傳輸管路、井、化學儲存槽、橋樑等的腐蝕是一個比較棘手的問題，尤其是當這些情況發生在距離電力系統網路很遠的偏遠地區時。

陰極保護（cathodic protection, CP）包括使用電流來抵消大自然的腐蝕性電化學電流。後者的產生是由於土壤中的水或酸（作為電解液）將電子傳輸給金屬結構，這些金屬具有陽極的作用，因而被氧化或腐蝕。藉由自外部施加抵消電流，可以使金屬結構成為陰極，而達到防止腐蝕的目的。

類似的作用也可以採用犧牲陽極的辦法來達到，也就是在受保護的金屬結構附近裝置一個更陽極化的材料，也就是這個材料比金屬結構產生的電化學勢來得高。這個材料被電解液腐蝕，因而保護了我們所需要的金屬結構。

8.5.1 系統估算

在設計太陽能陰極保護系統的時候，需要考慮以下幾個方面（Tanascqu *et al*, 1988）：

1. 負載的電流大小等於克服金屬（陽極）和周圍電解液間開路電位勢所需要的電流量。

2. 所需電流的大小由裸露的金屬面積大小決定。通常，金屬結構表面有效覆蓋率有一個專門定義的完整性因數（intergrity factor），一個典型的良好塑膠表面防護完整性因數為 99.999%，這意味著當金屬結構表面的面積為 $10^5 \, m^2$ 時，裸露金屬的面積為 $1 \, m^2$。

3. 陰極保護電路的電阻決定了提供第 2 項電流所需要的電壓。電路的電阻是可以經由測試得到的，但是它隨著土壤的濕氣含量、溫度、堅硬度，甚至是含鹽量的差異而變化。

電路電阻的測試因為以下幾個因素的變化而變得複雜：

· 管路的電容。

· 金屬的電化學極化，這是由於土壤中離子的傳導率（對於一個絕緣良好的管路來說，電化學極化的消除時間通常為 16-18 個小時）。

· 地床（ground bed）電阻，對於水平地床，如地下水位較高的地形：

$$R = \frac{\rho \left[\ln(2L/r) + \ln(L/S) - 2 \right]}{2\pi L} \tag{8.1}$$

對於一個垂直地床，如深井、鑽孔等地形：

$$R = \frac{\rho \left[\ln4(4L/r) - 1 \right]}{2\pi L} \tag{8.2}$$

在公式中 L 為陽極圓柱的長度，ρ 為土壤電阻率，S 表示深度，r 表示陽極的半徑。

由於這些參數的不確定性以及變數隨時間（見圖 8.2）和距離的一些變化，在決定負載大小的時候要把電流和電壓的安全係數一併納入考慮。

8.5.2 控制器

在陰極保護系統運作過程中，控制器是十分重要的，它用來調整電流以使金屬結構上的參考電壓保持恆定（也就是調整電流來抵銷電化學電勢變化）。以下是兩種不同類型的控制器：

1. 電流大小的控制，可採用直流對直流（DC-DC）的轉換，以便在高效率下提供較好的保護。

2. 若不使用直流對直流的轉換，則可以利用一個變阻器（rhestat）有效地控制電壓，因而得以有效控制施加在金屬結構上的電流，這種方法比較簡易，但效率較低。

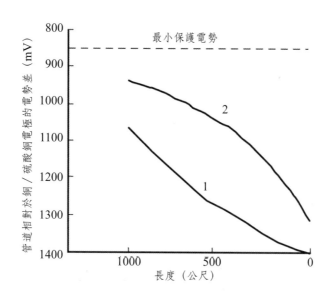

圖 8.2 ✿ 曲線 **1** 代表晴天時典型的管路電勢分佈與長度間的關係；曲線 **2** 代表陰天晚上典型的管路電勢分佈與長度間的關係（**Tanasescqu** 等，**1988**，經 **Springer Scienceand Business Media** 授權使用）

8.5.3 電源供應系統

過去的陰極保護系統

　　在電網涵蓋的區域，電網經由電力整流器（power rectifer）提供陰極保護系統電源。在偏遠地區則是使用柴油發電機或天然氣發電機，甚至使用熱電產生器（thermoelectric generator）。然而，燃料和維護費用是一個很大的問題，負載小的情況下尤其棘手。但是，延伸到公用電網所需要花費的成本通常會更高。

現在的陰極保護系統

　　採用太陽光電系統提供陰極保護系統用電，現在已被認為是經濟可靠的解決方案。起初，太陽光電系統僅被使用在小管路和存儲槽等小型結構的應用上，但是隨著太陽光電成本的降低，目前已越來越廣泛地應用在大型輸送管路以及井口等大型結構的陰極保護上。

對大多數結構而言，採用低系統可用率的設計便已夠用。一般預期 90% 的系統可用率可以使被保護設備的使用壽命延長十倍。

儘管系統工作的連續性對陰極保護的重要性還沒有定論，蓄電池還是被應用在大多數系統中進行連續供電（Ball & Risser, 1988）。在這樣的系統中，像鉛鈣這種浮充型電池不宜採用，只能採用深循環充電類型的蓄電池，比如鎳鎘電池以及深循環的鉛酸電池。

世界上第一個採用太陽光電系統供電的陰極保護系統於 1979 年安裝在利比亞。它被用來保護石油鑽井平臺上的設備和結構，同時也用來保護石油輸送管路（Tanasescqu et al, 1988）。太陽電池在陰極保護系統的應用隨後迅速被非洲、中東、亞洲的主要的石油公司所採用。在美國，聯邦能源部（Federal Department of Energy）規定易燃的液體或氣體的地下儲存槽以及輸送管路必須使用陰極保護系統（Ball & Risser, 1988），這項規定為太陽電池提供了很大的潛在市場。

不幸的是由於許多防蝕工程師對太陽電池缺乏瞭解，使得太陽電池在很多應用中曾經或仍然被排除在外，隨著太陽電池的優點漸漸被了解，它在這方面的應用將逐漸增加。此外，人為破壞以及竊盜也是問題。因此，太陽電池最好安裝在桿上，但是除非使用特殊設計的整合型系統，否則這樣會增加線路損失並且增加安裝成本。例如，德國能源支柱系統（German Energy Pillar System）將裝有太陽電池板的鋁合金支柱、一個升壓充電轉換器（step up charge converter）和一組蓄電池組合成一個待命安裝（ready-to-install）的系統，一旦這個系統安裝完畢，它會將現場的資料傳輸到中央處理系統上以提供監控之用（Korupp & Marthen, 1992）。

接著要提供的是一個陰極保護系統設計實例（Tanasescqu et al, 1988）。

圖 8.3 是一個用於管路的陰極保護系統示意圖。藉由調整保護電流來確保 ΔV_{min} 高到足以抵消電化學電勢，其關係如下：

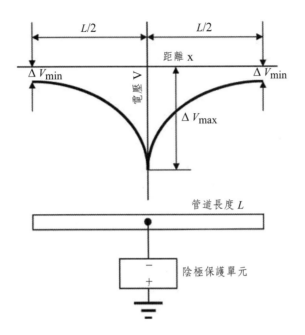

圖 8.3 ✿ 配備陰極保護系統的管路沿線電勢分佈示意圖（**Tanasescqu** 等，**1988**，經
Springer Scienceand Business Media 授權使用）

$$V(x) \propto \exp(-rx) \qquad (8.3)$$

這裡 r 是一個衰減常數，是傳輸管路每單位長度電阻的函數，典型值是 5×10^{-4} m^{-1}。

若 L 代表需要保護的傳輸管路長度，則：

$$L = \frac{2}{r} \ln\left(\frac{\Delta V_{max}}{\Delta V_{min}}\right) \qquad (8.4)$$

　　一個重要的折衷考慮是：如果 L 很長，由於 ΔV_{max} 增加速度較與 L 成正比
來得快，所以就會變的非常大。大的 ΔV_{max} 使得注入的電流遠大於電源附近區
域所需要的電流大小，得到的結果就是注入功率與所需要的功率的比值過大；
相反的，L 取的太短，所需要使用的陰極保護系統的數量就會過多。然而由於
太陽電池的模組化特性，建立許多相互靠近的小型陰極保護系統就顯得相當容

易了。

　　一個這樣的典型系統包括：

· 一個 60 W_P 的太陽電池板。

· 一個 12V/90 Ah 的蓄電池。

· 一個串聯充電控制器。

· 一個閉迴路電流控制器，對地使用銅／硫酸銅（$Cu/CuSO_4$）參考電極。

未來的陰極保護系統

　　隨著太陽光電系統的優點被越來越多的人所了解，太陽光電系統成本的下降以及金屬鍍層品質的提高，採用太陽光電系統供電的陰極保護系統的市場將持續成長。其中金屬鍍層品質的提高將導致完整性因數提高，因而使得太陽光電系統更加經濟。

8.6 ｜抽水站

　　無論是以手動式水泵為主的小型抽水系統，還是大型的電動抽水系統，太陽電池在這些抽水系統應用的成長都很快（**Ball & Risser, 1988**）。同時，在非常偏遠的地區，利用太陽電池發電已逐漸流行，因為在這些地區太陽光電的高可靠性、長期使用壽命以及不需添加燃料等優勢遠遠凌駕於風力發電以及柴油系統發電之上。太陽光電系統具有很多優良特性，包括低維護性、清潔、便於使用和安裝、高可靠性、長壽命、無須人員操作並且可以容易地適用於各種需要。表 8.1 將 1980 年代末期，提供抽水系統用電的太陽光電系統，依照規模大小予以分類。這些系統起初被應用於農村水源供應，小範圍的農作物灌溉、林場的澆水以及各種商業和工業的用途（**McNelis** *et al*, **1988**）。到 2000 年，在開發中國家當中，特別是印度、衣索比亞、泰國、馬利（**Mali**）、菲律賓以及摩洛哥已經安裝了超過 20,000 套太陽光電抽水系統（**Martinot, 2003**）。有一份關於市面上各種太陽光電抽水系統的市場概要與比較已經出版（**von**

表 8.1 ┃ 截至 1988 年採用太陽光電供電的抽水系統的估計數量（Ball & Risser, 1988）

系統規格	系統數量
（W_P）	
0-500	11,000
500-1,000	100
1,000-2,000	8,000
>2,000	2,000

Aichberger, 2003），同時 Short 和 Thompson（2003）就這些系統對開發中國家社區的正面以及潛在的負面影響進行了探討。

對太陽光電抽水系統來說，最主要的缺點包括初期的高投入成本，太陽日照強度的變動，太陽能的漫射特質（太陽能量的低密度導致系統的增大），以及產業在設計經驗和系統組件開發方面的不成熟，雖然最後一項正在快速克服當中。

就生命週期成本（life-cycle-cost）而言，與柴油動力抽水系統比起來，2 kWp 以下的太陽光電抽水系統越來越具有經濟效益（Halcrow & Partners, 1981），而對於 1 kWp 以下的太陽光電系統來說，其成本總是低於柴油系統（Bucher, 1991）。圖 8.4 顯示了太陽光電和柴油動力水泵的單位體積抽水成本與每日抽水體積之間的函數關係。另外，圖 8.5 顯示的是單位體積抽水成本與水泵揚程（或稱為水頭）的函數關係。當然，上述抽水成本隨所安裝的系統而異，取決於系統的特性、用戶的需求、系統的配置以及所使用組件的類型。

非常重要的是對每一種不同的應用，系統均必須經過特定設計。系統的配置、系統的組件的類型以及其各自需要的尺寸都深受水源的容量、水源的補充速率、每天所需水的體積、太陽的有效日照時間、抽水時間／流率、靜態水位、下降水位、出口揚程、季節性的揚程變化、輸送管路的尺寸及摩擦力大小、抽水子系統的構件特性以及效率等之影響。以上項目的資訊必須取得，以利正確的系統設計。另外，正如後面的第十一章和第十二章中將提到的，水泵、馬達以及太陽電池陣列間的密切匹配也是非常重要的。圖 8.6 顯示了一個

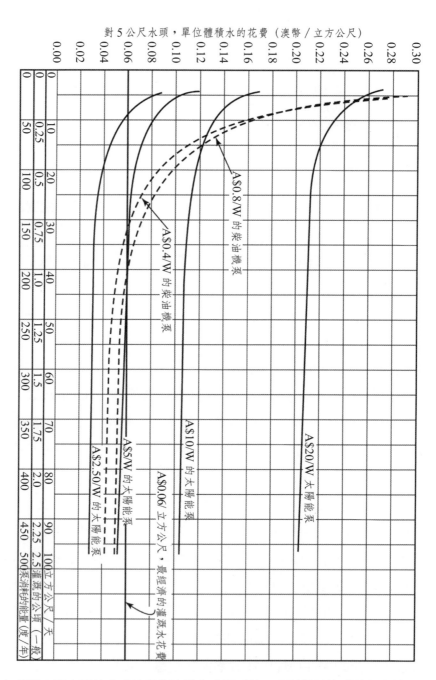

圖 8.4 ◇ 採用太陽光電抽水系統與柴油動力水泵系統，分別將單位體積的水抽高 5 公尺所
需成本與每天抽水體積間的函數對應關係（經 **Halcrow & Partners, 1981** 授權
使用）

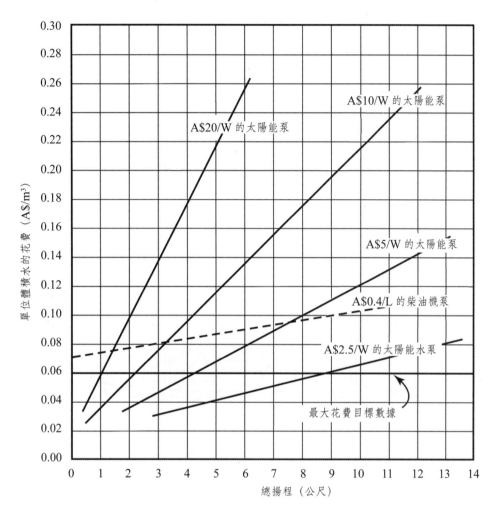

圖 8.5 ☼ 典型的單位體積抽水成本與每天抽 **40** 立方公尺水平均水泵輸出之間的函數關係
（經 **Halcrow & Partners, 1981** 授權使用）

典型的太陽光電抽水系統中的能量損失。

8.7 ｜室內用的消費性產品

消費性產品的市場已經非常大，並且還在快速成長中。目前這個市場主要

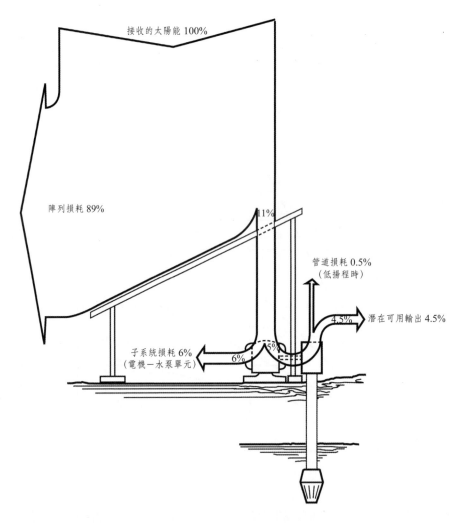

接收的太陽能 100%

陣列損耗 89%

11%

管道損耗 0.5%
（低揚程時）

4.5%　潛在可用輸出 4.5%

子系統損耗 6%
（電機－水泵單元）

6%

圖 8.6 ✿ 典型的太陽光電抽水系統的能量損失（經 **Halcrow & Partners** 許可使用，
　　　　1981）

由日本的製造商主宰，產品包括各種電子手錶、電子計算機以及小型玩具等，
這些產品的電力主要是由廉價的非晶矽太陽能電池提供。此外，較大型產品的
市場也正在日益成長，比如庭園照明，手電筒等。

　　應用於消費性產品的太陽電池的發電容量或許被高估了，這是因為引用的
數值假設陽光輻射強度是 1 kW/m^2。然而，這些消費品上所用的電池主要是為

室內使用設計的，由於電阻的損失，實際輸出遠小於額定的輸出，即使用於戶外也不例外。舉個例子，在 2002 年有數值標示為 60 MW_P 的太陽電池被用於消費性產品（Maycock, 2003），然而實際上產生的電力僅為該數值的 1%。（即使在戶外使用也增加不了多少）。因此大多數的太陽電池統計資料不包括這類產品。例如，國際能源總署（International Energy Agency, www.iea-pvps.org）的統計資料僅包括 $40W_P$ 以上的模組。

8.8 ┃ 電池充電器

在使用充電電池作為電源的場合，太陽電池模組可以在電量不足的時候用於充電以保持電量的充足，還可以用來彌補充電電池的自放電。這樣的應用在遊艇以及一些休閒交通工具上已經很普遍。將來，在筆記型電腦、牽引機和汽車上的類似應用也將逐漸增加。

充電方式很重要，而且對於控制器的使用要特別注意，這在本書 6.7.2 關於控制器一節有詳細的闡述，著重可以參考自我調整系統一段。

8.9 ┃ 太陽電池在開發中國家的應用

儘管在某些地區有一些電池供電的小型家電產品，消費者仍必須到電池充電中心進行充電，開發中國家仍然有將近 40% 的人無法得到電力供應（Martinot, 2003; Goldemberg *et al.*, 2000）。在這些偏遠而且很難到達的地區，燃料的供應以及柴油發電機的維護也很困難，因此對於太陽光電系統來說存在著一個潛在並且巨大的市場，這樣的應用有（Shepperd & Richards, 1993）：

· 家庭照明，包括太陽能電燈。

· 家用電源。

· 用於教育和娛樂的電視或者收音機。

· 通訊系統。

· 飲用水淨化系統。

· 家庭用水或者灌溉用水的水泵。

· 照明和家庭用電源。

· 醫療用和疫苗用冷藏設備。

· 鄉村蓄電池充電站。

· 無線電話。

· 社區公用設施。

· 生產用電。

每一項這樣的應用都可以設計成一個獨立型太陽光電系統，透過村落電力網路提供多重用途所需之電力。國際能源總署的太陽光電電力系統計畫（IEA PVPS, PV Power System Progam）已經開始運作一項特定的開發中國家任務（IEA PVPS, 2003）。

太陽電池由於具備高可靠性、無須依賴燃料供給、使用壽命長以及低維護費用而顯得非常吸引人（Eskenazi *et al.*, 1987）。但是，儘管如今這方面的管理比起以前要好得多（Bushlight, 2004; Wade, 2003a, 2003b），用戶的持續支持、對用戶相關知識的教育和訓練是必須的，這樣可以避免系統的高故障率（Lloyd, 2000）。另外，太陽電池模組化的特性使得無論是小規模還是大規模的系統都能夠安裝在任何地方，並且後續可以視需要增加系統的容量。然而由於太陽光電系統的成本很高，大多數開發中國家的村莊在使用這樣的供電系統時需要財務上的補助。

很多國家，包括巴西、中國、泰國、寮國、西班牙、斯里蘭卡、印度、越南南部以及印尼已經開始太陽光電應用的計畫，主要是對農村社區提供電力。家用小型太陽光電系統最大的市場在印度（已計畫 450,000 套系統）、中國（150,000）、泰國（150,000）、肯亞（120,000）、摩洛哥（80,000）、墨西哥（80,000）以及南非（50,000）。

以使用中的典型系統為例，約有 10,000 套平均日輸出為 150 Wh 的系統已

經被安裝在印尼（Schlangen & Bergmeijer, 1992），系統的配置如下：

- 一個 $45W_P$ 的太陽電池模組，安裝在穿過房子屋頂的一個小型支撐杆上。
- 一個 12V，70Ah 的排氣型鉛酸蓄電池，安裝在牆內的附屬支架上。
- 一個小型控制器，用來保護蓄電池過度充電或過度放電。
- 兩個 6W 的燈。
- 一個插頭和一個插座，供電視機、收音機或其他家電產品的連接。

　　類似地，在西班牙，1500 個安達盧西亞（Andalusian）家庭的用電由兩個 52W 的太陽電池模組、一個蓄電池和一個控制器所組成的電力系統供應（BP Solar, 1993）。在馬來西亞，11,600 套太陽光電系統用於家庭供電、健康門診、公共場所、學校以及教堂。應用範圍從基礎的照明到疫苗的冷藏（BP Solar, 2002）。

8.10 ▏冷藏

　　太陽電池被廣泛地應用於冷藏（Ball & Risser, 1988），主要冷藏用途有：

- 醫療用途，大約占太陽電池冷藏應用的 20%。
- 休閒用交通工具，比如露營車。
- 商業用途。
- 家用。

　　一旦存放疫苗的冷藏設備失效，將會損失價值數千美元的重要醫療用品。因此，冷藏設備的可用率要求幾乎是 100%。世界衛生組織就專門為國際救援專案計畫中使用的醫療用冷藏設備制定了規範（WHO, 2000）。儘管存在其他更為廉價的電源供應方式，由於太陽電池可以快速部署、模組化以及低維護需求，所以經常被採用。新的應用正在不斷的進行開發中。例如，在希臘偏遠的農場，研究人員正在試驗使用太陽光電供電的冷藏設備對山羊奶進行預冷處理（Kallivrousis et al., 1992）。

　　高效率的直流冷藏器越來越便宜，它們的好處是避免了直流－交流轉換的損耗，也節省了添購換流器的額外成本，同時還可以增加系統的可靠性，因而應該大力推廣。大多數直流冷藏器使用 12 V 或 24 V 直流電源，其效率是傳統交流冷藏器的 5 倍，因此只需要一個小的太陽光電系統便可滿足需求。它們之所以高效率的主要因素包括：

- ・形狀。
- ・增強的隔熱能力。
- ・門的密封良好。
- ・區間化，每個區間具有獨立的溫度控制。
- ・具有良好散熱性能的（無風扇）高效率壓縮機或電動機。
- ・手動除霜。
- ・從頂部裝載。

　　如果要實現上述優點並且將電源供應系統最小化，讓用戶瞭解如何正確地使用冷藏器是很重要的。這就包含對以下使用細節的了解，它們直接影響到冷藏器的性能（Ball & Risser, 1988）：

- ・冷藏器的位置，包括散熱管的通風需求。
- ・開門的習慣。
- ・使用的季節性變化（通常，這和太陽能系統的輸出配合得很好）。
- ・裝載貨物的時間和溫度。

8.11 ｜太陽光電動力運輸

　　由於巨大的功率和能量需求，在交通工具上的太陽電池受光面積十分有限，因此由太陽能直接向交通工具提供載人載貨的能源較難實現。但是太陽能可以有助於傳統電力系統使用既有的電網有效地儲存能量，比如德國卡爾斯魯厄（Karlsruhe）的電車。在卡爾斯魯厄藝術和媒體中心（the Centre for Artand

Media, ZKM）屋頂上安裝的太陽電池模組（100 kW$_P$）被用來供電給卡爾斯魯厄城市有軌電車系統。模組所產生的電力直接饋入直流系統，搭配一般電網提供的電力驅動電車。系統連接了巨大的直流負載，因此並不需要安裝儲電設備或換流器。類似地，在漢諾威有一個 250 kW$_P$ 的系統也正在運轉中。在瑞士伯恩，一個固定安裝於地面的 24 kW$_P$ 太陽電池陣列供應足夠電力給電網，以補充國會大廈旁的纜索鐵路（funicular railway）所需電力。這個系統安裝於 1992 年，分別在 1993 年和 1994 年提供了該鐵路所需的 105% 和 95% 的電力。在義大利利佛諾（Livorno）附近，一個 36 kW$_P$ 的系統提供了纜索鐵路所需要的所有電力（EC, 2002）。

隨車攜帶的太陽能電力補充對運輸來說也是十分地實用。幾種車頂安裝了太陽電池的小型汽車已經上市，但截至目前其銷售額並不大。在英國，有一輛車頂上整合了 15 片太陽電池薄板的太陽能公共汽車，專門用於英國邱植物園（Kew Gardens）內為殘障人士提供載客服務。類似地，在英國還有一個連鎖超市，在運貨卡車的車頂上安裝太陽電池模組，用於提供車載冷凍庫的電力。同樣地，在美國，太陽電池陣列也被嘗試用來為卡車上的蓄電池充電，即使卡車停在貨運站，不需怠速，蓄電池照樣能始終保持充滿狀態。

在歐洲，公路噪音隔音護欄需要在價格高昂的隔音結構上投入巨額資金，人們發現護欄的第二個用途就是可用來安裝大量的併網型太陽電池模組。除了是很便利的支撐結構外，這些太陽電池模組也提供了一個向公眾展示與宣傳太陽光電的絕佳機會。最好的一個例子就是在阿姆斯特丹機場附近的 A9 高速公路上安裝了 220 kW$_P$ 的系統，該系統綿延了 1.65 公里（EC, 2002）。

太陽能船對於限制燃料溢出的區域，比如湖泊，還有對於引擎噪音可能對周遭環境造成不良影響的場所，比如自然保護區，是十分具有吸引力的。瑞士的日內瓦湖上，從洛桑（Lausanne）到聖許畢斯（Saint Sulpice）有兩艘太陽能驅動的客運船自 1997 年開始投入營運，每艘船可以乘坐 24 名乘客。船的電動馬達由覆蓋在船頂的將近 14 平方公尺太陽電池陣列驅動，提供一種環保的大眾運輸方式。在陰天，這些船可以停靠在碼頭上進行充電。此外，在瑞士的

一個湖上有一艘長達 27.5 米的「Bécassine 號」，它能承載 60 名乘客，該船由一個 1.8 kW$_P$ 的太陽電池陣列驅動。電力儲存採用的是一個 180 V，72 Ah 的蓄電池。雪梨港的「太陽水手號（Solar Sailor）」是一艘觀光船，該船由太陽能、風能以及一台安靜的高效率壓縮燃氣馬達驅動。船的「帆」由許多塊玻璃纖維翼板構成，板的上表面安裝有太陽能電池。這些翼板可以旋轉，以調整到最佳的風力以及最佳的接收太陽能的狀態。

太陽能飛艇是一個很活躍的研發領域，利用飛艇的巨大表面安裝輕型太陽電池模組，用於貨物運輸、通訊、遠端感測以及大氣測量的太陽能飛行器的構想已經被提出。美國太空總署（NASA）無人駕駛的太陽能飛機在 2003 年不幸失事，但是歷時 20 天的單人駕駛的太陽能驅動飛機的環球飛行正在計畫中（Krampitz, 2004）。如果蓄電池存儲容量沒有重大突破的話，這次飛行中途至少需要 7 次降落補充電力。

8.12 ｜太陽能汽車

太陽能汽車競賽為太陽電池，尤其是高效率太陽電池提供了一個規模不大但不斷增長的市場。近期的太陽能汽車競賽包括從 1987 年在澳洲開始的以及在 90 年代早期在美國、日本和歐洲舉行的賽事（Roche *et al.*, 1997; Cotter *et al.*, 2000; WSC, 2004）。

由於太陽電池在賽車上的可用安裝面積受到限制，在汽車競賽中太陽電池的轉換效率是非常重要的。在這些賽事中，為追求設計上的極限，車隊通常會不計成本地投入，目前用於該賽事最好的電池是600美元／W$_P$。最近的世界太陽能汽車挑戰賽（World Solar Challenge）中，最好的賽車使用極其昂貴的砷化鎵電池，通常這種電池只有太空應用才用得起。然而很多名列前茅的學生車隊使用的是普通太陽電池。這是因為這項賽事同樣強調汽車效率的設計，包括：

・空氣動力學（比車體重量更關鍵的設計）。

・電動機效率（通常使用兩個電動機）。

・功率調節和控制電路。

・蓄電池儲能密度和效率。

目前看來，還需要很多年才有可能出現大量的太陽能驅動的一般通勤交通工具，這是由於需要：

・降低成本。

・和其他交通工具在道路上的相容性，比如卡車。

・交通主管機關的認可，尤其在安全性方面。

・相關的標準化，可靠性設計（儘管這方面正在快速的發展）。

・消費者的接受度。

・大量生產的輕型太陽電池模組。

・電力再生式煞車（regenerative braking），使得在頻繁停車的情況下仍能保持效率（現在此技術已經成熟，並在混合動力汽車上得以應用）。

・建立充電站（這些充電站本身也可能使用太陽電池提供電力）。

交通工具的污染零排放或低排放已成為一個目標，例如在美國加州正在加速都會區電動車的開發與使用。這可能會促進太陽電池在日常通勤交通工具上的應用，不論是經由與汽車整合而直接驅動汽車，還是將太陽電池安裝在當地太陽能充電站或是安裝在個別住戶（Ingersoll, 1992）。

太陽能車的一個重要組件是蓄電池，太陽能車對蓄電池的要求，除了要能夠深度循環外，還要求比目前的汽車電池有更長的壽命。此外，對自放電率的要求並不是特別高，但是充電容量和重量比則是一個重要指標。太陽能充電裝置的存在有利於一些蓄電池上的小型負載的使用，比如車內通風扇，原先在汽車熄火的情況下，因為會導致蓄電池放電，所以是不能使用的。無論是非晶矽還是結晶矽太陽電池充電器套件都可以買得到，這些套件採用小型太陽電池模組，只需連接到汽車的點煙器插座上，就可以為蓄電池充電。

現在，太陽電池陣列以及電氣組件的設計程序並沒有像蓄電池那樣仔細規範，因此，蓄電池和太陽電池的一般都是各自製造。對於任何太陽能系統來說，使用者都需要對系統有基本的認識；對於太陽能汽車來說，合理有效的駕駛對於蓄電池的使用和太陽能輸入的最佳化是十分重要的。

8.13 ｜照明

僅在美國，就已經安裝了數以千計的太陽能照明系統（Ball & Risser, 1988; Florida Solar Energy Center, 1998）。這其中大多數（約80%）是200-400 W_P 的系統。在世界上大部分偏遠的地區，太陽電池供電的直流照明相對於煤油燈、蓄電池燈、蠟燭、柴油或汽油發電機供電的照明更為廉價，當然比起延伸電力線至電網就更為經濟了。即使在都會區，也經常使用太陽能燈以避免埋設地下輸電線或者架設架空輸電線所需耗費的高昂成本。這樣的應用，例如不需要電工，一般人就能安裝的庭院燈，越來越受到人們的歡迎。

現在的一些太陽能照明的應用主要有：

· 廣告看板。
· 警示燈。
· 公共交通遮雨棚。
· 緊急警報燈。
· 路況區域照明（如賽車道，街道）。
· 家庭用照明。

近幾年來燈泡的效率已大幅地提高，但是高功率燈泡的效率仍有待進一步提升。有益於提高照明效率的控制技術主要包括：

· 光敏元件（photo cell，當光線很暗的時候開燈，當光線足夠時關燈的裝置）。
· 計時器（用來設定燈的工作時段或者編碼以供識別）。

・開關（用來允許手動控制，尤其是對於家庭用戶）。

・感測器，例如移動偵測器和紅外偵測器（對保全系統尤其有用）。

儘管產品的品質正在逐步地改進，但是過去十年中，很多市面上銷售的套裝太陽光電庭院燈偏重於新潮設計而忽略了使用時的實用價值。通常的問題包括：

・使用了效能隨時間衰退的低效率非晶矽太陽能電池模組，而無法提供足夠的電力。

・使用不能提供足夠照明的低效率燈泡。

・封裝工藝差，導致濕氣侵入而腐蝕太陽電池的電極。

・使用了易碎的成型塑膠做防護，放在室外時很容易破裂和老化。

・採用了不合適的充電控制器，對於蓄電池的過度充電和過度放電失去了保護作用。

大多數獨立型太陽光電照明系統的工作電壓為直流 12 V 或者 24 V。螢光燈的效率是普通白熾燈的 4 倍，因此在太陽光電照明系統中應當選用螢光燈。然而最近有一種創新的產品——白色發光二極體在需要低照度的場合逐漸開始流行。它們的電力需求很低，因此只需要小型的太陽光電系統。

除了用在警示設備以及保全系統外，大多數的照明系統一般不被認為是非常重要的設備，因此其可用率和成本也相對地較低。由於照明通常在日落之後才需要，因此所有的太陽光電照明系統中都配備有蓄電池。建議使用深度循環、密封較好的蓄電池。

從用戶的角度來說，在購買照明套件的時候，需要注意的幾個方面是價格、安裝的方便性、清楚的用法以及安全說明，同時也要注意產品的性能以及可靠性。（Servant & Aguillon, 1992）。

8.14 ｜遠端監測

截至 1980 年代後期，光是在美國就已經安裝了兩萬套利用太陽電池供電的監測（遙測裝置，telemetry）系統，其中 84% 的系統介於 0-50 W 之間，幾乎全都是 12 V 直流系統（Ball & Risser, 1988）。它們主要用來監測（Maycock, 2003）：

· 氣象情況，包括暴風雨警告。

· 公路情況。

· 結構情況。

· 昆蟲誘捕。

· 地震監測記錄。

· 科學研究。

· 自動撥打電話警報。

· 水庫水位監測。

· 放射物以及污染監測。

不論哪一種監測系統，儀器以及資料通訊設備都需要用電。由於這些電力需求一般都非常低（每天負載通常以 mAh 計），所以太陽光電系統成為監測系統的理想電源。由於太陽光電系統提供的便利性以及可靠性，有時候甚至在一些電網涵蓋區域，它們也被用來代替交流電源為蓄電池充電。即便在高壓電網垂手可得的區域，對於一些小負載的電力需求，採用太陽光電系統作為電源比安裝降壓變壓器還要節省成本（Brooks, 2000）。

在太陽光電系統中加入變阻器是十分重要的，這樣可以防止資料擷取設備遭受突波（surge），尤其是在遇到閃電的情況下。

充電蓄電池（鎳鉻或電解液鉛酸蓄電池）通常包含在套裝的資料擷取設備中。如果使用鎳鎘蓄電池，自我調整或許是適合而且是比較好的方式。

8.15 ｜ 直接驅動的應用

太陽光電系統可以直接連接到負載，典型的狀況只使用一片太陽電池模組（Ball & Risser, 1988）。這樣的直接驅動系統值得推薦，這是因為可以避免使用蓄電池、阻隔二極體以及所有功率調節電路。太陽電池模組必須能夠產生負載所需要的電流，而負載的最大耐壓要能達到模組的開路電壓。現在一些包含太陽電池的完整應用套件已經投入市場，其中大多數是可攜式系統。典型的應用包括：

- 通風風扇
- 可攜式收音機
- 玩具
- 追日設備
- 太陽能收集器泵（solar collector pump）
- 抽水系統

上述中最後一項將在本書第 11 章和第 12 章詳細探討，並且將是太陽電池未來的重要應用。

通常對於一個直接驅動系統，要使系統良好的運作，很顯然地需要處理好功率需求和太陽輻射強度間的相互關係，這是因為系統只能在白天工作。只要負載的阻抗和太陽電池模組的輸出相匹配，理論上，可以直接用太陽光電系統驅動任何小型串激或者永久磁鐵式（但非並激式）直流電動機（Roger, 1979）。對固定式系統建議安裝手動斷路開關，而對於可攜式系統則可以透過遮蓋或將太陽電池背向太陽而停止系統的運轉。

8.16 ｜ 電氣圍籬

澳洲有大量使用圍籬的地區，其中很多地區附近沒有公用電網。在防止野生動物，如野狗和袋鼠闖入方面，電氣圍籬非常有效，而同時也可以防止農場

的牲畜，例如牛隻逃脫。Hurley 提出了對電氣圍籬的詳細設計說明（2004）。

獨立型太陽光電系統很適合用於電氣圍籬的小負載需求。一個典型的系統包括：

- 太陽光電板。
- 蓄電池。
- 阻隔二極體。
- 高電壓、電流限制電路，電路中包含負載（將太陽光電板的低直流電壓轉換為高電壓）。
- 如果需要，可以加裝功率調節電路。

具有極低電流的高壓電適用於構成圍籬的金屬線。這樣的系統適合於電氣圍籬很長的場合，因為在正常情況下幾乎沒有電流流過。太陽電池被認為是一個十分適合的電力來源，因為：

- 較其他方案便宜。
- 有效。
- 性能可靠。
- 相對而言不需要經常維護。
- 方便攜帶，適用於臨時圍籬。

習題

8.1　(a) 請概述過去、現在和將來可能的太陽電池應用。

　　(b) 詳細說明為什麼太陽電池適合這些應用。

　　(c) 為什麼在應用中使用太陽光電是具經濟效益的，但在實際推廣時有時候仍然有阻力？

　　(d) 太陽光電發電在將來世界電力需求中將佔怎樣的地位？

8.2　討論在第三世界國家如何適當地使用太陽光電系統，主要考慮：

‧應用的種類

‧應用的可行性和實用性

‧優點和缺點

‧在使用時可能遇到的障礙

8.3 瞭解太陽能汽車的歷史，尤其是涉及交通工具的電氣組件部分（太陽能板、蓄電池、換流器、控制電路、電動機等）。主要包括：

‧每個組件的可靠性

‧為適應這樣的應用，太陽能板經歷的改進

‧合適的蓄電池種類

‧所使用的不同類型的電動機以及它們分別適合於什麼場合

‧不同類型控制電路的優缺點

‧關於在經濟可行性、可靠性以及最佳設計等方面的現況

8.4 太陽能汽車成為城市通勤族一般交通工具的潛力有多大？主要考慮：

‧成本

‧安全

‧目前狀況

‧潛在的問題以及障礙

8.5 討論在太陽光電供電的 RAPS（remote area power supply，偏遠地區供電）系統中使用電冰箱（冷藏器）的經濟效益。包括：

‧現有的直流電冰箱（冷藏設備）的種類以及它們的相關效率

‧直流電冰箱（冷藏設備）和交流電冰箱（冷藏設備）的比較

‧典型應用、一般問題等

‧並提供有關參考文獻

8.6 討論太陽電池在太空的應用。主要討論太空用太陽電池和地面用太陽電池在設計以及材料上有什麼不同？

8.7 (a) 什麼是「陰極保護」？

(b) 參照現有實際的系統，討論太陽光電系統如何應用在陰極保護上。

(c) 在設計太陽光電供電的陰極保護系統時，有什麼問題和複雜性存在？

8.8 經過多年來的證實，採用太陽光電供電給海事導航設施系統是符合經濟效益的。討論太陽光電系統在這方面的應用以及有關環境。這樣的系統一般都存在什麼樣的問題？

參考文獻

文獻的更新資料請參閱：*www.pv.unsw.edu.au/apv_book_refs*。

Allen, D.M. (1991), 'A challenging future for improved photovoltaic systems', Proc. 22nd IEEE Photovoltaic Specialists Conference, Las Vegas, pp. 20-22.

Asian Technology Information Program (1997), *Photovoltaic (PV) Activities in Australia* (www.atip.org/public/atip.reports.97/atip97.092r.html).

Ball, T. & Risser, V. (1988), 'Stand-alone terrestrial photovoltaic power systems', Tutorial Notes, 20th IEEE Photovoltaic Specialists Conference, Las Vegas.

BP Solar (1993), 'Solar power opens up Andalucia', *Solar Focus,* October, p. 4.

BP Solar (2002), *Project profiles: For remote locations* (www.bp.com/sectiongenericarticle. do?categoryId = 3050481&contentId = 3060105).

Brooks, C. (2000), *Power Where You Need It: The Promise of Photovoltaics*, Sandia National Laboratories, Albuquerque (www.sandia.gov/pv/docs/powerpub.htm).

Bucher, W. (1991), 'PV pumping system optimization: Tasks performed in laboratory and field tests', Proc. 10th EC PVSE Conference, pp. 1151-1154.

Bushlight (2004) (www.bushlight.org.au).er, J., Roche, D., Storey, J., Schinckel, A. & Humphris, C. (2000), *The Speed of Light 2-The 1999 World Solar Challenge* (CDROM), Photovoltaics Special Research Centre, University of New South Wales, Sydney.

EC (2002), *Renewable Energy Best Practice Projects Yearbook 1997-2000*, Madrid, European Communities.

ESAA (2002), *Australian Electricity Supply Development 2000-2002*, Electricity Supply Association of Australia (www.esaa.com.au/index.php?page = shop. product_details&flypage = shop.flypage&product_id = 22&category_id = 1ae0969c2 568aef14f9d8d515d530653&option = com$_p$hpshop).

Eskenazi, D., Kerner, D. & Slominski, L. (1987), 'Evaluation of international photovoltaic projects', Proc. 19th Photovoltaic Specialists Conference, pp. 1339-1344.

Florida Solar Energy Center (1998), *Stand-Alone Photovoltaic Lighting Systems. A Decision-Maker's* Guide (www.fsec.ucf.edu/PVT/Resources/publications/pubs3.htm).

Goldemberg, J., Reddy, A.K.N., Smith, K.R. & Williams, R.H. (2000), in *World Energy Assessment: Energy and the Challenge of Sustainability*, UN Development Programme, New York (www.energyandenvironment.undp.org/undp/index.cfm? module = Library&page = Document&DocumentID = 5037).

Halcrow, W. & Partners and the Intermediate Technology Development Group (1981), *Small-Scale Solar Powered Irrigation Pumping Systems—Phase 1 Project Report*, UNDP Project GLO/78/004, World Bank, London.

Hardingham, C.M. (2001), 'Cells and systems for space applications', in Archer, M.D. & Hill, R. (Eds.), *Clean Electricity from Photovoltaics*, Imperial College Press, London, pp. 585-607.

Hurley, S. (2004), 'An introduction to electric fencing', *Town and Country Farmer*, Spring 2004, **21**(3), pp. 16-23.

IEA-PVPS (2003), *PV for Rural Electrification In Developing Countries—Programme Design, Planning and Implementation*, Report IEA-PVPS T9-05:2003 (www.oja-services.nl/iea-pvps/isr/index.htm).

Ingersoll, J.G. (1992), 'The concept of a residential photovoltaic charging station for electric vehicles in California', Proc. 11th EC Photovoltaic Solar Energy Conference, Montreux, Switzerland, pp. 1467-1470.

Kallivrousis, L., Kyritsis, S. & Baltas, P. (1992), 'Development of a photovoltaic powered milk cooling unit with cool storage', Proc. 11th EC Photovoltaic Solar Energy

Conference, Montreux, Switzerland, pp. 1385-1387.

Korupp, K.-H. & Marthen, R. (1992), 'Advanced and modular photovoltaic "EPS" Energy-Pillar-System for cathodic corrosion protection applications', Proc. 11th EC Photovoltaic Solar Energy Conference, Montreux, Switzerland, pp. 1295-1297.

Krampitz, I. (2004), 'The adventure of solar flight', *Photon International*, pp. 14-15.

Lloyd, B., Lowe, D. & Wilson, L. (2000), *Renewable Energy in Remote Australian Communities (A Market Survey)*, Australian Cooperative Research Centre for Renewable Energy Ltd, Murdoch.

Mack, M. & Lee, G. (1989), 'Telecom Australia's experience with photovoltaic systems in the Australian outback', PVSEC-4, Sydney.

Martinot, E. (2003), 'Renewable energy in developing countries. Lessons for the market', *Renewable Energy World*, 6(4), pp. 50-65.

Maycock, P. (2003), 'PV market update', *Renewable Energy World*, **6**(4), pp. 84-101.

McKelliff, P. (2004), Personal communication regarding Telstra's current PV use.

McNelis, B., Derrick, A. & Starr, M. (1988), *Solar Powered Electricity: A Survey of Photovoltaic Power in Developing Countries*, I.T. Publication, in conjunction with UNESCO, UK.

Roche, D.M., Schinckel, A.E.T., Storey, J.W.V., Humphris, C.P. & Guelden, M.R. (1997), *Speed of Light. The 1996 World Solar Challenge*, Photovoltaics Special Research Centre, University of New South Wales, Sydney.

Roger, J.A. (1979), 'Theory of the direct coupling between DC motors and photovoltaic solar arrays', *Solar Energy*, **23**, pp. 193-98.

Sandia National Laboratories (1991), *Stand-Alone Photovoltaic Systems—A Handbook of Recommended Design Practices*, Report No. SAND87-7023, Albuquerque, New Mexico (www.sandia.gov/pv/docs/Programmatic.htm).

Schlangen, J. & Bergmeijer, P.W. (1992), 'PV solar home systems in Lebak-West Java-Indonesia', Proc. 11th EC Photovoltaic *Solar Energy* Conference, Montreux, Switzerland, pp. 1539-1541.

Servant, J.M. & Aguillon, J.C. (1992), 'Tests of PV lighting kits', Proc. 11th EC Photovoltaic Solar Energy Conference, Montreux, Switzerland, pp. 1383-1384.

Shepperd, L.W. & Richards, E.H. (1993), 'Solar photovoltaics for development applications', Sandia National Laboratories, Albuquerque.

Short, T.D. & Thompson, P. (2003), 'Breaking the mould: Solar water pumping—The challenges and the reality', *Solar Energy*, **75**(1), pp. 1-9.

Tanasescqu, S.T., Olariu, N. & Popescu, C.I. (1988), 'Implementation of PV cathodic protection systems', Proc. 8th European Photovoltaic Solar Energy Conference, Florence, pp. 206-210, Figs. 1 and 5, published by Springer and originally by "Kluwer Academic Publishers"

von Aichberger, S. (2003), 'Pump up the volume. Market survey on solar pumps', *Photon International*, December, pp. 50-57.

Wade, H.A. (2003*a*), *Solar Photovoltaic Project Development*, UNESCO, Paris.

Wade, H.A. (2003*b*), *Solar Photovoltaic Systems Technical Training Manual*, UNESCO, Paris.

Watt, M. (2004), *National Survey Report of PV Power Applications in Australia 2003*, International Energy Agency Co-operative Programme on Photovoltaic Power Systems (www.oja-services.nl/iea-pvps/countries/australia/index.htm).

Wenham, S. & Cranston, B. (1993), '50% efficient photovoltaic devices for optical energy transfer systems', Australian Research Council project (1993-1995).

WHO (2000), *Product Information Sheets. Equipment for: Expanded Programme on Immunization (EPI), Acute Respiratory Infections (ARI), Blood Safety (BLS), Emergency Campaigns (EC), Primary Health Care (PHC)*, World Health Organization, Geneva.

WSC (2004), World Solar Challenge website (www.wsc.org.au).

第 9 章
偏遠地區供電系統

9.1 ｜家用電力系統

在公用電網涵蓋範圍外的偏遠地區，其供電系統可能採用各種可行的發電來源、換流器和蓄電池等規劃方式。目前的發電選項包括：

- 太陽電池模組。
- 風力發電機。
- 小型水力發電機。
- 汽油或柴油發電機。
- 由上述兩個或兩個以上的系統組合而成的混合系統。

在澳洲，這些偏遠地區的供電系統通稱為 RAPS（Remote Area Power Supply），並且一般用在當負載大於簡易型太陽電池－蓄電池系統規模時。它們原本是為了鄉村的農莊、車站和度假小屋而開發的，但現在已被應用於澳洲原住民部落及離島等小型社區的電力供應。

安裝 RAPS 系統的理由包括了：

- 電網線路架設費用高昂（Krauter, 2004）。
- 電網超過負荷導致供電品質不可靠。
- 傾向於使用再生能源。
- 傾向於獨立運轉並且成本低廉。
- 避免在環境敏感地區（environmentally sensitive areas）拉設架空輸電線。

當獨立型太陽光電系統的可用率要求在 90% 以上時，為了確保在冬天和長期陰霾天氣時仍有足夠的發電量，通常需要增加太陽電池陣列面積，如此一來，在夏天或有陽光的天氣下，陣列面積會過大很多。過大的陣列面積雖然所費不貲，對偏遠地區的許多應用而言確是必要的，因為在這些地區，維修保養和更換燃料等相對困難且代價更高。

相較之下，在鄰近人群的地區安置太陽光電系統，至少可以進行基本的維護保養和燃料更換，因此可以大幅提高系統設計的彈性。太陽光電系統本身的

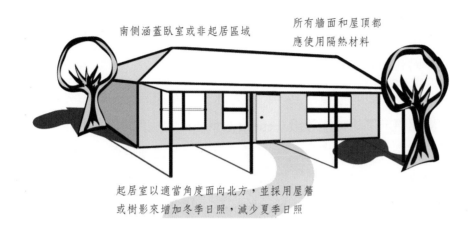

南側涵蓋臥室或非起居區域

所有牆面和屋頂都
應使用隔熱材料

起居室以適當角度面向北方，並採用屋簷
或樹影來增加冬季日照，減少夏季日照

圖 9.1 ✿ 針對南半球一個根據被動式太陽能節能屋原理設計的房子。將圖中所指的南北方
向對調即為北半球的參考方位

可用率可以隨之下降，因而可以大大提高太陽光電系統的的全年使用效率。例
如，為了將太陽光電系統的使用效率提升至最大，系統所產生的電力必須直接
使用，也就是負載必須直接使用掉全部發電量或者直接由蓄電池儲存所有的發
電量。這將使得在設計獨立型太陽光電系統時，太陽電池陣列面積可以大幅縮
小到圖 7.1 中太陽光電系統可用率與成本關係曲線的線性範圍內。為了因應太
陽光電系統可用率的下降，必須搭配另一種發電源以彌補太陽光電發電，以達
到整個供電系統高可用率。

　　當採用偏遠地區的供電系統時，房屋的設計、方位以及為不同用途，諸如
烹飪、取暖和照明等家電產品選擇適當的能源供給，是非常重要的（Standards
Australia, 2002）。關於被動式太陽能房屋設計的細節並沒被收錄在本書的章節
裡，但是在澳洲溫室辦公室（The Australian Greenhouse Office, 2004b）的網
頁上有非常詳盡的資料。

　　偏遠地區供電系統中的家用電器（Australian Greenhouse Office, 2004c），
在使用上必須符合下列原則：

‧不要用電來進行烹飪（除了小型家電和微波爐）、燒熱水、暖氣、衣物烘

乾或是冷氣空調。有許多更廉價的替代能源可用。

· 電冰箱或冷凍庫的使用比較難以決定，但是如果選用的型號具有較高節能效率時也可以使用。

在許多國家，新的家電產品，特別是冰箱、冷凍庫、空調、洗衣機、乾衣機和洗碗機都標示了「耗能等級（energy ratings）」，讓消費者更容易選擇高效率的家電產品。有時候，規定這些家電必須要貼上這種標籤，以提供足夠的產品競爭力資訊給消費者，並且／或是要求產品必須符合規定的節能標準。目前在澳洲的洗衣機、乾衣機和洗碗機已強制要求貼上耗能等級標籤；冷氣空調、電冰箱和冷凍庫不僅需要標籤而且還需要達到耗能最低標準；而電熱水器、電動機、照明用燈、電子安定器（ballast）、變壓器和商業用的電冰箱必須要符合最低耗能標準，但未強制要求貼上耗能等級標籤（Australian Greenhouse Office, 2004a）。澳洲能源效率標準清單也可在上述網站上查到。

許多電器在沒有使用的時候常保持在「待機」狀態，這部分的負載很少被察覺（Australian Greenhouse Office, 2004a）。在偏遠地區供電系統中，這種待機負載應該降至最低。

9.1.1　交流或直流電的選擇

連接公用電網的住家，幾乎所有家用電器都使用交流電。然而對於偏遠地區供電系統來說，這未必是最符合成本效益的選擇。直流電器通常更有效率並且不需要使用換流器，因而省去了換流器引起的損耗。然而，直流電線線路承載較重（heavier duty），需要特殊的開關並可能需要專門的技術人員進行安裝。此外，市面上提供的直流家用電器選項少得多，並且因為市場需求較小所以往往價格昂貴。

同時採用交流和直流可以助於最佳化選擇各種家用電器及其相對效率，但是這可能會帶來安全方面的問題，增加維修的複雜度，所以必須格外小心並要遵循當地有關標準（Standards Australia, 1999-2000a, 1999-2000b, 2002）。目

前有幾個國家擁有系統設計和施工人員檢定系統，提供熟悉工業實作標準和所有相關國家標準者的資格檢定。在澳洲，這項檢定委託由澳洲再生能源商業委員會（Australian Business Councilfor Sustainable Energy） 辦理（BCSE, 2004）。

9.1.2　家用電器

（Pedals, 2003; Australian Greenhouse Office, 2004a, 2004b, Castañer *et al*., 2003; Lawrence Berkeley Laboratories, 2004）

照明燈

螢光燈比傳統白熾燈的效率大約高出 4 倍，因此應和偏遠地區供電系統搭配使用（Ball & Risser, 1988）。現在的電子式安定器交流節能燈和直流節能燈比舊型的螢光燈好。大多數每天照明數個小時的白熾燈已經可以經濟有效地用節能燈取代（Castañer *et al*., 2003）。在開發出藍光和白光的發光二級體（LED）照明產品後，LED 現在也是一種選項（Steigerwald *et al*., 2002; Holcomb *et al*., 2003）。LED 的照明大致與螢光燈的照明效率相同（Bohler, 2002）並且適合用於小型、低功率照明項目。

電冰箱和冷凍庫

電冰箱和冷凍庫可能是住宅中最主要的耗電來源，所以應該謹慎選用。如果家用電器在您的國家有耗能等級，請確認所購買的是最高效率的型號。否則，盡可能選擇足以符合需求的最小容量。為降低系統的用電量也可以採用煤氣供電電器，儘管它們往往比較昂貴。千萬不可將煤氣冰箱上的電氣元件連接到 PAPS 電力系統，因為它會消耗大量的電力。當換流器的耗能也被納入時，據說櫃式的直流電冰箱本身消耗電量只有交流電冰箱的三分之一（Pedals, 2003）。

洗碗機

最好是採用允許同時連接冷熱水的類型，因為這類的洗碗機相較於只連接

冷水而內建加熱器的洗碗機，消耗電力只有後者的 **30%**。最好的辦法是找出打算安裝的熱水器類型。舉例來說，如果熱水是藉由太陽光電系統供電來加熱的，則連接冷水。然而，如果是藉由太陽能熱水器加熱或緩慢燃燒爐加熱的，則可連接熱水。這將使用不少熱水但仍比使用太陽光電系統發電來加熱洗碗機用水來得經濟划算。

微波爐

微波爐是唯一適合偏遠地區太陽光電供電系統的烤爐。它們可以在熱能損失較少的狀況下，進行高效率的烹調。其他類型的烹調用電器一般都會消耗大量電力，就算要用也應該節約使用。

使用感應加熱的電磁爐，根據使用方式不同，效率通常要比廠家聲稱的低一些。然而，如果適當地使用，它們也可能適合連接太陽光電供電系統。此外，燒柴或煤氣的爐灶也應該考慮使用。

家庭娛樂和電腦設備

音響系統、錄放影機、電視和電腦使用的功率通常較低，但是它們可能被長時間持續使用，因此在購買之前，最好先向廠商查明其耗能等級並購買耗能最低的產品，才是最明智的選擇。此外，耳機和液晶螢幕所消耗的功率比起音響和傳統陰極映像管螢幕要少很多。**節能星級（Energy Star）**，這一個電氣設備能源使用效率的國際標準，最早由美國環境保護署頒佈並被若干國家採用，其中包括澳洲（Australian Greenhouse Office, 2003a）。

其他家用電器

連接電網的住宅，一般在廚房和洗衣房等地方大量地使用電氣產品。這些包括了烤麵包機、電熱水壺、吸塵器和洗衣機等，雖然持續使用的時間通常比較短暫，這些全都是典型需要消耗大量電力的電氣產品。如果在偏遠地區太陽光電供電系統中搭配有汽油或柴油發電機，建議在發電機運轉的時段使用這類電器。

滾筒式洗衣機通常要比傳統攪拌棒式洗衣機更省水省電。盡可能不要使用

電熱元件，當必須使用熱水時，最好藉由其他系統來加熱，例如太陽能熱水器，而非採用電氣加熱的電熱水器。

電動機通常需要非常大的啟動電流（約正常運轉下額定值的五倍），因此盡可能的不要使用換流器，最好能直接連接到發電裝置上。使用較小型的換流器，可以使成本大幅降低。但是換流器通常都具有高暫態負載額定值，可以適應電動機的啟動電流。具有自動啟動電動機功能的電氣產品，如電冰箱，應在換流器的承受範圍內。蓄電池也應該要安排在發電機運轉的時段充電。

一般來說，偏遠地區供電系統（RAPS）中裡最重要的設計標準是盡可能避免使用電器產品，而採用非電器類的替代產品。表 9.1 列出了在 RAPS 供電的住家裡，典型的家用電器負載分析。Castaner 等（2003）和勞倫斯柏克萊實驗室（Lawrence Berkeley Laboratories, 2004）提供了進一步的照明和電器能源使用資料表，圖 9.2 則是這樣一個住家的示意圖。

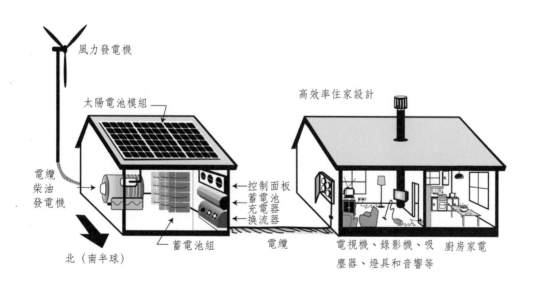

圖 9.2 ✿ 典型的 PAPS 混合供電系統（**Department of Primary Industries and Energy, 1993**）

表 9.1 ▎RAPS 住家的典型家用電器負載分析（Department of Primary Industries and Energy, 1993）

家用電器	典型功率（瓦）範例			每日平均小時數 範例			能源使用的平均值 範例		
	最小值	最大值	預估	最小值	最大值	預估	最小值	最大值	預估
	（W）	（W）	（W）	（小時）	（小時）	（小時）	（Wh/日）	（Wh/日）	（Wh/日）
廚房									
照明	11	100		1.00	3.00		11	300	
電冰箱	100	260		6.00	12.00		600	3,120	
微波爐	650	1,200		0.17	0.25		111	300	
烤麵包機	600	600		0.03	0.08		18	48	
其他									
洗衣間									
照明	11	100		0.25	1.00		3	100	
熨斗	500	1,000		0.17	0.42		85	420	
洗衣機	500	900		0.22	0.33		110	300	
乾衣機	1,800	2,400		0.20	0.54		360	1,300	
縫紉機	15	75		0.07	0.07		1	5	
水泵	300	500		0.25	1.00		75	500	
其他									
客廳									
照明	15	100		1.00	4.00		15	400	
電視機	25	200		0.50	5.00		13	1,000	
錄影器	100	100		0.50	5.00		50	500	
音響	60	80		0.50	3.00		30	240	
收音機	10	40		0.33	3.00		3	120	
吸塵器	100	1,000		0.13	0.25		13	250	
其他									
臥室 1									
照明	11	100		0.50	2.00		6	200	
其他									
臥室 2									
照明	11	100		0.50	2.00		6	200	
其他									
臥室 3									
照明	11	100		0.50	2.00		6	200	
其他									

表 9.1（續）

| 家用電器 | 典型功率（瓦） | | | 每日平均小時數 | | | 能源使用的平均值 | | |
| | 範例 | | | 範例 | | | 範例 | | |
	最小值（W）	最大值（W）	預估（W）	最小值（小時）	最大值（小時）	預估（小時）	最小值（Wh/日）	最大值（Wh/日）	預估（Wh/日）
浴室									
照明	11	100		0.17	1.00		2	100	
其他									
車庫／工作間									
照明	11	100		0.17	2.00		2	200	
電動工具	200	800		0.17	0.17		34	136	
其他									
總功率	5,052	9,955		總耗能			1,554	9,939	
預估峰值功率（為總功率的 50%）	2,526	4,978		系統損失的補貼（50%）[2]			777	4,970	
假設	2,500	5,000		所需總發電量			2,331	14,909	[3]

注：1. 平均 Wh／日 ＝ 典型功率（W）× 每日平均使用時間（小時／日）。

2. 宜額外追加 50% 以彌補發電點與末端使用家用電器之間的預估能量耗損。

3. kWh／日 ＝ Wh／日／ 1000

9.1.3 用戶用電指導

有效率地使用 RAPS 系統需要做到：

· 改變和養成好的生活習慣以減少能源的使用，以便在有陽光、有風時以及柴油發電機運轉時用電。

· 建立對不同電器耗電程度的基本正確觀念。

· 粗略認識 RAPS 系統和其發電組件。

· 最大負載由發電機供電來攤平，一般負載則是透過換流器供電。

RAPS 系統失效，或是無法滿足客戶用電要求的情況，一般來說都是由於用戶未能正確地使用系統造成的，而非系統設計不良（Lloyd, 2000; Krauter, 2004）。

從公用電網涵蓋區域搬遷至必須要使用 RAPS 系統的人家，往往會經歷到調適上的困難。

9.1.4　太陽光電－柴油／汽油混合發電系統

目前安裝的 RAPS 系統，最常見的規劃方式是太陽電池－蓄電池－換流器系統，並搭配緊急或尖峰負載用的柴油或汽油發電機。這種系統一般使用在所要求的可用率接近 100% 的場合，因此如果僅使用太陽電池發電的話將極其昂貴。此外，柴油發電機在住宅用或商用發電市場上已居於主導的地位，因此很多系統在安裝太陽能板以前已經配備了柴油發電機。當既有的柴油發電機加裝了 RAPS 系統的基本架構之後，若預算允許，可以漸進地增加太陽能板的安裝數量，逐漸減少對柴油發電的需求。圖 9.3 提供了典型的太陽光電－柴油 RAPS 混合系統的電氣方塊圖。絕大多數的系統採用了固定傾斜角度的太陽電池陣列，但是也有些採用了單軸或雙軸的追日系統或者甚至採用聚光技術，例如在南澳（South Australia）西北部的碟式聚光型系統（dish-concentrator system, Australian Greenhouse Office, 2003b）。

儘管初期成本較高，然而在目前已使用柴油發電機的場合，太陽能板、蓄電池和控制器的加入可以大幅提高發電機的工作效率以及大量降低系統的運轉成本。反過來說，安裝柴油發電機可以避免太陽電池過大設計的必要，因此節省成本並避免了太陽能板的閒置。

傳統的柴油發電機系統設計只要很單純地選擇一部能在當地提供最接近峰值負載需求的發電機即可。相較之下，混合系統設計變得較為複雜，需要專家的協助來選擇組件並且要與使用者有充分的互動，以得知該優先考慮哪些部份。澳洲的標準提供了發電機和再生能源相互連接的參考做法（Standards Australia, 2002）。

一些必須加以考慮的系統組件成本，包括太陽電池陣列、蓄電池、換流器、追日設備、發電機、電線、控制板和控制器等都必須要加以考慮。同時，柴油和汽油發電機的燃料成本、安裝費用、維修費用和所有組件的使用壽命都

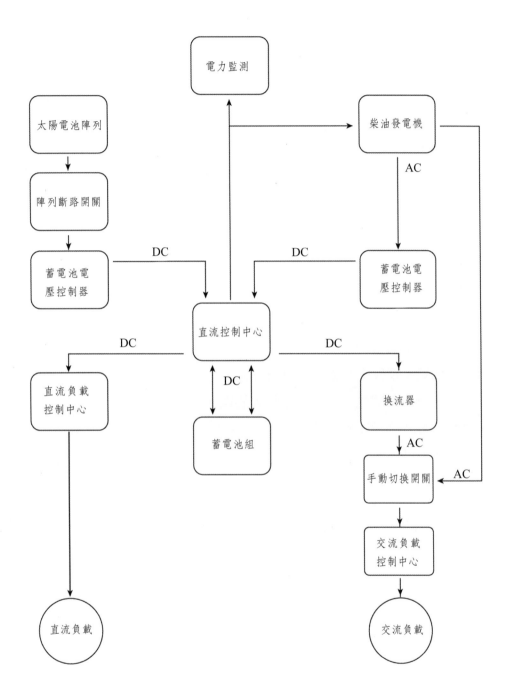

圖 9.3 ☼ 典型的太陽光電－柴油 **RAPS** 混合系統架構圖（經美國 **Sandia** 國家實驗室授權使用，**1991**）

必須加以估計。

9.1.5　柴油發電機

優點

柴油發電機為住在偏遠地區的人們帶來了便利，提供近似公用電網的電力供給，而在柴油機出現之前，人們使用的小型直流系統只能提供一些簡單的照明供電。

柴油機的優點包括：

· 供應了電力的需求。
· 成熟的技術與服務支援，能隨時運轉發電。
· 良好的交流輸出波形，很小或無失真。
· 良好的電壓調整功能。
· 能夠透過充電器來對蓄電池進行充電。
· 市面上已有多種機型能達到相當大的電流。
· 良好的暫時過載運轉特性。
· 發電成本低。

缺點

採用柴油為唯一的發電系統存在一些重大的缺點，這也說明了為什麼RAPS 系統會引起人們的興趣。這些缺點包括：

· 需要燃料的運輸和儲存。
· 噪音（特別是夜間運轉時會惹人討厭）以及難聞的氣味。
· 在選址時必須注意排放的潛在危險性廢氣和排放溫室氣體。
· 為了達到最大效率（參見圖 9.4）和降低維修費用，運轉時必須接近滿載（80 ～ 90% 的額定功率）。
· 在暖機前約有長達半個小時的低效率運轉。

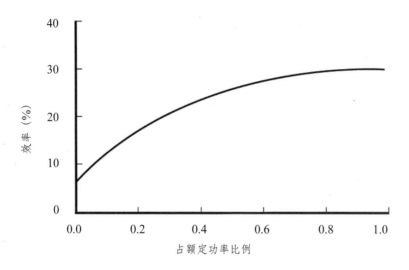

圖 9.4 ✿ 柴油發電機效率對負載變化的曲線圖

·需要定期運轉，通常每兩週需要至少運轉四小時。

9.1.6　汽油發電機

與柴油發電機相比，汽油發電機：

·排放較少的溫室氣體。

·較輕並且更容易運送。

·價格較相同額定輸出功率的柴油機低。

·可改用液化石油氣（LPG）。

·高轉速下運轉，因此需要更多維修（3000 rpm 而柴油機為 1500 rpm）。

·效率較低。

·噪音較大。

·燃料儲存槽較小，因此需要更頻繁地補充燃料。

·使用壽命更短（一般為 1000 小時，而柴油機約為 10,000 小時）。

9.1.7　混合系統設計

一般考量

　　從以上的缺點中可以看到，一個僅以柴油機供電的系統，其系統工作效率受到嚴重限制。加裝蓄電池則可大幅提高系統效率，然而還必須搭配換流器和控制電路。

　　對柴油－蓄電池或是太陽電池－柴油－蓄電池的系統，選擇具有適當特性的蓄電池是非常重要的。例如，一般用在太陽光電系統中的許多蓄電池嚴格地限制了充電／放電率，當蓄電池用於蓄電容量少於三天的柴油系統時，會造成蓄電池的損毀。其他類型的蓄電池只用於「浮充」應用，在這種應用下它們在大部分時間裡都保持充滿電的狀態。

　　配備有柴油發電機的 RAPS 系統必須採用深循環型蓄電池，但不必然需要低自放電率。堆高機用電池大概是價格低廉，而非常適合此類系統的蓄電池。不過，大部分的太陽光電系統供應商現在提供專門設計的「太陽能」專用蓄電池，應儘量採用。

　　換流器的價格高昂，如有可能應藉由讓尖峰用電時段與柴油或汽油發電機發電的時段一致，使換流器得以從尖峰負載的規模降下來。

　　圖 9.5 所示為在一個大小正好匹配負載需求的固定陣列系統中，缺電機率（loss-of-load-probability, LOLP）與儲能天數間的函數關係。根據定義，「正好匹配負載需求的太陽電池陣列大小」指的是其年度太陽電池總發電量完全吻合總負載消耗電量。

　　從圖 9.5 可看出，一個陣列大小正好滿足負載輸出的大部分的太陽光電系統，在蓄電池儲存一天用電量的情況下，其系統可用率（A＝1－LOLP）大約是 94%。這個值應該被視為在一個混合系統中電力可以被太陽電池陣列經濟有效地取代的上限。在現實中，若要充分利用太陽電池在夏季所發出的電力，則陣列的大小需要稍微小於原負載需要的供電量。這對太陽能陣列的面積大小和傾角的影響是：

- 增加傾斜角度（也就是使傾角大於緯度角）會讓全年的發電量更為均勻分佈，但是其代價為年度總發電量會降低。

- 進行系統設計時同時選擇陣列大小和傾角是個不錯的辦法，其目的在於使夏季晴天時的太陽電池發電量與負載的需求相等。

- 陣列的發電不應該少於負載太多，否則將需要利用柴油機半連續發電來補足不夠的部分（目前仍未形成定論）。

- 一般來說，除非太陽光電的部分能抵銷掉柴油機至少 30% 的運轉成本和維護開支，否則不考慮採用混合系統（Jones & Chapman, 1987，請參考第七章的混合指標圖）。

- 系統應儘量設計成不需經常使用柴油機，但每次運轉的時間要長些並且接近於滿載下運轉。

- 陣列大小最好比負載規模略小以使系統成本最佳化，並確保發電機能每兩周進行一次足夠長時間的運轉。

- 系統電壓應該與換流器的特性和要求一致。一般而言，此規格限制了直流電流最大只能到 100 安培。

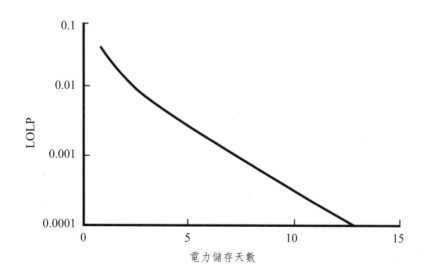

圖 9.5 ❖ 缺電機率（**LOLP**）為儲存天數的函數（**(c)1987 IEEE Jones & Chapman**）

實際系統設計

典型的系統設計步驟可以歸納如下：

1. 與用戶磋商確定負載大小（同時對用戶進行系統基礎知識說明與指導）。
2. 先按照一般可用率要求（95%）將系統設計為純太陽光電系統，設計程序如獨立型太陽光系統設計。
3. 藉由找出所設計的系統在混合指標圖（第七章）中的位置，確定純太陽光電系統和太陽光電－柴油混合系統兩者間，何者的可行性較高。
4. 在所設計的傾角下，適當減小太陽光電－柴油混合系統的系統可用率和太陽電池陣列面積，使得在晴朗的夏日，太陽電池發電量剛好滿足或略少於負載 24 小時的消耗（需考慮低效率的子系統）。最合適的設計大約是 80% 太陽光電系統可用率。
5. 選用額定值和峰值負載相匹配的柴油發電機。這將有助於蓄電池充電而且在無論何時峰值負載都不會拉下來，同時使得發電機在運轉時總是接近滿載。
6. 選用換流器以供應一般峰值負載。這也會決定系統的直流電壓。
7. 選用適當的深循環蓄電池來滿足設計和系統所需的充／放電率。
8. 選用適當的控制器。
9. 和使用者討論此系統設計、花費成本和系統運轉，來對太陽電池組件數量作調整（太陽電池陣列的一個子串為增加或減少的單位）。如果需要較少的太陽電池（以降低系統成本），陣列的傾角應減少以提供較大的全年總發電量。這將使得夏季的發電量突增，其代價是犧牲掉冬季部分的發電量，但會降低柴油發電機的總運轉時間，連帶地降低運轉和維護成本。

設計低資本密集系統的替代方法

這是 RAPS 系統供應商用來提供最低成本系統設計的典型方法：

1. 最初將系統設計為一個柴油－蓄電池系統，然後計算太陽電池陣列中每增加一串電池可以縮短多少柴油機每日運轉的時間。

2. 然後由使用者決定所需的太陽電池與柴油發電的搭配比例。

3. 最終的設計必須在選擇適當的系統平衡組件（換流器和蓄電池等）之前定案。

9.2 │ RAPS 系統成本

RAPS 系統的規模、規劃方式和成本有很大的差異。在本書編寫階段，1 kW_P 的 turnkey（組裝完備，可以立即啟用）離網（off-grid）系統的價格為每峰瓦 18-24 澳幣，更大一點的系統每峰瓦 12-18 澳幣。據估計，離網系統的平均價格已經從 1997-1999 年間最高時的每瓦 30 澳幣降到了現在的 20 澳幣左右。安裝的成本也隨安裝地點的特性以及進出難易程度的不同而變化。

9.3 │ 可攜式 RAPS 系統

可攜式 RAPS 系統具有不需依靠既有基礎設施就可以獨立運作，快速安裝以及模組化的特點，因此在很多場合具有使用價值。待命運轉的系統在維護過程中，暫時接替電力供應時非常有用，當天災發生時該系統同樣可以為救援人員以及受害者提供幫助（Kubots *et al.*, 1993）。類似的系統也適合遊牧民族的生活方式，同時也可以增加他們的獨立性並提高生活品質。

9.3.1 偏遠地區原住民用可攜式系統

在西澳（Western Australia）地區開發的可攜式太陽光電直流電源供應系統，可以安裝在偏遠地區供電給無法連接到電網的原住民社區（Department of Primary Industries and Energy, 1989）。這樣的系統提供直流電源至冰箱、通訊、照明設施，並提供有限的交流電給手工工具、電視機和錄放影機。其他可能的負載還包括水泵，冰機房（cooling room），蒸發式冷卻器（evaporative cooler）以及輪胎打氣設備。

太陽光電電源供應器以及所有負載都由一個自給式的「太陽能包」提供。此系統的耐久性很好，運轉費用很低，並且不需經常維護。其目的是用來改善原住居民的健康，增加他們的自主性以及提高生活品質。而為這些偏遠地區社區供電的傳統方法是採用柴油機發電。傳統的柴油機發電令人感到很不滿意，這是因為：

- 燃料經由公路運送的運費及困難度很高。
- 需要頻繁的維修。
- 系統輸出缺乏彈性，不能隨著社區規模而調整。
- 難以運送。
- 噪音。

可攜式太陽包克服了上述的許多問題，典型的系統組件包括：

- 裝置容量在 500-1350 W_P 間的太陽電池陣列。
- 採用 DC 24 V 充電的深循環鉛酸蓄電池。
- 電子控制器以及必要時可以保護和隔離蓄電池的開關箱（switchgear），以防止過充並且在不良天候時將非必要負載斷路。
- 100 W 的超高頻（VHF）發射機及接收機，可以用來和「飛行醫生（flying doctor）」聯絡，也可以用作其緊急情況下的呼救。
- 兩個 24 V 的箱型冷凍庫（採用最大效率設計並且使用無刷式直流電動機）。每個冷凍庫裝有兩個壓縮機，提供的總存儲容量為 460 公升，用於存放食物、藥品、疫苗等。
- 幾個 20 W 的螢光燈，搭配換流器以適用於 24 V 直流電。
- 一個小型換流器（24 V 直流轉 240 V 交流，頻率 50 Hz）用於電視機，動力工具，錄影機。
- 12 V 汽車用蓄電池的主電源驅動自動充電器。
- 可攜式的隔熱裝運容器。

整個系統總重量大約 6 噸，能使用卡車載運。第一個系統在 1985 年在澳洲西部的皮爾巴拉（Pilbara）地區安裝，為古拉瓦那（Ngurawaana）社區提供了電力。如今在西澳、北領地以及南澳有很多這樣的系統在運轉著。它們的運轉記錄和用戶滿意度都很好，即使在路況很差的道路上反覆運送仍能良好地運轉。唯一需要的維護就是每月對蓄電池充滿電。

對於一些十噸卡車無法出入的地區，系統被設計的更小，只有 1 噸，可用四輪傳動車進行運送，目前這樣的系統也已經使用。

2004 年在澳洲西部菲茲羅伊（Fitzroy Crossing）區的五個偏遠村落安裝了貨櫃式的太陽光電－柴油機系統，每個村落大約有 15 個居民（Sage & Saunders, 2004）。每套系統配備相同，包括：

- 配備空調設備的 6 公尺 ×2.4 公尺 ×2.4 公尺貨櫃。
- 10 kW 的柴油發電機組。
- 10 kVA 的單向換流器。
- 安裝在貨櫃頂部的 4 kW 太陽電池模組。
- 56 kWh 的蓄電池。

9.3.2 整合式太陽能住家系統

Krauter（2004）介紹了一個用在鄉村地區的整合式太陽能住家系統的原型。一個太陽電池模組、充電控制器、蓄電池、換流器、連接線以及支架完全由供應商事先整合和裝配完畢。這樣使安裝變得更簡單並且增加產品的可靠性。系統還附帶一個用來為模組降溫的水箱，同時也可供應用戶熱水。

9.3.3 Stationpower®

爾剛能源（Ergon Energy）是一個總部設在澳洲昆士蘭的電力公司，他們開發了一個稱為 Stationpower® 的太陽光電混合系統，每天可以提供負載 20-150 kWh 的電力（Watt, 2004a）。系統是模組化的且便於運送，可以獨立運轉，也可以搭配既有的柴油發電機組。大多數系統使用太陽電池發電，太陽

電池板由一個或多個 2.1 kW$_P$ 可調整式鋼骨區塊（steel frame bay）組成。風力和水力發電也相容，系統可以自動切換不同的發電方式。系統採用澳洲製造的 SunGel 閥控鉛酸膠蓄電池，以及 Power Solutions Australia 公司內置蓄電池充電器的 5 kW，120 V$_{dc}$ 互動型換流器，可以和柴油發電機或其他換流器同步運轉，並提供系統遠端監視功能。設計簡潔的耐候型接頭便於組件的更換以及系統的升級。Stationpower® 是為了惡劣的工作環境而設計的，具有堅固耐用的結構，以及防塵、防水甚至防蟲的防護罩。柴油機護罩有很好的消音效果，而蓄電池護罩有很好的隔熱作用。目前有一個配備一部風力發電機以及一個 25 kW 容量換流器的四區塊 Stationpower® 系統已安裝在位於約克角（Cape York）的茵克曼（Inkerman）牧場，這個占地面積達 267,000 公頃的牧場，由 8 個全職人員管理。系統自安裝以來每年節省的柴油燃料以及發電機運轉成本估計達到 25,000 澳幣。在昆士蘭的公園及野生動物保護區也使用 Stationpower®，以提供偏遠和荒涼地區可靠且最不需維護的電力。典型的系統採用三區塊，配備 15 kW 的換流器容量，外加一個隔音罩來減少發電機所產生的噪音。

9.4 | 可靠性和維護

在偏遠地區由於技術支援的困難、時效延誤以及費用高等因素，系統的可靠度和維護非常重要。部分議題已在一份澳洲再生能源 RAPS 系統調查報告中被加以強調（Lloyd *et al.*, 2000）。報告中用戶提到的疑慮包括系統可靠性差，缺少維修支援以及使用者教育訓練不足。調查進行期間，受訪的系統當中幾乎有三分之一無法運轉。系統故障主要是由於蓄電池（28%）、換流器（16%）、控制系統（15%）以及其他原因（22%）造成的。據文獻指出，在巴西，這種系統的故障率更高（Krauter, 2004）。這凸顯了發展在地培訓、基礎建設和不斷地資訊傳遞的重要性（Gregory & McNelis, 1994）。目前完善的系統維護實務指導方針已經可以取得（Architectural Energy Corporation, 1991; Roberts, 1991）。

9.5 ｜ 政府援助計畫

在世界各地，有很多政府正在逐漸增加對協助偏遠地區居民取得 RAPS 系統的承諾。

1988 年，澳洲的新南威爾斯州政府就制訂了一個偏遠地區電力援助計畫，旨在幫助偏遠地區的居民獲得足夠的生活用電。截至 2004 年，聯邦政府的計畫了包含太陽光電退款計畫（Photovoltaic Rebate Program, PVRP）以及偏遠地區再生能源發電計畫（Remote Renewable Power Generation Program, RRPGP）（Watt, 2004b; Australian Greenhouse Office, 2004c）。PVRP 的用意是促進在建築物上安裝太陽電池，並且同時適用於併網型和獨立型系統，在 2002 年核准的併網型系統的數量已超過獨立型系統。RRPGP 專案在公用電網涵蓋不到的地區推廣了再生能源的使用，以替代原來的柴油發電系統。該專案安裝的所有小型系統幾乎都包含太陽能板。在 RRPGP 下並且訂定了一個為期四年，名為「Bushlight」的子計畫，這個子計畫的目的在提供負擔得起、紮實且可靠的再生能源服務給西澳、北領地、昆士蘭以及南澳的二百多個偏遠部落的一萬多個居民。澳洲共有約 1217 個偏遠部落，其中許多村莊沒有市電可用，部落裡的電力供應主要仍依賴柴油或汽油發電機。

不同州政府的計畫可在澳洲溫室辦公室（2004c）的網站上查詢到，這些計畫已在 2003 年被重新檢視（Grenfell, 2003）。RRPGP 和北領地電力及水資源公司合資實施了北領地電力及水資源公司柴油電網太陽光電計畫（Northern Territory Power and Water Corporation Diesel Grid PV Program），其主要目的是減少電網中柴油機的使用，以及降低柴油發電電網的峰值負載（Watt, 2004b）。已安裝的系統包括在布爾曼（Bulman）原住民村落的一個 56 kW$_P$ 非晶矽陣列，預計每年將節省 25,000 公升柴油。而另一個安裝在帝王谷（Kings Canyon）風景區的 225 kW$_P$ 單晶矽太陽電池陣列，則預計每年可節省 105,000 公升的柴油。昆士蘭太陽光電退款計畫的資金來自於 RRPGP 計畫以及昆士蘭州政府。退款用於支付偏遠地區再生能源系統的組件費用。此外，西澳永續能

源發展辦公室（Western Australian Sustainable Energy Development Office）則是獎勵高效率的能源使用和再生能源使用。

　　類似的專案已經或正在被其他國家，特別是開發中國家所引進。採用太陽電池的大量農村電力普及計畫已經在有些國家展開，這些國家包括斯里蘭卡、印尼、中國、希臘、西班牙以及幾個非洲國家（Hayes, 2004; Hirshman, 2004; Eckhart, 2004）。此外，在許多國際援助計畫中，包括照明、通訊以及醫療設備的援助專案，已經使用了一些獨立型太陽光電系統（Huacuz & Gunaratne, 2003）。

習題

9.1　(a) 調查並列出我國的太陽電池板的製造廠家和供應商清單。調查項目包括所提供電池板的功率範圍、價格、保固期、售後服務以及電池板的年銷售量（以及其他一切感興趣的資訊）。

　　　(b) 哪些供應商自稱擁有設計和安裝太陽光電 RAPS 系統所需的專家和經驗？在系統滿足用戶要求規範方面，他們提供怎樣的保證？

9.2　(a) 在什麼情況下使用太陽光電系統優於柴油發電機？

　　　(b) 解釋混合系統的概念，並列出與單一發電源的系統相比，它有哪些潛在優勢。

9.3　(a) 試列出在太陽電池－柴油－蓄電池混合系統中，使用的柴油發電機具有哪些特性。

　　　(b) 在設計和使用這種混合系統時，這些特性會產生什麼影響？

　　　(c) 在什麼情況下，使用此類混合系統優於使用太陽電池－蓄電池系統？

參考文獻

文獻的更新資料請參閱：*www.pv.unsw.edu.au/apv_book_refs*。

Architectural Energy Corporation (1991), *Maintenace and Operation of Stand-Alone Photovoltaic Systems*, Photovoltaic Design Assistance Center, Sandia National Laboratories, Albuquerque (www.sandia.gov/pv/docs/PDF/98TLREF13.pdf).

Australian Greenhouse Office (2003*a*), *What is ENERGY STAR?*, Australian Greenhouse Office, Canberra (www.energystar.gov.au).

Australian Greenhouse Office (2003*b*), *Renewable Energy Commercialisation in Australia*, Australian Greenhouse Office, Canberra.

Australian Greenhouse Office (2004*a*), *Australia's Leading Guide to Choosing an Energy Efficient Appliance* (www.energyrating.gov.au).

Australian Greenhouse Office (2004*b*), *Your Home Technical Manual. Design for Lifestyle and the Future* (www.greenhouse.gov.au/yourhome/technical/index.htm).

Australian Greenhouse Office (2004*c*), (www.greenhouse.gov.au/renewable/government.html).

Ball, V. & Risser, T. (1988), 'Stand-alone terrestrial photovoltaic power systems', Tutorial Notebook, Proc. 20th IEEE Photovoltaic Specialists Conference, Las Vegas, USA.

Bohler, C. (2003), 'LEDs for illumination: Past, present and future', 2003 International Semiconductor Device Research Symposium, IEEE, New York pp. 2-3.

BCSE (2004), Australian Business Council for Sustainable Energy (www.bcse.org.au).

Castañer, L., Bermejo, S., Markvart, T. & Fragaki, K. (2003), 'Energy balance in stand-alone systems', in Markvart, T. & Castañer, L. (Eds.), *Practical Handbook of Photovoltaics: Fundamentals and Applications*, Elsevier, Oxford, pp. 531-541.

Department of Primary Industries and Energy (1989), 'Transportable Solar Pack for remote aboriginal communities', in *Energy Technology Update*, Australian Government Publishing Service, Canberra, Australia.

Department of Primary Industries and Energy (1993), *Rural and Remote Area Power Supplies for Australia*, Australian Government Publishing Service, Canberra, ACT.

Eckhart, M. (2004), 'Growth markets for PV-PV market expansion outlook is bullish', *Renewable Energy World*, 7(4) , pp. 191-195.

Gregory, J.A. & McNelis, B. (1994), 'Non-technical barriers to the commercialisation of PV in developing countries', Proc. First World Conference on Photovoltaic Energy Conversion, Hawaii.

Grenfell, M. (2003), 'Renewable system rebates', *ReNew*, **83**, April-June, pp. 26-28.

Holcomb, M.O., Mueller-Mach, R., Mueller, G.O., Collins, D., Fletcher, R.M., Steigerwald, D.A., Eberle, S., Lim, Y.K., Martin, P.S. & Krames, M. (2003), 'The LED lightbulb: Are we there yet? Progress and challenges for solid state illumination', Conference on Lasers and Electro-Optics (CLEO), IEEE, New York), p. 4.

Hayes, D. (2004), 'Asian renewables: Asia targets RE expansion—regional overview', *Refocus*, **5**(1), pp. 32-34.

Hirshman, W.P. (2004), 'Shell Solar wins mini-grid contract for remote Chinese villages', *Photon International*, January.

Huacuz, J.M. & Gunaratne, L. (2003), 'Photovoltaics and development', in Luque, A. & Hegedus, S. (Eds.), *Handbook of Photovoltaic Science and Engineering*, Wiley, Chichester, pp. 701-752.

Jones, G.J. & Chapman, R.N. (1987), 'Photovoltaic/diesel hybrid systems: The design process', Proc. 19th IEEE PV Specialists Conference, New Orleans, pp. 1024-1030.

Krauter, S.C.W. (2004), 'Development of an integrated solar home system', *Solar Energy Materials and Solar Cells*, **82**, pp. 119-130.

Lawrence Berkeley Laboratories (2004), *About the Appliance Module* (hes.lbl.gov/hes/aboutapps.html); *About the Lighting Module* (homeenergysaver.lbl.gov/hes/aboutltg.html).

Lloyd, B., Lowe, D. & Wilson, L. (2000), *Renewable Energy in Remote Australian Communities (A Market Survey)*, Murdoch, Australian CRC for Renewable Energy Ltd.

Pedals, P. (2003), *Energy from Nature*, Rainbow Power Company, Nimbin.

Roberts, S. (1991), *Solar Electricity. A Practical Guide to Designing and Installing Small*

Photovoltaic Systems. New York, Prentice Hall.

Sage, M. & Saunders, G. (2004), 'Outback power', Proc. Solar 2004, Murdoch WA, 1-3 December, ANZSES, Murdoch, WA.

Sandia National Laboratories (1991), *Stand-Alone Photovoltaic Systems—A Handbook of Recommended Design Practices*, Albuquerque, New Mexico (www.sandia.gov/pv/docs/ Programmatic.htm).

Standards Australia (1999-2000*a*), *Stand-alone Power Systems Part 1: Safety Requirements*, AS 4509.1 (Amendment 1, 2000).

Standards Australia (1999-2000*b*) *Stand-alone Power Systems Part 3: Installation and Maintenance*, AS 4509.3 (Amendment 1, 2000).

Standards Australia (2002), *Stand-Alone Power Systems Part 2: System Design Guidelines*, AS 4509.2.

Steigerwald, D.A., Bhat, J.C., Collins, D., Fletcher, R.M., Holcomb, M.O., Ludowise, M.J., Martin, P.S. & Rudaz, S.L. (2002), 'Illumination with solid state lighting technology', *IEEE Journal of Selected Topics in Quantum Electronics*, **8**(2), pp.310-320.

Watt, M. (2004*a*), 'Progress in Australian photovoltaic and hybrid applications', Proc. 14th International Photovoltaic Science and Engineering Conference, Bangkok, 26-30 January 2004, pp.547-550.

Watt, M. (2004*b*), 'National survey report of PV power applications in Australia 2003', Australian IEA Photovoltaic Power Systems Programme Consortium, Sydney (www. oja-services.nl/iea-pvps/countries/australia/index.htm).

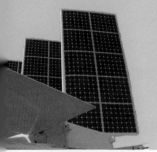

第 10 章

併網型太陽光電系統

10.1 │前言

　　併網型（或稱為市電併聯型）太陽光電系統包含兩種形式：將太陽能板安置於終端用戶（如安裝在住宅屋頂）或者是電力公司規模的發電廠。這一章主要介紹併網聯型系統的相關技術、商業前景，以及其他應納入考慮的議題，並且檢視世界各國政府和電力公司的相關計畫。以澳洲為例，澳洲永續能源商業委員會（Australian Business Council for Sustainable Energy, 2004）已經提供了太陽光電和其他再生能源發電機組與當地電力系統網路的併聯指南。

　　儘管在澳洲獨立型太陽光電系統仍是主流（Watt, 2004），對國際能源總署的會員國來說，併網型太陽光電系統在 2000 年時已取代了獨立型系統成為全球太陽電池應用的最大市場（Solarbuzz, 2004a; IEA-PVPS, 2004a），如圖 10.1 所示。放眼全球，現在已經有一些超大規模的併網發電系統，其中包括分別安裝於德國巴伐利亞州的 Hemau 和薩克森州的 Espenhain 附近的 4 MW$_p$ 和 5 MW$_p$ 發電廠，而葡萄牙正在籌畫在 Moura 建設一座裝置容量達 64 MW$_p$ 的發電廠。目前，在澳洲最大的一座太陽光電發電廠位於新南威爾斯州的 Singleton。這是安裝於地面的 400 kW$_p$ 電廠，於 1998 年完成試運轉（SEDA, 2004），每年可以提供 550 MWh 電力。澳洲面積最大的屋頂式太陽能電池陣列則安裝在墨爾本的維多利亞皇后商場屋頂。這個於 2003 年完成試運轉的系統，使用 1328 個模組，每個模組面積為 $1.59 \times 0.79 \ m^2$，同時還特地搭配了一個顯示輸出功率的公眾展示板（City of Melbourne, 2004）。這個系統的額定功率是 200 kW$_p$，預估每年發電量可達到 252 MWh。

10.2 │太陽光電系統在建築上的應用

　　在建築物上使用太陽光電系統有許多好處（Stone & Taylor, 1992）：

1. 一般建築應用──既可以用來發電，又可以當作屋頂、牆壁、窗戶、天窗或遮陽板。

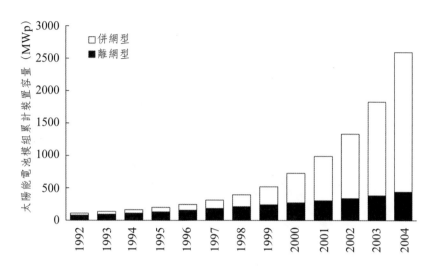

圖 10.1 ✿ 國際能源總署（**IEA**）**PVPS**（太陽光電電力系統計畫）會員國太陽電池模組歷年累計裝置容量（**www.iea-pvps.org, IEA-PVPS, 2004a**）

2. 需求端的電力調控——可以彌補白天的尖峰負載。

3. 控制——可以直接驅動電扇、泵和智慧型（smart）窗戶等。

4. 混合供電系統——作為照明、熱泵、空調或緊急電力供應器的電力補充來源。

圖 10.2 顯示了在一個市電供電住家中的完整太陽光電系統。

由於建築物耗用所發出電力的大部分——以美國為例，高達三分之二。因此，具備以上功能的產品，市場前景十分看好。

現在市場上已經出現了相當多的建物整合型太陽電池（BIPV）產品（Hanel, 2000; Posnansky *et al.* , 1998; Reijenga, 2003; von Aichberger, 2003），尤其是專為屋頂、正面和中庭設計的太陽電池建材。對於這些系統的安全配置將在 10.5 中進行探討。然而，目前一般太陽能板仍然最常被安裝在屋頂上以補充電網的電力。對於一般的家庭應用來說，典型太陽光電系統的主要組成部分包括：太陽電池模組、電網互動式換流器（grid-interactive inverter），以確保與電力公司提供的電可以相容，以及用來測量和記錄用戶與電網之間電力交換的

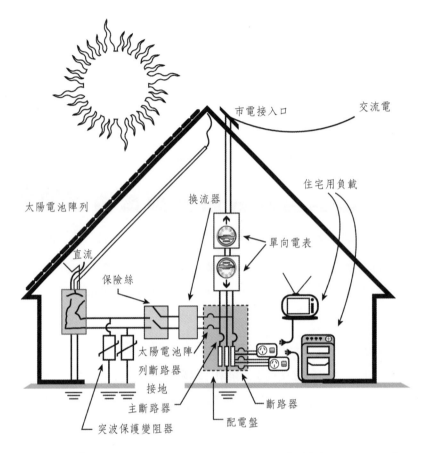

圖 10.2 ☼ 配備完整太陽光電系統的市電供電住家（**SERI, 1984**）

電錶。

10.2.1　太陽能板的安裝

　　對於家用系統來說，太陽電池模組可以安裝在房屋附近的陣列支架上任何未被建築或樹木遮擋的位置。然而，在許多情況下，將太陽能板安裝在房屋的屋頂上是最為合理、美觀、安全，也是最經濟實惠的方案。圖 **10.3** 介紹了一些太陽電池陣列在屋頂上的不同安裝方式。

　　一般而言，新建房屋會選擇用圖中的整合式安裝方案，直接用太陽能板替

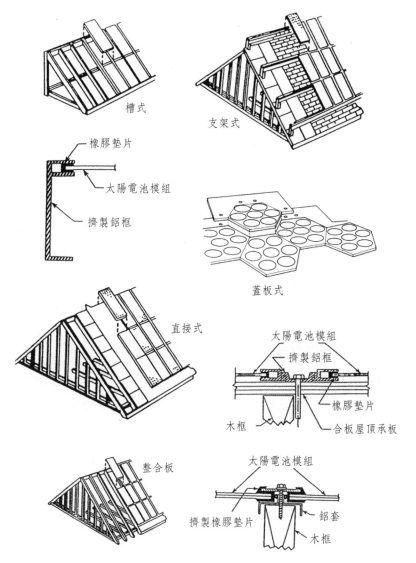

圖 10.3 ☼ 屋頂安裝太陽能板的幾種常見方法（**SERI, 1984**）

代傳統的屋頂建材。這種安裝方式可以節省支架的成本（Hubbuch, 1992），
而太陽能屋瓦的安裝容易，並且成為一種標準的屋頂樣式（Von Aichberger,
2003）。

支架式（standoff）或槽式（rack）一般用在房屋翻新的時候。雖然這兩種

方式的成本可能比整合式安裝高，但是能夠確保模組周圍有更多的空氣流通，而且可以自由選擇最理想的傾斜角度。直接式安裝則是將太陽能電池牢固地安裝在屋頂上。這樣妨礙了模組背面的空氣流通，有可能會造成散熱問題。

10.2.2　換流器

因為太陽電池陣列所產生是低電壓的直流電，所以對獨立型太陽光電系統而言，換流器，或功率調節裝置，是不可或缺的。為了將這種低電壓的直流電轉換成主電網所採用的交流電力，主要使用兩種類型的換流器：

1. 線換相（line-commutated）型——電網中的信號被用來作為使換流器與電網同步的基準。
2. 自換相（self-commutated）型——利用換流器內部的電子電路將換流器的信號鎖定成與電網一致的波形。

另一種對市場上現有產品的區分方式則是依用途予以分類：

1. **中央換流器**用來對總額定功率在 20-400 kW 範圍內的大型太陽電池陣列中所有並聯模組串的總輸出進行整流。在設計上採用絕緣閘雙極性電晶體（IGBT）和場效電晶體（FET）的自換相型是現階段的主流產品。
2. **單串換流器**只能接受單一太陽電池模組串的輸出電力，所以額定功率在 1-3 kW。
3. **複串換流器**配備各種獨立的直流—直流換流器，這些換流器把本身的輸出電力饋送至一個公用換流器。這樣的設計可以適用於各種不同規劃方式或方向的模組串，因而可以使每一模組串上的太陽電池都在最大功率點上運作。
4. 每個太陽電池模組背後均安裝一個交流模組換流器，形成一個整合型的交流模組。

有關併網換流器的規範和說明可以參考澳洲標準（Standards Australia, 2002b）和各種國際標準（Appendix E）。選用換流器時需要考慮的因素，列

述如下：（Florida Solar Energy Centre, 1987; Bower, 2000; Abella & Chenlo, 2004; Standards Australia, 2002b; Schmid & Schmidt, 2003; Krampitz, 2004）

工作效率——有些設計特別注重非滿載時的效率。如果可以避免使用變壓器的話，通常可以達到較高的轉換效率，然而配備線路頻率變壓器的換流器可以達到 92% 的電力轉換效率，如果採用高頻變壓器則可達到 94%。除了工作效率外，極低負載下的待機電力損失也是必須考慮的。

安全（特別是在負載斷路模式下）——例如孤島運轉（islanding）時，即使在斷路下，電網也可能有電力輸入（請參閱 10.5），因此一般需要安裝一個隔離變壓器。類似地，防止直流輸入和交流輸出的過電流、電力突波、高頻或低頻和過電壓、低電壓的保護措施也是必要的（Standards Australia, 2002c）。

電力品質（power quality）——諧波成分必須要低，根據澳洲標準（Standards Australia, 2002b）規定總諧波失真（total harmonic distortion, THD）的限制值為電流在 5% 以內，電壓在 2% 以內，以便同時保護負載端和電力公司端的設備。諧波頻譜的測量範圍可高達 50 個諧波左右，但採用高頻換相的換流器造成的失真可能會超出這個範圍，波形和功率因數也必須符合電力公司要求。配備有線路頻率變壓器的換流器先天上就可以防止直流注入，然而在設計上未配備變壓器或是採用高頻變壓器者所產生的直流注入有可能會導致電力公司的變壓器飽和而造成斷電。因此，澳洲標準（2005）規定對於單相換流器，其直流輸出電流不能超過額定輸出電流的 0.5% 或 5 mA；波形必須接近 50 Hz 的正弦波（在美國則是 60 Hz），頻率必須在 50±0.5 Hz 範圍內，而可接受的功率因數範圍為 0.95 超前至 0.95 滯後。在澳洲，功率因數必須在額定功率 0.8 超前至 0.95 滯後範圍內。

與太陽能板相容——在標準工作條件下太陽能板的最大輸出電壓必須和換流器的標稱直流輸入電壓一致。太陽電池陣列的最大開路電壓也必須在換流器可承受的額定電壓範圍之內。常見的幾種併網換流器還會配備最大功率點追蹤器，來控制陣列的工作電壓（Schmid & Schmidt, 2003）。經常使用的幾種不同的追蹤演算法，包括「定電壓（constant voltage）」，「擾動觀察（perturbation

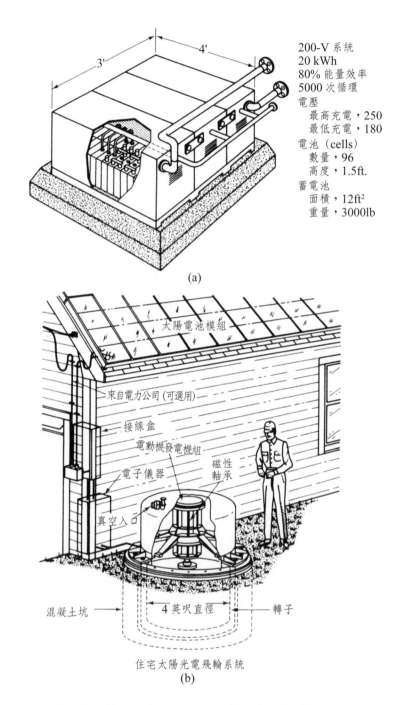

200-V 系統
20 kWh
80% 能量效率
5000 次循環
電壓
　最高充電，250
　最低充電，180
電池（cells）
　數量，96
　高度，1.5ft.
蓄電池
　面積，12ft^2
　重量，3000lb

(a)

太陽電池模組

來自電力公司 (可選用)

接線盒

電動機發電機組

電子儀器

磁性軸承

真空入口

混凝土坑

4 英呎直徑

轉子

住宅太陽光電飛輪系統

(b)

圖 10.4 ✿ 住宅系統的電能儲存概念：**(a)** 可行的蓄電池配置（**Feduska** *et al.*, **1997**）；**(b)** 飛輪儲能（**Millner & Dinwoodie, 1980**） and observation）」和「增量電導（incremental conductance）」，各有不同的優缺點（Kang *et al.*, 2004）。

電磁干擾（electromagnetic interference）——必須夠低以滿足當地政府的相關要求。

閃電及電壓脈衝保護——同樣地，必須符合當地技術規定。

外觀——需要檢視的項目包括與電氣法規的相容性、尺寸、重量、構造和材料、對當地天候條件的保護、接線端子和測量設備等。

不同換流器的價格相差很大。儘管價格在最近幾年內有所下降，但是對於最大功率小於 5 kW$_p$ 的系統，換流器還是會佔到總價的 20%，而對於更大規模的系統，換流器也會占接近 10% 左右。

10.2.3　在地儲能

對於併網發電系統來說在地儲能並非一定必要，因為它可以在白天把多餘的電力賣給公用電網，然後晚上再從電網購買電力。儘管如此，在太陽光電系統中加裝蓄電設備可以大幅地提高其實際應用價值（Byrne *et al.*, 1993）。蓄電設備可以直接安裝在太陽光電系統附近，一般會選擇蓄電池。大型系統也可以利用泵把電力轉換成水的位能，用來作為尖峰時段發電。

從較長期的觀點來看，其他技術，包括飛輪、燃料電池、地下洞穴、超導磁鐵、壓縮空氣、冰或氫氣或許有可能是比較經濟的儲能方案。圖 10.4 所示為一個住家規模的蓄電池及飛輪儲能系統。

在地儲能系統也可以用來作為電力需求端的管理工具，以降低建築物的尖峰負載電力需求，因而降低成本，同時可以提供高價值的尖峰負載電力給電網。有一個新興市場就是用太陽光電系統作為建築物或設備的不斷電系統（uninterruptible power supply, UPS），特別是對於電網供電不可靠的地區來說，但是也可以作為目前使用柴油發電機的場所的另一種選擇方案，特別是在商業大樓內。在這些應用當中有可能會用到某種形式的在地儲能系統，除此之外，目前併網型太陽光電系統並不常採用在地儲能。

10.2.4 系統規模和經濟效益

為了配合一般家庭用電，大約需要 2 kW$_p$ 或是 20 m^2 的太陽光電系統（SERI, 1984），而一套大約 3-4 kW$_p$ 的系統將可以滿足大多數家庭的需要。視房屋的設計而異，由於受屋頂可用面積的限制，一般最多可以安裝 7 kW$_p$ 或 70 m^2 的系統。

2004 年在美國住家用太陽電池模組的成本大約在 3.20 至 5.00 美元 /W$_p$ 之間，而整個併網太陽光電系統的總成本可高達這部分的兩倍。為了在目前的電價下具有經濟效益，太陽光電系統的成本需要進一步降低。對於末端用戶來說，付出的費用仍比傳統電力的價格要高。在 2004 年，太陽光電系統供電的費用大概是每度電（kWh）為 0.3 美元左右。這個價格是平均住宅用電費率的二至五倍（Solarbuzz, 2004c）。請注意太陽能電價在不同國家的差異很大，2004 年，澳洲的平均太陽電池模組價格為 7 澳幣 /W$_p$（約合 5.3 美元 /W$_p$），一般來說，組裝完畢立即可用（亦即 turnkey）的併網型系統，價格可以從小型系統的 12 澳幣 /W$_p$ 降低到大型系統的 6 澳幣 /W$_p$（Watt, 2004）。

科技經驗曲線可以用來觀察價格下降與產業經驗和累積產量成長之間的關係（Poponi, 2003）。雖然由這種方法推斷出的結果隨假設的不同而有很大差異，但是這些曲線或許可以用來預測需要多久太陽能電價可以達到損益平衡。

根據過去三十年的太陽電池市場學習曲線，以及預期成長，在澳洲大約從 2015 年開始，太陽光電系統的電價將接近傳統電網的電價（Australian Business Council for Sustainable Energy, 2004a）。雖然年度輸出低於澳洲者可能會影響時程，但像日本等一些電費比較高的國家，這個損益平衡點會更早出現。

為了壓低成本，有許多重要的地方需要注意改善，如簡化設計、維修服務、標準化，內建保護與控制系統等。安裝單一雙向電錶的「淨用電計量（net metering）」方式也可以精簡系統，並且能簡化收費手續（Poponi, 2003）。在美國，許多州強制用戶使用雙向電錶，在歐洲的使用也非常普遍。在澳洲，許

多電力零售業者都可提供這種電錶，但是一般仍可能繼續使用兩個分離的電錶直到電子式讀表更加普及時為止。淨用電計量並不適合用在電力回購（feed-in tariff）或其它的差動計費型態。

10.2.5　其他

使用住家用太陽光電系統還需要注意的其他方面主要有（SERI, 1984）：

外觀——顏色、尺寸、形狀、傾角，以及圖案和透明度。

太陽照射——樹木和建築物所造成的陰影隨時間和季節的變化。

建築法規——屋頂結構、安裝強度、發電區域劃分（zoning of generation），以及光反射污染等。

保險——防火、屋頂載重、安全，以及可能對電網及電網上其他用戶造成的損壞等。

保養——定期和緊急維護，組件更換。

對電力公司的影響——配電變壓器的過載、功率因數、諧波、太陽光電系統直流電流與電網的隔離、斷路機制、接地，以及電錶計量等。

與電力公司的合約——電力公司購回電力的價格、設備使用許可，以及收費標準等。

10.3 │ 太陽電池在電力公司中的應用

太陽電池在電力公司中的可能應用並非僅止於集中型發電。熟悉太陽電池用途的電力公司，可以透過下列某些小規模的應用來獲得好處（Sandia National Laboratories 1990; Bigger *et al.*, 1991），例如：

配電饋線電壓和電力支援——藉由降低白天的局部尖峰電流流動，可以舒緩變壓器和導線的過熱狀況。對嚴重過載的地區而言，使用太陽電池有可能延後或免除成本更高的線路重整，變電所變壓器的更換，或是新電路的建構。對於輸電或配電線路上的某些重要位置，太陽光電系統能夠降低電力損耗，提供

千乏（KVAR）無效電力支援，增加供電的可靠性，並且增加太陽光電系統本身的有效容量。比起太陽光電系統在節省電網發電量和裝置容量上的貢獻，在這類狀況下，太陽光電系統的實際使用價值可提高一倍。

　　輸電線路鐵塔警示燈——高於六十公尺或鄰近機場的鐵塔都必須安裝警示燈，警示燈所需的低電壓很適合採用太陽電池供電。

　　輸電線路區段劃分開關——為了便於維護或電力潮流（power flow）最佳化，有時需要將輸電或配電線路的某些區段予以隔離。例如在美國，大約每隔三十公里就會用到這種遙控開關，這些開關當中許多都可以用太陽能驅動。

　　街道和保全照明——以滿足市政當局和政府機關的要求。

　　休憩場所的通風和照明——應用在如公園，路邊便利設施和偏遠或環境敏感地區的船舶碼頭。

　　偏遠地區的抽水系統——可以作為新系統安裝，也可以用來取代風力驅動系統，或取代舖設電力線路。

　　偏遠地區居民電力供應——提供電力給無法獲得電力公司供電的用戶，特別是用電量很小者，例如個別住宅或度假別墅等。

　　電網安全——提供電力、瓦斯或油供應系統所用的監控系統（SCADA）可靠的太陽光電加蓄電池電源供應，或作為備用電源（Varadi & Braun, 2003）。有時，即使用電設備就在高壓電線附近，安裝太陽光電系統可能要比安裝變壓器來降低電壓更為便宜（Sandia National Laboratory, 1990）。此外，如果當初能夠在美國東北部和加拿大的東南部策略性地安裝了併網型太陽光電系統，或許可能防止 2003 年 8 月 14 日在該地區發生的一連串斷電事故的擴散（Perez & Collins, 2004）。該報告說明了安置在不同地點的太陽光電系統如何有可能減少大區域的電力傳輸，這種大規模的電力傳輸迫使位於底特律、克里夫蘭、多倫多和紐約等地的負載中心需要利用冷氣來降溫。

　　電網備援電力——太陽光電搭配蓄電池作為重要設備在低可靠度電網下的備援電力，尤其是在一些發展中國家，但也被應用在一些電腦系統和商業大樓的緊急供電系統上（Viradi & Braun, 2003）。

遙測裝置和計量——在電網電力太過昂貴或太不可靠的狀況下，由太陽光電系統提供感測器電力（Viradi & Braun, 2003）。

獨立型太陽光電系統已經在前面幾章討論過了，而太陽光電系統對配電饋線的支援將在本章後面部分介紹。

隨著電力公司系統規劃人員在從事經濟效益分析時逐漸將環保因素納入考慮，太陽光電技術在電力公司中的使用可能會隨之增加。例如，一個針對各種不同發電技術空氣污染排放的研究顯示，如果將空氣污染所帶來的嚴重後果考慮進去，那麼太陽光電系統就會比化石燃料發電廠更具有經濟效益（Rannels, 1992）。儘管使用太陽電池的機會和好處顯而易見，但是大部分的電力公司面臨一些知覺風險（perceived risk），當他們在評估太陽光電系統的可行性時，由於缺乏足夠的經驗，資料和範例，而無法對這些風險加以量化。這些風險包括（出處同上）：

技術風險——系統性能不符合規範的可能性。

施工風險——超出預算的可能性，或無法符合安排的施工進度。

運作風險——當需要用電時，發生故障或無法供電的可能性。

監管和賦稅風險——政府規定的改變可能造成不允許賦稅抵減以及設備折舊率的加速等。

財務限制——由於以上知覺風險可能會造成更高的財務負擔。

除非等到一定數量的示範系統已經可以在符合電力公司上述各項條件下運轉，想要克服知覺風險使得大多數電力公司規劃人員感到滿意是非常困難的。然而，太陽光電系統應用例子的不斷增加，有助於電力公司對太陽電池的接受度。

10.4 ｜集中型太陽光電發電廠的設計

儘管以上介紹的小規模分散型太陽光電系統，在安裝上相對容易而且具有經濟效益，截至目前為止，大部分電力公司對太陽光電系統的興趣仍著重在集中型、併網的太陽光電發電廠的開發與測試上，這是因為大部分電力公司較熟

悉規模較大、集中在一起的電源供應設備。這種規模比較大的系統一般會配備自己的變壓器或變電所，有關大規模集中型太陽光電發電廠的技術要求和經濟分析將在下面作以簡要的介紹。

10.4.1　太陽電池的互連

在決定太陽電池的最佳連接方式時，必須考慮到電力的損耗。例如，將許多電池並聯連接時，可以改善對開路的容忍度，但是對短路則不具改善效果。表 10.1 列出了不同的連接方式下，包含開路或短路電池的總功率損耗。而圖 10.5 和 10.6 分別以圖解方式畫出了電池的連接和包含旁通二極體的模組至功率調節裝置上的接線、連接方式以及使用並聯、分支電路和阻隔二極體的好處。

使用單串電源電路和大量旁通二極體可以得到最佳系統容忍度。現場的研究顯示對於大型系統的維護最有效的辦法不是更換包含故障電池的模組，而是設計能夠承受這些故障的系統。

表 10.1 ▌太陽能電池開路及短路情況下的電力損耗情況（Ross, 1984）

每子串上的太陽能電池數	串聯模組數	並聯電池數				註解
		1	4	8	16	
20	50	0.001	0.001	0.001	0.001	1
		0.011	0.050	0.025	0.015	2
		0.012	0.051	0.026	0.016	3
10	100	0.001	0.001	0.002	0.002	4
		0.005	0.022	0.013	0.008	4
		0.006	0.023	0.015	0.010	4
5	200	0.001	0.002	0.002	0.002	
		0.003	0.010	0.007	0.004	
		0.004	0.012	0.009	0.006	
2	500	0.001	0.002	0.004	0.006	5
		0.001	0.004	0.003	0.002	5
		0.002	0.006	0.007	0.008	5

註解：(1) 短路損耗；(2) 開路損耗；(3) 總損耗；(4) 最佳化設計區間；(5) 短路時易出現故障

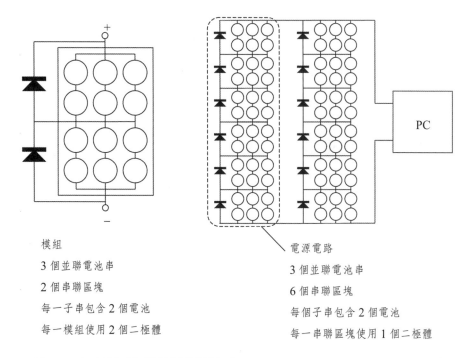

模組

3 個並聯電池串

2 個串聯區塊

每一子串包含 2 個電池

每一模組使用 2 個二極體

電源電路

3 個並聯電池串

6 個串聯區塊

每個子串包含 2 個電池

每一串聯區塊使用 1 個二極體

圖 10.5 ✿ 太陽電池模組電路設計 **(c)1980 IEEE Gonzalez & Weaver**）

10.5 ▏安全

　　對於建物整合型、安裝在建築物上，或集中式併網型發電廠的太陽光電系統來說，許多常見的安全議題值得探討。

　　需要考慮的安全事項主要包括：耐火、正確接線、佈置、接地以及對當地氣候變化，尤其是強風時的防範措施（Florida Solar Energy Centre, 1987; Abella & Chenlo, 2004）。電池模組的耐火等級，可以根據在火災下的有效耐火能力，區分為重度、中度和輕度（Florida Solar Energy Centre, 1987）。

　　單是將大型（高電壓）太陽電池陣列從負載或換流器斷路並無法使電池陣列變得安全，因為只要有照光，太陽能板就會處於帶電狀態。對直流端的保護要求目前仍存在爭議，各國的規定也不盡相同。在歐洲，電池陣列和換流器一般不用接地，但在美國則強制規定接地。市場上現有的太陽光電產品只符合隨

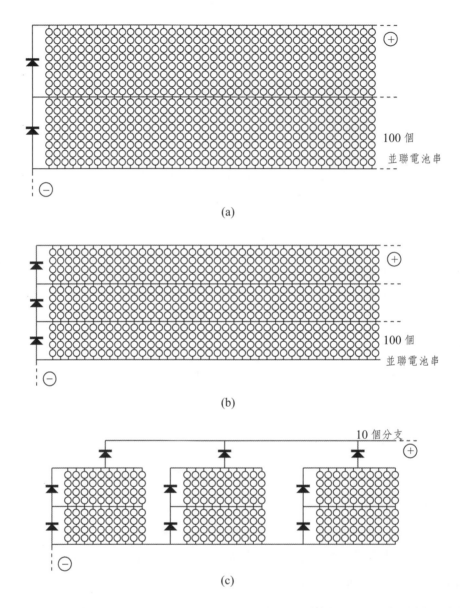

圖 10.6 ✿ 大型太陽能陣列可採用的連接方法。圖中的二極體用來防止大規模系統故障，或單一電池的故障 (**SERI, 1984**)。其中，**(a)** 電池一旦斷路會減少輸出電流；**(b)** 增加並聯與旁通的數目，可以有效降低斷路對系統的影響；**(c)** 為每條分支線路添加旁路可將出現故障的分支線路隔離開。

地點而異的設計規範，附錄 E 中列出了部分標準。

　　在澳洲，澳洲標準規定了在安全方面的要求（Standards Australia, 2005, 2002a, 2002b）。所採用的換流器必須可以透過一個有標籤並且可鎖起來的開關從帶電導體上隔離，這個開必須可以被鎖在切斷（off）位置以便中斷所有帶電導體。殘餘電流裝置（Residual Current Device, RCD）必須連接在換流器的輸入端而不是輸出端。從陣列到每個換流器的輸入間必須有一個隔離元件，對各種標籤的要求也都有規定（Standards Australia, 2005）。

　　澳洲標準中規定的保護重點列述如下（Standards Australia, 2005）：

1. **阻隔二極體和過電流元件**——和一般發電設備相同，太陽光電系統必須內建防止大電流流通的保護元件。我們可以用阻隔二極體和過電流元件（如斷路器和熔絲）來保護太陽電池陣列。阻隔二極體是用來防止接地短路引起的大電流，而過電流元件則可以在阻隔二極體失效時提供熔斷保護。阻隔二極體不能取代過電流元件，且未強制規定得安裝（出處同上）。第 6 章中討論過澳洲標準（2005）的相關內容也同樣適用於併網型系統。

2. **陣列電弧放電**——如圖 10.7 所示，太陽電池陣列的一個開路高電壓支路能夠產生高於 70 V 的高壓，這樣的高電壓足以持續產生電弧，甚至可持續數小時之久。但此類問題可以藉由加裝冗餘連接（redundant connection）來解決，以防止電路開路和電池並聯等問題。

3. **接地**——太陽光電系統中的許多設備必須接地以防止觸電：

・**支架接地**——防止接地發生故障時，可能會導致支架上的電壓足以危害安全。

・**電路接地**——防止電池電壓高過接地電位太多，而導致絕緣層被擊穿的危險。一般可以在一個端子點或者電壓中值點接地。

　　詳細的規定，請參照澳洲標準或當地有關標準。

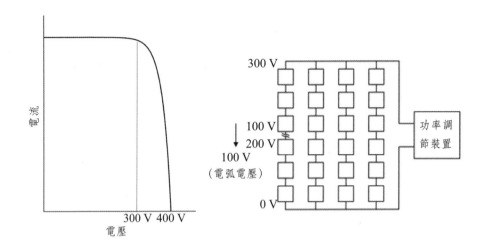

圖 10.7 ○ 高電壓太陽電池陣列在開路時可能造成電弧（**(c)1981 IEEE Ross**）

10.5.1　孤島效應（**islanding**）

在公用電網停電的情況下，如果在包含太陽光電系統的這一段獨立電網中所產生和消耗的有效和無效電力總量相等，那麼併網型太陽光電系統仍然可以繼續運作，這種現象稱為孤島效應（**Schmid & Schmidt, 2003**）。儘管這看起來有助於改善電網穩定性較差地區的電力供應，但是對於電網維護人員來說，則會造成嚴重問題，比如說，維護人員可能不知道電線上仍然帶電。如果公用電網貿然重新送電，暫態過電流有可能會流經斷路器和換流器（**Kitamura et al., 1993**）。

孤島效應的控制，基本上有兩種方法（**Matsuda et al., 1993**）──透過換流器控制，或是透過配電電網控制。換流器可以用來偵測電網上電壓、頻率或諧波的增加，也可以監視電網的阻抗。德國安全法規建議 5kW 以下的單相併網型太陽光電系統需同時安裝兩個獨立的開關系統，其中一個系統須使用機械式開關，如繼電器，專門用來監控電網阻抗和頻率。在澳洲，允許用來與電網併聯的方法由澳洲標準規定（**Standards Australia, 2002b**）。

近年來有研究指出（**Abella & Chenlo, 2004**），在太陽光電發電量佔電網

總容量的比例較少時，實際上不可能造成孤島效應。儘管目前電網中的太陽光電發電量仍然較少，但是隨著未來太陽能板的普及，電網中必須採取因應的主動保護方法，因為被動保護方法在負載非常平衡時無法奏效。另外，如果電網中的同一區段存在大量換流器，因為彼此都在檢測電網的狀況而相互干擾，也可能會導致嚴重後果。

在澳洲，澳洲標準（2002b）規定了防止孤島效應的防範措施，所有設備的安裝都必須考慮這些要求。除非存在有電性隔離設備（如變壓器），否則必須安裝利用機電式開關觸發的電網斷路裝置，而且換流器在缺少受電電網的狀況下，不能繼續供應電力。如果有電性隔離設備，半導體開關也可接受。在多個換流器互相提供頻率和電壓參考信號而可能引起孤島效應的場合，必須同時準備主動與被動式的防止孤島效應措施。允許使用的主動式保護方法包括頻率偏移（shift）、頻率不穩定、電力變化和電流注入等；而被動式保護裝置則同時檢測頻率和電壓的變化。系統必須在孤島效應發生後的兩秒鐘內斷路。

10.6 ｜太陽光電發電的價值

按受益個體來分析，太陽光電發電的價值主要表現在以下幾個方面：

全球價值——妥善利用資本、提高環境品質、抑制氣候變化，普及落後地區用電等；

社會價值——對當地財政、製造業、就業機會、電力成本、電力供應安全保障、貿易平衡，基礎設施等都有益處。

對用戶的價值——需要投入初期成本，但是提升房屋價值、減少電費開銷，提高電力自主性。

對電力公司的價值——太陽光電系統的輸出與負載需求變化曲線相似，補充電力以提供尖峰時段的用電需求，滿足有關永續能源最低使用率的相關條款等。

下面將專門針對公用電網中使用太陽光電的好處進行討論：

10.6.1　能源效益

太陽能發電在電網中的價值和當地電力需求尖峰期出現的時間有很大關聯。用電尖峰時段供應電力的價值可達離峰時段的三至四倍。因此，太陽光電系統非常適用於夏季用電量較高的電網。在澳洲，夏季的高峰用電量正逐漸超過冬天。在美國的某些州和其他一些地方也出現了此類情況。2004 年的澳洲能源白皮書（Australia Energy White Paper）指出了太陽能發電在夏季電力需求高峰期的重要意義，並且提出了建設「太陽城市（Solar Cities）」的計畫（Commonwealth of Australia, 2004）。部分是受到空調設備普及率增加的影響，夏季電力負載急速增加，電網基礎設施的使用效率也隨著降低了，例如，在阿德雷德（Adelaide）的一個地區，配電饋線容量中的上半部只有 5% 的時間內被利用到（Watt *et al.*, 2003）。目前太陽光電系統已被評估用來作為尖載發電廠，它們有可能可以和其他選擇方案，如負載管理、燃氣輪機、複循環機組、抽蓄水力發電等方式競爭，並且未來或許壓縮空氣或冰儲存技術，在零售電價費率（retail electricity tariff）上也都具有等效的目標成本（Iannucci & Shugar, 1991）。

美國有一個專門為了測量併網型太陽光電系統的效益而設計並建立的專案計畫，根據該計畫分析報告指出（見 10.6 節），電網維持尖峰用電時段發電容量所需的邊際成本為每年每千瓦 28 美元（Wenger et al., 1994）。該報告還指出在 1993-1994 會計年度中，一個標稱容量 500 kW_p 的單軸追日型太陽能電廠將下午四點時的電力尖峰負載降低了 430 kW，此外，太陽光電發電還降低了配電變壓器在該時段的熱負載，該變壓器的溫度降低了因而提高了尖峰容量（圖 10.8）。

雖然在空調設備用電主導電力負載尖峰時段的地區，尖峰負載一般會和固定式陣列太陽能發電的尖峰時段相當吻合，但是住宅用電力的尖峰期總是落後於日光輻射最強的時段，或是在日落後才出現。有學者指出太陽能板應該面西，以便能夠將能量輸出的高峰期和夏天的電力需求峰值對應起來（**Watt** *et*

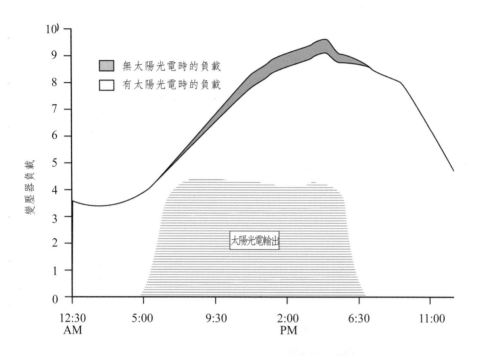

圖 10.8 ❁ 某電力系統在尖峰負載日的配電變壓器負載量與太陽光電輸出（**Wenger et al., 1994**）

al., 2003）。當然，這種設計方法減少了年度總發電量，但是也最佳化了太陽能發電在電網中的作用，在電費上的計算必須能反映出這種增加的價值，以便這種解決方案可以吸引住家用戶。

　　有趣的是，一些安裝太陽光電系統的用戶有可能會改變用電習慣，或許可藉由能源管理策略提高太陽能發電更多的價值（Hass, 1993）。

10.6.2　容量信用

　　容量信用（capacity credit）乃是以電網能滿足負載需求的統計概率來定義的。

　　在用電尖峰時段，和傳統火力發電廠一樣（由於被迫停電或者配合維護需

要而斷電），太陽光電發電廠也有一定機率無法滿足電網需求（一般是由於缺乏陽光）。在後面將提到的卡里薩平原（Carissa Plains）的實例中，太陽光電發電廠在用電尖峰期的容量因素與傳統發電設備非常相似，所以其容量信用也可能類似。

目前而言，在新南威爾斯州冬季晚間的用電尖峰時段，太陽光電發電廠基本上提供至電網的電力非常少，因此除非安裝專用電力儲存設備，太陽光電發電廠在整個冬季的容量信用度都不高。然而，儘管很多地區的電網用電量會在冬季達到峰值，但是次用電高峰期可能會出現在夏季，尤其是目前空調的迅速普及使得夏季用電開始有超過冬季的趨勢，太陽光電發電廠的價值也隨之增加。除此之外，迅速增長的商業用電需求使一天中的用電高峰時段向白天轉移，這非常吻合太陽能電廠的發電時段。

10.6.3　分散的好處

太陽光電系統具有模組化的特點，因此並不必一定要集中起來發電，而可以被大量地分散安裝到電網各處，正如先前所討論過的，大部分的小型系統多安裝在建築物上。除了剛提到過的能源和容量信用的優點之外，太陽能發電也帶來可觀的電網分散的好處，例如減緩了變壓器、導線和電路設備升級的壓力，減少了輸電、配電和變壓器中的電力損失，增加了穩定性，而且在特殊狀況時也可以提供千乏（KVAR）無效電力（Rannels, 1991; Wenger et al., 1994）。相較於太陽能發電在能源和容量信用度上的效益，這種分散的好處使得太陽能發電的價值加倍（Bigger et al., 1991; Wenger et al., 1994）。在美國亞利桑那州的一項研究指出，適當安裝的太陽光電系統每年可創造的總價值約700 美元 /kW（Solar Flare, 1993）。在美國內華達州，如果將諸如以上的全部外部因素一起考慮進來的話，前面討論的太陽能發電的損益平衡成本將由 2.36 美元 /W_p 提高到 3.96 美元 /W_p。另一項針對加州的研究報告估計利用太陽能發電所帶來的效益總值約為每年 293-424 美元 /kW_p（Wenger et al., 1994）。

太陽光電發電經常在熱負荷接近超載的時候展現出其分散上的優越性。例

如，在夏天的時候，配電變壓器或電線的熱過載（thermal overload）會隨著末端用戶需求的不斷增加而逼近其極限。一般的解決方法是增加一條線路或者對電網基礎設施進行升級，但是所需要的成本很高。另一種更好的辦法，是把太陽光電系統加入線路中，如圖 10.9 所示。

藉由發電當地化，經由配電線傳輸的電力總量得以減少，並且減緩了設備需要升級的時間。除此之外，在尖載時段來臨前減少流過變壓器的電流可以降低其溫度，使得變壓器在更高峰值出現的時候能流通更大的電流，而不至於有過熱的危險（Wenger *et al.*, 1994）。

太陽能發電還可以被用來管理用電需求，這對電力公司和用戶來說都有好處。例如，在用電量較大的建築物屋頂上安裝太陽光電系統，可以有效降低尖峰負載與用電需求。目前，照明佔商業和輕工業建築物用電量的 40%，而使用太陽能發電輔助照明系統則不失為降低夏季尖峰負載的一個簡單可行方法。

隨著經濟規模的概念不再那麼強力主導電力公司的計畫，分散式電力系統的概念變得更具有吸引力（Iannucci & Shugar, 1991）。對現代的電力公司來說，成本的最小化同時也有賴於諸如發電機裝設地點、線路損失、輸電線設備升級成本和可靠性等等。因此，集中型發電廠可以搭配小型模組式、位於策略性地點和分散式的太陽光電發電設備，以集中型發電廠提高整個電網的永續性、整體效率、策略性電力分配和客戶服務品質。如此一來，集中型發電廠將

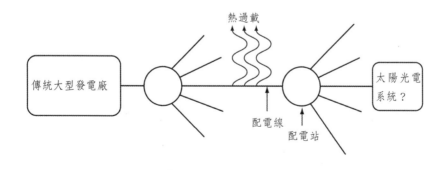

圖 10.9 ☼ 太陽能發電對降低電網熱負載的作用

被用來提供基載（base load）所需電力，這正是這種電廠最適合的用途，而用戶同時也將得到更可靠，品質更好而可以符合當地負載需求的電力供應。用戶電力供應還可能更有彈性，諸如直流電供應、負載管理和蓄電等（出處同上），適當的讀表系統與電費結構有助於這部分的實現。

　　新型的電力公司規劃工具必須能夠評估這些全新概念，同時也需要能將以下議題納入考慮：

- ・再生能源的環保、社會和其他外在價值。
- ・燃料多樣化的好處。
- ・由於發電廠採用自產燃料而不採用非自產燃料降低了投資風險，獲致的安全價值。
- ・對電力系統基礎建設而言，逐步改造比每次大幅度改造所帶來的風險要低。
- ・輸電與配電系統的成本增加（例如，由於設備和人工費用的逐步上升，以及施工地下化的新規定等）。
- ・由於環保、電磁場或其他受關切議題，輸電線路權和變電所興建場地的取得日益困難。
- ・政府的規定、補貼和稅制等改變的可能性，目前這些較有利於化石燃料密集的發電系統。

10.6.4　實例 1：加州，科爾曼饋線 1103

　　太平洋瓦斯及電力公司（Pacific Gas & Electric, PG&E）是美國加州的主要電力公司，該公司對分散於其電網內的太陽光電系統進行了研究。他們從電網中選取了一段，即「科爾曼（Kerman）饋線 1103」，加以詳細分析，以此來評估所安裝的一組 500 kW_p 太陽光電系統在技術和經濟上造成的影響（Shugar，1990）。這個 500 kW_p 系統自 1993 年 6 月起開始投入商業運轉（Wenger et al., 1994），其建造成本為 12.34 美元 /W_p（電池模組造價 9 美元 /W_p，

系統其餘成本，即 BOS 為 3.34 美元 /W_p）（Solar Flare, 1993）。但是此成本中大約 1.14 美元 /W_p 的部分是由於實驗目的造成的額外開銷。

圖 10.8 顯示了該實驗區在 1993-1994 年間一天中饋線負載與配備單軸追日系統的太陽電池陣列的電力輸出之間的關係（Wenger, 1994）。從圖中可以看出，電網的用電峰值明顯下降。除此之外，藉由當天稍早的加熱減少（因為電流減少），變壓器在用電高峰溫度也降低了 4°C。

圖 10.10 顯示科爾曼太陽光電系統的每月能量輸出和績效指標（performance index，即實際發電量除以預期發電量所得的比值）。其中某些月份的績效指標較低是由於換流器故障造成的（Wenger, 1994）。

然後，該太陽光電系統在 1995 年的經濟效益經過評估，其結果如圖 10.11 所示（單位為美元 /kW/ 年）。

總結來說，這套系統的優點可以歸納如下（Wenger, 1994）：

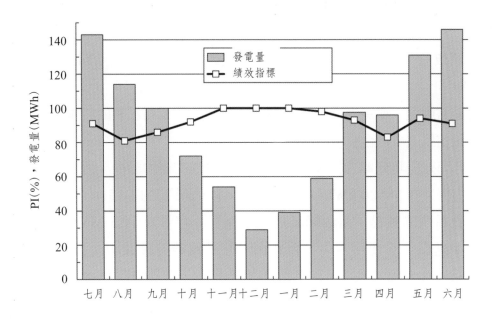

圖 **10.10** ☼ 科爾曼饋線 **1103** 的太陽光電系統之每月發電量及績效指標（**Wenger** *et al.,* **1994**）

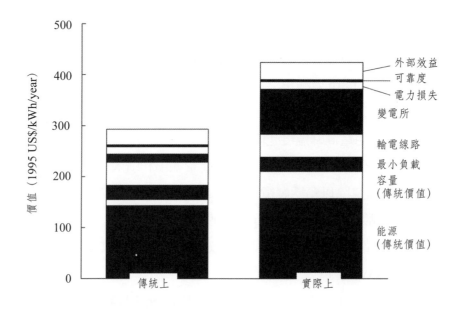

圖 10.11 ☼ 科爾曼太陽光電發電廠在 **1995** 年對電力公司的價值，單位為美元 **/kW/** 年
（**Wenger et al., 1994**）

- **能源效益**：無須使用傳統燃料所帶來能源效益，約折合 143-157 美元 /kW/ 年。

- **容量信用度**：避免為改善可靠度而增加額外容量所花費的成本，提高了容量信用度，折合約 12-53 美元 /kW/ 年。

- **降低有效與無效電力損失**：由於必須被輸送的電力較少，所減少的線路電力損失為 58500 kWh/ 年和 350 kVAR，節約了 14-15 美元 /kW/ 年。

- **對變電所的效益**：藉由降低配電變壓器（容量為 10.5 MVA）的峰值溫度延長了其使用壽命，另外也降低了負載分接頭切換器（load tap changer）的維護成本（因為切換次數減少）。總計約合 16-88 美元 /kW/ 年。

- **傳輸線路效益**：傳輸線路效益在概念上類似於容量信用度，但是主要反映在避免配電系統的投資和維護成本，其價值為 45 美元 /kW/ 年。

· **可靠性效益**：該太陽能發電有助於在停電之後快速恢復供電。對於電力公司來說，其價值合計約 4 美元 /kW/ 年，而對於用戶來說其挽回的損失則難以估計。可靠性的改善對電力公司具有經濟效益，因為可減緩設備升級的急迫性。該太陽光電系統預估可提供約 3 V 的電壓支援。

· **環境效益**：由於使用太陽能這種潔淨能源，每年可減少 155 噸二氧化碳排放和 0.5 噸氮氧化物排放，其環保價值約合 31-34 美元 /kW/ 年。

· **負載最小化**：省去為電網維持尖峰用電時段發電容量所需的邊際成本，價值 28 美元 /kW/ 年。

10.6.5 實例 2：西澳，卡爾巴里

卡爾巴里（Kalbarri）是位於伯斯北方 500 公里處的一個小鎮，位於西澳主電網的一段 136 公里長配電線的最北端。這個專案計畫的目的在於展示和研究太陽光電發電對電網的支援，測試換流器技術，並提供太陽追蹤系統和換流器的使用經驗（Jennings & Milne, 1997; CADDET Australian National Team, 1998）。這套系統一共使用 16 個單軸追日設備，每個追日設備上安裝了 16 個模組，總功率可達 20 kW$_p$。整套系統藉由一個 35 kVA 的三相電流控制電力換流器和一個 100 kVA 的變壓器連接到電網上，電網上的電壓隨時在波動。

卡爾巴里電網的用電尖峰時段主要受空調使用的影響，因此一般會出現於夏天的下午或傍晚時分，而太陽能發電的尖峰期則出現在下午兩點三十分左右。這個太陽光電系統並不預期會對該尖峰負載約為 3 MW 的電網產生重大影響，因為其規模太小所以不足以影響電網的系統穩定度，但是這個專案的實施提供了有關太陽光電系統潛力的現場實測資料。

10.7 ▏國際太陽光電計畫

電力成本幾乎在全世界都受到不同程度的補貼，有些是考量社會或其他因素而直接採取財務補貼，有些則是將環境破壞的成本予以外部化（Kjaer, 2004;

Riedy & Diesendorf, 2000; European Environment Agency, 2004; Schmela, 2003; Pershing & MacKenzie, 2004）。1995－1998 年間全球每年的能源補貼估計高達 2440 億美元，其中只有 3.7% 被投入在再生能源和提高能源效率上（Pershing & MacKenzie, 2004）。這個「市場失靈」（market failure）無形中增加了小型企業進入能源市場的難度。但是，取消對傳統能源工業的補助，無論從社會還是政治的角度來講都是行不通的。因此，一般採用「次佳」（second best）的替代方案以提倡有利於大眾的新能源企業在市場上的發展。曾有學者針對如何控制再生能源的價格和產量進行了研究，並且在歐洲標準下對幾種控制方法進行了比較（Kjaer, 2004）。其他相關研究包括國家政策實施方略（Sawin, 2004）和太陽能發電扶持策略等（Haas, 2002）。

10.7.1　美國

在 1970 到 1980 年代間，美國能源部實施了一個住宅用太陽光電研究、開發與示範先導計畫，其目的在於監控住家負載、評估並提供不同地區住宅用太陽光電系統的技術資料、建造並監控與電網隔離的太陽能供電住宅、住宅群（例如 30 戶住宅）以及商業大樓，並評估併網型太陽能發電對配電級電力網路產生的影響（見圖 10.12）。

此計畫後來被「陽光 2000（Solar 2000）」計畫所取代，後者著重在開發具有市場競爭力的太陽光電系統，以便將全美國總裝置容量由 1991 年的低於 50 MW 增加到 1995-2000 年的 200-1,000 MW，遠期達到 2010-2030 年的 10,000-50,000 MW（Rannels, 1992）。但事實上到 2001 年底全美國的太陽光電系統裝置容量只有 167.8 MW，這與既定目標相去甚遠（IEA-PVPS, 2004b）。

不過，美國其他的許多太陽能計畫都獲致了成功，如電力公司太陽光電組（Utility PV Group, UPVG）。該組的主要目標是使電力公司末端用戶了解太陽光電在他們住家系統中的價值，並透過電力公司集體採購來降低成本（Stone, 1993）。它計畫在自 1993 年起的五年之內，在美國的電力公司電網上安裝 50 MW$_p$ 具成本效益、技術領先的太陽光電設備。

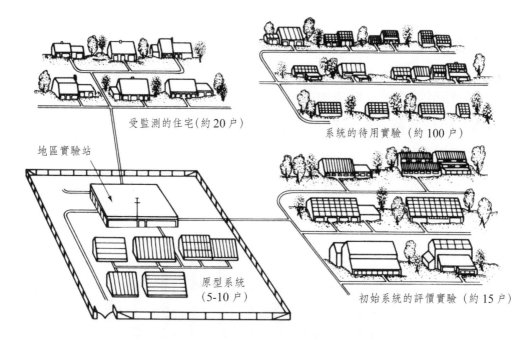

受監測的住宅(約 20 戶)

系統的待用實驗(約 100 戶)

地區實驗站

原型系統
(5-10 戶)

初始系統的評價實驗(約 15 戶)

圖 10.12 ✿ 美國能源部住宅計畫的示意圖。此設計複製了商用系統的原型（**Pope, 1979**）

　　美國國家再生能源實驗室（National Renewable Energy Laboratory）的太陽光電補助計畫「PV: BONUS」，主要對安裝在屋頂、窗戶、住家用及商業大樓的太陽光電應用提供補助。

　　PVUSA 專案旨在展示安裝在電力公司環境中的太陽光電系統。到 1991 年，九個使用全新模組技術的 20 kW_p 太陽光電系統，外加兩個 200 kW_p 以及一個 400 kW_p 使用成熟技術的系統完成了測試（Candelario *et al.*, 1991）。運轉期間，固定太陽能板的平均容量因素為 21%（在 10% 到 30% 之間變動），而配備雙軸追日系統的容量因素則可達到 30%（出處同上）。

　　前面提到過的科爾曼變電所就是 PVUSA 的一項。其他的將在下面作以介紹。

1. 卡里薩平原（Carissa Plains）——在美國洛杉磯北部的卡里薩平原建造
　的太陽光電系統，其裝置容量為 5.2MWac，此系統併聯到太平洋瓦斯及

電力公司（PG&E）的電網。這套系統三年來就容量因素而言的工作情況如圖 10.13a（以二十四小時計）和 10.13b（僅取尖峰用電時段）所示。1985-1988 年間，系統的可用率高達 97%（Rannels, 1991）。PG&E 的尖峰用電需求一般出現在夏季的午後。從五月至九月下午 12：30 至 18：30 的負載高峰期，卡里薩太陽能電廠的超高容量因素使它成為幾近

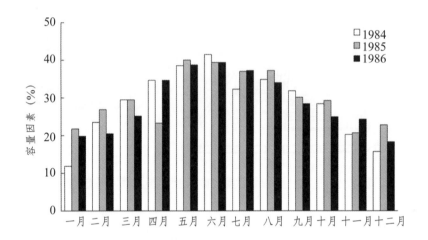

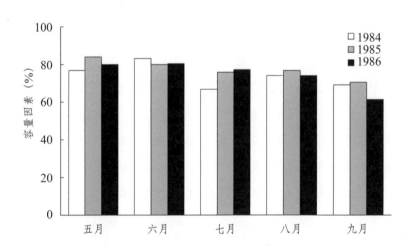

圖 10.13 ✿ 卡里薩平原太陽能電廠三年間的容量因素（**Hoff, 1987**）：**(a)**24 小時容量因素；
(b) 發電高峰期的容量因素

理想的尖載發電廠。卡里薩平原電廠在測試完成後被拆除並出售。

2. 沙加緬度（Samento）—— 1993 年沙加緬度市政電力管理區所轄的 Hedge 變電所安裝了一個 200 kW$_p$ 的太陽太電陣列，當時（1993 年）的價格估價為 7.7 美元 /W$_p$（Solar Flare, 1993）。

更近一點的是，2005 年在美國獎勵計畫被用來作為提倡 80 MW 的併網型太陽光電系統的手段（Solarbuzz, 2006）。住宅屋頂太陽能設備佔市場總發電容量的 23%，而商用建築物屋頂及大型商業專案計畫的太陽能發電則佔該國市場的 33%。美國聯邦政府再生能源獎勵政策資料庫由州際再生能源委員會（Interstate Renewable Council）負責維護（IREC, 2004）。

在美國，「綠色價格計畫（Green pricing schemes）」已成為有力的市場驅動者，一般用戶和企業用戶可自行選擇是否為再生能源發電支付額外費用。2003 年此市場政策幫助太陽能提高了百分之三十的銷售量。勞倫斯·柏克萊國家實驗室（Lawrence Berkeley National Laboratory）和國家再生能源實驗室曾藉由在市場行銷的各個方面，對美國的定價政策的有效性作了研究與評估。綠色價格計畫加速了再生能源的發展。到 2002 年底，再生能源的發電容量已達到 290 MW；預計到 2003 年，又將增加 140 MW。

10.7.2　日本

日本的政府補助計畫使得日本目前在全球太陽電池生產和市場上均處於主導地位。自 1974 年「日光計畫（Sunshine Project）」實施以來，日本對太陽電池的投入，已經迅速地從研究開發轉移到大規模應用。市場推廣的重點被放在併網型發電系統，特別是住宅屋頂系統上，這種方式可以善用日本電網高度普及至住宅的優勢，並且大大節省了土地的使用（Kurokawa, 1993）。1992 年引進了淨用電計量（net metering），要求電力公司以零售電價回購散戶的過剩電力（Sawin, 2004）。

1994 年開始的「太陽能屋頂（Solar Roofs）」計畫已經成為了市場主要的

驅動力。到 2004 年 3 月，150,000 個平均額定容量 3.7 kW$_p$ 的政府補助屋頂系統已經獲得批准（Hirshman, 2004a）。在整個計畫實施過程中，財務補貼已經由 1994 年的 50% 逐步下降到 2002 年的 12%，但是購買者可以從這段期間內太陽光電設備價格的下降得到補償。在 1994 年和 2004 年之間，太陽光電累計裝置容量達到 420 MW$_p$，自 1992 年起，日本的太陽光電系統總裝置容量以平均每年超過 42% 速度成長（Sawin, 2004）。儘管仍有許多地級政府提供太陽光電獎勵措施，但是補貼已經逐步地被強制再生能源目標和「綠色電力」方案所代替。日本現在已經著手實施另一個三十年計畫，目標是到 2010 年裝置容量達到 48GW$_p$，到 2030 年達到 100GW$_p$（IKKI & Ohigashi, 2004）。屆時太陽能發電量將占日本電力供應的 10%，同時還將其成本目標定為 7 日元/kWh，而 2003 年的太陽光電發電成本是 50 日元 /kWh（Goto *et al.*, 2004）。

10.7.3 歐洲

在過去 1993 到 2003 年的這十年間，歐洲成為繼日本之後的第二大太陽光電市場，在生產和銷售上都經歷了爆炸性的成長。相關機構（INTUSER Consortium, 2003）列出了奧地利、比利時、丹麥、芬蘭、法國、德國、義大利、盧森堡、荷蘭、葡萄牙、西班牙和英國對太陽光電設備生產和投資的獎勵及補助計畫。

瑞士曾計畫凍結核能十年的開發使用，藉以進行太陽光電計畫（Real & Ludi, 1991）。該國於 1987 年開始了一項太陽光電研發計畫，隨後對一個 3 kW$_p$ 的原型系統進行了測試。1988 年，安裝了 10 套 3 KW$_p$ 的太陽光電系統，該系統配備了一個專門設計的 3 kW 高效率換流器。當時的電力公司已經開始對太陽光電用戶提供一對一的供電與回購方案了。到了 1990 年，系統安裝已經突破一百套（出處同上）。他們的「能源 2000（Energy 2000）」計畫的目標是到 2000 年時併網型太陽光電系統的裝置容量可以達到 50 MW$_p$，然而，一直到 2003 年，實際裝置容量只有 21 MW$_p$（IEA-PVPS, 2004）。

瑞士實施太陽光電計畫的主要目標之一是降低太陽光電系統需要的土地

使用面積。因此，除了盡可能利用屋頂以外，在高速公路的隔音牆上也安裝了好幾個大型太陽電池陣列，以很顯眼地的方式向大眾展示了太陽光電技術（Nordmann & Clavadetscher, 2004）。這個構想從此被廣泛地推廣到歐洲其他國家和地區。瑞士最近推出的補助措施強力促進了消費者投資（Bovin, 2004）。

奧地利於 1992 年開始了一項「200 kW 太陽光電屋頂計畫」。政府針對裝設 3.6 kW$_p$ 以下的建築整合型併網太陽光電系統的家庭用戶提供財務補貼。近期，則是透過電力回購（feed-in tariff）進行補貼。

德國推廣太陽光電的獎勵計畫是全歐洲最具成效的（Sawin, 2004）。德國於 1991 年開始了「一千屋頂示範計畫（1000 Roofs Demonstration Program）」，而 2000 年則開始實施更大規模的「十萬屋頂計畫（100,000 Roofs Program）」。透過這兩個計畫的實施，在德國安裝太陽光電系統可以享受低利貸款，獎勵計畫隨後在 2004 年由「再生能源法（Renewable Energy Law）」取代。這項法律強制規定了電力回購，其用意在於藉由向電網售電的方式，在太陽光電系統的生命期內回收系統本身的投資成本。回購電價從 2006 年開始以每年 6.5% 的幅度逐年降低（Schmela, 2004; Siemer, 2004）。以上這些方法促使屋頂太陽光電系統迅速的成長，在實施期間也誕生了某些規模非常大的屋頂太陽能電廠。到了 2004 年，由於考慮到經濟規模帶來的利益，同時也意識到可利用的大面積屋頂頗為有限，德國的投資者開始傾向於建造安裝於地面上的集中型太陽能電廠（Paul, 2004）。據德國太陽能工業協會（German Solar Industry Association）預估，到 2004 年太陽能產業銷售額將增長 50%，達到十億歐元（Renewable Energy World, 2004*a*）。

西班牙在 1998 年通過了與德國類似的電力回購法案。然而，電力公司可以自行規定用戶在太陽光電系統併入電網時須繳納高額手續費，而且用戶向電網賣電時需要以企業名義註冊（Sawin, 2004）。這重重障礙抑制了西班牙太陽光電市場的成長。2004 年初，西班牙批准了此計畫的修訂草案。雖然這項新計畫由於分配資金有限而飽受批評，但預期仍將對大力地推動整個產業的發展

（Hirshman, 2004*b*）。

義大利的屋頂太陽光電補助計畫始於 2001 年，但是逐漸淪為地方黨派關係和官僚體系的犧牲品，導致在往後三年裝置容量僅達到 2 MW$_p$（Hirshman, 2004*c*）。一項參考德國和歐洲其他國家成功經驗的新電力回購方案於 2004 年末開始實施。

歐盟計畫於 2005 年起實施一個統一的補貼計畫。在此之前，歐洲每一個國家都有不同的政策與條例。

10.7.4 印度

當大多數開發中國家仍在使用小型獨立太陽光電系統時，雖然印度也支持小規模系統的龐大市場，卻已經成立了一個農村電氣化技術任務（Rural Electrification Supply Technology Mission），其目標是幫助印度兩萬多個偏遠村莊在 2012 年前能夠享用再生能源和混合能源系統供應的電力（Chaurey, 2004）。這項計畫以 2003 年實行的電業法為後盾，該法提供了獨立電力生產者（independent power producer）在偏遠地區建立採用再生能源的電力系統以及國營電力公司詳細界定再生能源範疇的法令依據（出處同上）。安裝於卡爾揚普（Kalyanpur）的 100 kW$_p$ 小型併網系統是最早安裝的農村太陽光電系統之一，當時的造價約為 150 萬美元（Solar Flare, 1993）。這個系統提供 500 個家庭、40 盞街燈和 15 個水泵供電（出處同上）。村民每月繳付一次電費，主要用於照明。

印度政府也對併網太陽光電發電廠提供補貼，作為增加太陽光電設備產量並降低其製造成本的手段。印度的併網太陽光電發電廠裝置容量排名世界第五。已有幾個主要的建物整合型太陽光電系統工程被安裝於大型辦公樓和政府機關建築物上，而另一項整合型太陽光電系統示範計畫正在進行中。

在 2003 年，印度已成為世界上第五大太陽電池模組生產國，擁有 60 個大型組件製造商，還有許多大規模的研究、示範和市場發展計畫。除了滿足本國市場發展的需求，印度也在迅速地轉向國外市場。

10.7.5　中國

中國對電力的需求非常大（Hirshman, 2003），特別是在西部省份安裝村莊小型併網系統可以有效彌補當地的能源缺口（Cabraal, 2004; Li, 2004）。2002-2003 年間，八百多個村莊配備了太陽光電發電設備，總裝置容量為 19 MW_p（Honghua et al., 2004）。最大的系統額定發電容量達到 150 kW_p。除此之外，2005 年前預計安裝 10 MW_p 的小型家用太陽光電系統，而太陽光電技術也能夠廣泛地應用於行動電話網絡，微波中繼站，光纖連結和火車信號等方面（出處同上）。中國的光明專案計畫將目標設定在 2010 年獨立型太陽光電系統的裝置容量超過 100 MW_p（Yi, 2004）。

在中國的併網型太陽光電系統方面，再生能源法可望於 2005 年正式頒佈，屆時電網將有可能被強制要求納入再生能源。為迎接 2008 年北京奧運會，北京市政府也會安裝一些併網太陽光電設備。

為了達到預定目標，中國的新能源和再生能源五年計劃已經設定國內太陽電池產能的目標為由 2003 年的 2 MW_p 提升到 15 MW_p。更長遠的目標是在 2015 年產量達到 320 MW_p（Yi, 2004）。

10.7.6　澳洲

自 1980 年代中期以來，澳洲就實施了一系列再生能源補助計畫。這些計畫在各州都有所不同，並且通常都將工作重點放在離網型太陽光電應用上。聯邦政府規劃實施的「偏遠地區再生能源電力計畫（Remote Renewable Power Generation Program）」可望持續到 2009 年。這個計畫由各州政府透過各級子專案進行管理，其目標是將現有的離網型柴油電力系統完全由再生能源替代，更新設備所需開銷的 50% 將由政府補貼支付。儘管此計畫並不僅針對太陽光電，但絕大多數的小型系統仍然選擇配置了太陽光電。到 2003 年，該計畫補助安裝的太陽光電系統已超過 2 MW_p（Watt, 2004）。

有一個針對太陽光電的計畫，「太陽光電屋頂計畫（PV Rooftop Program）」

自 2000 年開始實施，同時對併網和離網型屋頂系統提供補助。其目標是發展建物整合型太陽光電技術，以及完善太陽能板的安裝技術，補助對象涵蓋住宅和社區建築。該計畫到 2004 年已安裝超過五千套太陽光電系統，新增發電容量超過 6 MWP。這是澳洲第一個對併網太陽光電提供補助的計畫。州政府和電力公司對安裝在學校的太陽光電系統也提供補助，同時還會為這些學校提供教材。

2000 年雪梨奧運會提出了綠色奧運的概念，政府對永續能源技術提供了補助。奧運村附近建立了超過 600 戶永續能源屋，其中一部分在運動員使用完以後被出售成為私有住宅。每套建築配備有 1 kW$_p$ 的太陽光電板。在奧林匹克綜合區也設計配備了幾套太陽能發電系統，包括安裝在一超級圓頂（Superdome）上的 70 kW$_p$ 太陽電池陣列，幾套太陽光電水泵系統和主體育場外的一套太陽光電照明系統，其獨特的藍色太陽光電照明塔已經成為了該體育場的象徵。以上專案中的許多都是由電力供應商為其綠色電力（GreenPower）用戶安裝的。

一個針對全澳洲電網電力供應而設定的「強制性再生能源目標（Mandatory Renewable Energy Target, MRET）」於 2001 年開始展開。到 2010 年時，整個澳洲每年必須供應總計為 9500 GWh 的再生能源電力，其中也包括之前安裝的系統，以及大型水力發電廠。再生能源發電量必須維持此一標準到 2020 年。該計畫係藉由對每一 MWh 的再生能源電力提供可再生能源認證（Renewable Energy Certificate, REC）的方式來進行。此認證可以用來評鑑小規模的太陽光電系統，例如住宅系統等。由於最初訂定的評鑑期只有五年，因此到目前為止 MRET 對太陽光電系統銷售量的影響還很小。但是，此項認證將延長為十五年，很可能會大力推動太陽光電市場的發展。已有學者對 MRET 的細節，諸如法律背景和運作方式方面等作了調查研究（ORER, 2004）。

澳洲新南威爾斯州政府永續能源開發局（Sustainable Energy Development Authority，該部門於 2004 年關閉）在 1997 年開始宣導綠色能源電價計畫，該計畫從此普及到其他州（GreenPower, 2004）。計畫的重點是電力零售業者須提供各種供電方案，例如保證太陽光電及其他再生能源產生的電力能被加入

電力池，以便綠色電力用戶可以從中取用綠色電力（出處同上）。電力公司已經安裝幾個大型的太陽光電系統為綠色電力用戶提供用電，這些系統包括前面提到的奧林匹克公園太陽光電設施等。在新南威爾斯州的辛格萊頓（Singleton）安裝有澳洲能源集團（Energy Australia）的 400 kW$_p$ 太陽光電系統，在達博（Dubbo）的西部平原動物園和昆比揚（Queanbeyan）也各有 50 kW$_p$ 的太陽光電系統，由鄉村能源公司（Country Energy）設計安裝。

　　2004 年澳洲政府公佈了「太陽城（Solar Cities）」計畫，其主要目的在於評估指定地區內佔電網高發電量比例的太陽光電、太陽能熱水器的工作狀況，以及能源效率的測量，特別是用電尖峰出現在夏季的地區（Commonwealth of Australia, 2004）。

習題

10.1　(a) 概述目前市場上的太陽電池應用，並解釋為什麼太陽光電既是永續又是經濟的。

　　　(b) 未來的太陽光電市場和應用將會發生什麼變化？因應這些新的市場，太陽光電產品需要作哪些調整？

10.2　(a) 繪圖說明在互連太陽電池系統中，借助電源電路、並聯電池串、串聯區塊和子串的概念解釋太陽光電系統的連接方式。

　　　(b) 假設在一套大型系統中每個串聯區塊都配備有一個旁路二極體，試解釋為什麼減少子串中的串聯電池數量可以提高系統對電池因開路而失效的忍受度。

　　　(c) 試說明為何使用多電源電路的太陽光電系統可以防止大量電流接地短路的事故。

　　　(d) 解釋在具有多電源電路的大型高電壓太陽光電系統，當兩個串聯區塊連接處開路時電弧是如何產生的。

10.3 任選一個國家,討論該國基礎服務如發電和配電、電信、鐵路和供水對太陽光電應用的態度。如何才能切實地推廣太陽電池的應用?

10.4 列舉住宅併網型太陽光電系統的主要組件,並討論使用太陽能在這種應用中的意義。

參考文獻

文獻的更新資料請參閱:*www.pv.unsw.edu.au/apv_book_refs*。

Abella, M.A. & F. Chenlo (2004). 'Choosing the right inverter for grid-connected PV systems', *Renewable Energy World*, **7**(2), March-April, pp 132-146.

Australian Business Council for Sustainable Energy (2004), *Technical Guide for Connection of Renewable Generators to the Local Electricity Network*, August 2004, Carlton (www.bcse.org.au/docs/Publications_Reports/BCSE Technical Guide for Connection.pdf).

Australian Business Council for Sustainable Energy (2004*a*), *The Australian Photovoltaic Industry Roadmap*, July 2004 (www.bcse.org.au).

Berg, W.M. & Wiehagen, J. (1991), 'PV assisted DC and AC fluorescent lighting systems compared', Proc. 22nd IEEE Photovoltaic Specialists Conference, Las Vegas, pp. 674-679.

Bigger, J.E., Kern, E.C. Jr. & Russell, M.C. (1991), 'Cost-effective photovoltaic applications for electric utilities', Proc. 22nd IEEE Photovoltaic Specialists Conference, Las Vegas, pp. 486-492.

Bonvin, J. (2004), 'The Swiss choice. Consumers fund green electricity in Switzerland', *Renewable Energy World*, pp. 98-105.

Bower, W. (2000), 'Inverters-Critical photovoltaic balance-of-system components: Status, issues, and new-millennium opportunities', *Progress in Photovoltaics: Research and Applications*, **8**, pp. 113-126.

Byrne, J. Wang, Y.D., Nigro, R. & Bottenberg, W. (1993), 'Commercial building demand side management tools: Requirements for dispatchable photovoltaic systems', Proc.

23rd IEEE Photovoltaic Specialists Conference, Louisville, Kentucky, pp. 1140-1145.

Cabraal, A. (2004), 'Strengthening PV businesses in China', *Renewable Energy World*, May-June, pp. 126-139.

CADDET Australian National Team (1998), 'Australia's largest PV system', *CADDET Renewable Energy Newsletter*, September, pp. 16-17.

Candelario, T.R., Hester, S.L., Townsend, T.U. & Shipman, D.J. (1991), 'PVUSA-performance, experience and cost', Proc. 22nd IEEE Photovoltaic Specialists Conference, Las Vegas, pp. 493-500.

Chaurey, A. (2004), 'Developments with PV research and applications in India', Proc. 14th International PV Science and Engineering Conference, Bangkok, Thailand, 26-30 January 2004, pp. 469-471.

City of Melbourne (2004), *Queen Victoria Market Solar Energy* (www.melbourne.vic.gov.au/info.cfm?top = 235&pg = 1614).

Commonwealth of Australia (2004), *Securing Australia's Energy Future*, Canberra (energy.dpmc.gov.au/energy/uture/index.htm).

European Environment Agency (2004), *Energy subsidies in the European Union: A Brief Overview*, EEA Technical report 1/2004 (reports.eea.eu.int/technical_report_2004_1/en/Energy_FINAL_web.pdf).

Feduska, W. *et al.* (1977), *Energy Storage For Photovoltaic Conversion; Residential Systems-Final Report*, Vol. 3, US National Science Foundation, Contract No. NSF C-7522180.

Florida Solar Energy Centre, (1987), *Photovoltaic System Design-Course Manual*, FSEC-GP-31-86, Cape Canaveral, Florida.

Gonzalez, C. & Weaver, R. (1980), 'Circuit design considerations for photovoltaic modules and systems', Proc. 14th IEEE Photovoltaic Specialists Conference, San Diego, pp. 528-535.

Goto, S., Kawakami, T., Nishimura, K., Mizuguchi, K., Ishiyama, K, Aratani, H, (2004), 'Present status of research and development on solar cells in Japan', Proc. 19th European PV Solar Energy Conference and Exhibition, Paris, June 2004.

Greenpower (2004) (www.greenpower.com.au).

Haas, R. (1993), 'The value of photovoltaic electricity for utilities', *Technical Digest of the International PVSEC-7*, Nagoya, Japan, pp.365-366.

Haas, R. (2002), *Market Deployment Strategies for PV in the Built Environment*, IEA PVPS T7-06:2002.

Hanel, A. (2000), 'Building-integrated photovoltaics. Review of the state of the art', *Renewable Energy World*, **3**(4), pp. 89-101.

Hirshman, W. P. (2003), 'You say you want a revolution? Massive PV push by China may be a long march in reverse', *Photon International*, June, pp. 24-28.

Hirshman, W. (2004*a*), 'Small talk and big plans in Japan', *Photon International*, May, pp. 65-67.

Hirshman, W. (2004*b*), 'Wanted in Spain: More Germans?', *Photon International*, May, pp. 12-14.

Hirshman, W. (2004*c*), 'The devil in the details. Italy's feed-in tariff is assured, but not the amount or period of payment', Interview with Gechelin, Giancarlo, *Photon International*, March, pp. 16, 18.

Hoff, T. (1987), 'The value of photovoltaics: A utility perspective', Proc. 19th IEEE Photovoltaics Specialists Conference, New Orleans, IEEE, pp. 1145-1149.

Honghua, X., Shenghong, M. & Zhenbin, C. (2004), 'Development and prospect of PV power generation in China', Proc. 14th International PV Science and Engineering Conference, Bangkok, Thailand, 26-30 January 2004, pp. 1081-1084.

Hubbuch, M. (1992), 'Advanced technology for mounting and connecting PV-modules', Proc. 11th EC Photovoltaic Solar Energy Conference, Montreux, Switzerland, pp. 1338-1339.

Iannucci, J.J. & Shugar, D.S., (1991), 'Structural evolution of utility systems and its implications for photovoltaic applications', Proc. 22nd IEEE Photovoltaic Specialists Conference, Las Vegas, pp. 566-573.

IEA-PVPS (2004*a*), *Cumulative Installed PV Power by Sub-Market* (www.oja-services.nl/iea-pvps/isr/download/table10.pdf).

IEA-PVPS (2004*b*), *Summary of Trends*, International Energy Agency (www.oja-services. nl/iea-pvps/topics/i_int.htm).

Ikki, O. & Ohigashi, T. (2004), 'Current status and future prospects of PV in Japan', Proc. 14th International PV Science and Engineering Conference, Bangkok, Thailand, 26-30 January 2004.

INTUSER Consortium (2003), *Renewable Energy Sources* (www.intuser.net).

IREC (2004), 'Database of state incentives for renewable energy', Interstate Renewable Energy Council (IREC) (www.dsireusa.org).

Jennings, S.U. & Milne, A.M. (1997) 'A review of the Kalbarri photovoltaic system', Proc. Solar '97, Canberra, 1-3 December, Australian and New Zealand Solar Energy Society, Canberra, Paper 131.

Kang, T.-K., Koh, K.-H., Kim, Y.-C., Nakaoka, M. & Lee, H.-W. (2004), 'The study on MPPT algorithm for improved IncCond Algorithm', in Rhee, E. K., Yoo, H.-C., Cho, G.-B., Kang, Y.-H. & Park, J.-C., *ISES Asia-Pacific 2004*, Gwangju, Korea, 17-20 October 2004, Korea Solar Energy Society, Gwangju, Korea, pp. 299-306.

Kitamura, A., Nakaji, K., Matsuda, H., Takigawa, K. & Kobayashi, H. (1993), 'Demonstration test on PV-grid interconnection at Rokko test center (Reclosing of distribution circuits during islanding)', *Technical Digest of the International PVSEC-7*, Nagoya, Japan, pp. 379-381.

Kjaer, C. (2004), 'Support mechanisms. Can one size fit all?', *Renewable Energy World*, **7**(2), pp. 48-59.

Krampitz, I. (2004), 'Inverter invasion. The on-grid inverter market expands on an international scale', *Photon International*, April, pp. 42-55.

Li, Z., 'Made in China', *Renewable Energy World*, Jan-Feb, pp. 70-80.

Matsuda, H., Orai, S., Kitamura, A., Takigawa, K., Kobayashi, H. & Ariga, Y. (1993), 'Testing and evaluation of measures for preventing islanding of grid-connected residential-scale PV systems', *Technical Digest of the International PVSEC-7*, Nagoya,

Japan, pp. 385-386.

Millner, A.R. & Dinwoodie, T. (1980), 'System design, test results, and economic analysis of a flywheel energy storage and conversion system for photovoltaic applications', Proc. 14th IEEE Photovoltaic Specialists Conference, San Diego, pp. 1018-1024.

Nordmann, T. & Clavadetscher, L. (2004), 'PV on noise barriers', *Progress in Photovoltaics*, **12**(6), pp. 485-495.

Office of the Renewable Energy Regulator (ORER) (2004) (www.orer.gov.au).

Paul, N. (2004), 'Pastures new. Germany's PV market moves into new territory', *Renewable Energy World*, pp. 48-59

Perez, R. & Collins, B. (2004), 'Solar energy security: Could dispersed PV generation have made a difference in the massive North American blackout?', *Refocus*, **5**(4), July-August, pp. 24-28.

Pershing, J. & Mackenzie, J. (2004), 'Removing subsidies. leveling the playing field for renewable energy technologies', International Conference for Renewable Energies,Bonn (www.renewables2004.de).

Pope, M.D. (1979), 'Residential systems activities', Proc. US DOE Semi-Annual Program Review of Photovoltaics Technology Development, Applications and Commercialization, US Department of Energy, Report No. CONF-791159, pp. 346-352.

Poponi, D. (2003), 'Analysis of diffusion paths for photovoltaic technology based on experience curves', *Solar Energy*, **74**, pp. 331-340.

Posnansky, M., Szacsvay, T., Eckmanns, A. & Jurgens, J. (1998), 'New electricity construction materials for roofs and facades', *Renewable Energy*, **15**, pp. 541-544.

Rannels, J.E. (1992), 'The US Department of Energy Photovoltaics Program', Proc. 11th EC Photovoltaic Solar Energy Conference, Montreux, Switzerland, pp. 1705-1708.

Real, M. & Ludi, H. (1991), 'Project Megawatt: Experience with photovoltaics in Switzerland', Proc. 22nd IEEE Photovoltaic Specialists Conference, Las Vegas, pp. 574-75.

Reijenga, T.H. (2003), 'PV in architecture' in Luque, A. & Hegedus, S. (Eds.), *Handbook of Photovoltaic Science and Engineering*, Wiley, Chichester, pp. 1005-1042.

Renewable Energy World (2004*a*), May-June, p. 14.

Renewable Energy World (2004*b*), 'Spain's renewables tariffs a 'saviour' to all but biomass', May-June, p. 22.

Riedy, C. & Diesendorf, M. (2003), 'Financial subsidies to the Australian fossil fuel industry', *Energy Policy*, **31**, pp. 125-137.

Ross, R.G. (1984), 'Technology developments toward 30-year-life of photovoltaic modules', Proc. 17th IEEE Photovoltaic Specialists Conference, Kissimminee, Florida, pp. 464-472.

Ross, R.G. Jr., (1981), 'Design techniques for flat-plate photovoltaic arrays', Proc. 15th IEEE Photovoltaic Specialists Conference, Florida, pp. 811-817.

Sandia National Laboratories (1990), 'Utility systems for photovoltaics', Report No. SAND 90-1378 (www.sandia.gov/pv/docs/Programmatic.htm and www.sandia.gov/pv/docs/PDF/Utility-Applications.pdf).

Sawin, J. (2004), 'National policy instruments. Policy lessons for the advancement & diffusion of renewable energy technologies around the world', International Conference for Renewable Energies, Bonn (www.renewables2004.de).

Schmela, M. (2003), 'No shame in demanding subsidies' (editorial), *Photon International*, p. 3.

Schmela, M. (2004), 'Feed-in tariff: The optimum PV initiative' (editorial), *Photon International*, May, p. 3.

Schmid, J. & Schmidt, H. (2003), 'Power conditioning and photovoltaic power systems', in Luque, A. & Hegedus, S. (Eds.), *Handbook of Photovoltaic Science and Engineering*, Wiley, Chichester, pp. 863-903.

Schmitz, G., Bird, L. & Swezey, B. (2004), 'NREL highlights leading utility green power programs', NREL, Golden (www.eere.energy.gov/greenpower/resources/tables/pdfs/0304$_t$opten$_p$r.pdf).

SEDA (2004), 'Working solar systems in NSW', NSW Sustainable Energy Development Authority (www.seda.nsw.gov.au/ren$_p$vsystem.asp).

Shugar, D.S. (1990), 'Photovoltaics in the utility distribution system: The evaluation of system and distributed benefits', Proc. 21st IEEE Photovoltaics Specialists Conference, pp. 836-843.

Siemer, J., (2004), 'No more barriers. German lower house passes Renewable Energy Law', *Photon International*, May, pp. 10-11.

Solarbuzz (2004*a*) (www.solarbuzz.com/StatsGrowth.htm).

Solarbuzz (2004*b*), 'Price survey, June 2004' (www.solarbuzz.com).

Solarbuzz (2004*c*), 'Photovoltaic industry statistics: Costs' (www.solarbuzz.com/StatsCosts. htm).

Solarbuzz (2006), S*ummary of United States Grid Connect PV Market Report 2006: 2005 Market outcomes; 2006-2010 Market developments* (www.solarbuzz.com/ USGridConnect2006. htm).

Solar Energy Research Institute (SERI) (1984), *Photovoltaics for Residential Applications,* SERI/SP-281-2190, Golden, Colorado.

Solar Flare, No. 93-3, July 1993, Strategies Unlimited, California.

Standards Australia (2005), *Installation of Photovoltaic (PV) Arrays*, AS/NZS 5033.

Standards Australia (2005), *Grid Connection of Energy Systems via Inverters-Installation Requirements*, AS 4777.1.

Standards Australia (2002a), *Grid Connection of Energy Systems via Inverters-Inverter Requirements*, AS 4777.2.

Standards Australia (2002b), *Grid Connection of Energy Systems via Inverters-Protection Requirements*, AS 4777.3.

Stone, J.L. (1993), 'SOLAR 2000-The next critical step towards large-Scale commercialization of photovoltaics in the United States', Technical Digest of the International PVSEC-7, Nagoya, Japan, pp. 7-10.

Stone, J.L. & Taylor, R.W. (1992), 'Building opportunities in the US for photovoltaics',

Proc. 11th EC Photovoltaic Solar Energy Conference, Montreux, Switzerland, pp. 1423-1426.

Varadi, P. & Braun, G. (2003), *Renewable Energy World*, September-October.

von Aichberger, S. (2003), 'Discrete power. Market survey on solar roof tiles', *Photon International*, November, pp. 42-55.

Watt, M.E., Oliphant, M., Outhred, H. & Collins, R. (2003), 'Using PV to meet peak summer electricity loads', Destination Renewables-ANZSES Conference, Melbourne.

Watt, M. (2004), *National Status Report*, International Energy Agency Co-operative Programme on Photovoltaic Power Systems (www.oja-services.nl/iea-pvps/countries/australia/index.htm).

Wenger, H.J., Hoff, T.E. & Farmer, B.K. (1994), 'Measuring the value of distributed photovoltaic generation: Final results of the Kerman grid-support project', Proc. IEEE First World Conference on Photovoltaic Energy Conversion, pp. 792-796.

Wiser, R., Olsen, S., Bird, L. & Swezey, B. (2004), *Utility Green Pricing Programs: A Statistical Analysis of Program Effectiveness*, Lawrence Berkeley National Laboratory & National Renewable Energy Laboratory, Report numbers LBNL-54437 and NREL/TP-620-35609.

Yi, L. (2004), 'The development status and application market prospect of China photovoltaic electricity generation', Proc. 14th International PV Science and Engineering Conference, Bangkok, Thailand, 26-30 January 2004, pp 537-539.

太陽光電抽水系統

11.1 ┃前言

抽水系統在世界各地都是非常重要的，其用途包括灌溉、畜牧用水、鄉村供水和生活用水。曾有學者估計全世界約有 12 億的人無法取用清潔的水資源（von Aichberger, 2003）。然而，地下水的持續抽取只適合在地殼含水層補充速率較高的地區，否則會導致地下水層乾涸，而危害到生態和社會（Pearce, 2004）。在很多情況下，收集雨水有可能是一種較佳的選擇方案。依當地狀況的不同，用來抽水的動力來源包括各式各樣的方法。這些方法的優缺點比較列述於附錄 F 中。

由於使用條件的制約，抽水系統的應用與規劃方式種類繁多。所需水量、用水時間、水源容量、抽水深度、水源回補率（replenishment rate）、季節變化對靜態水頭（static head）的影響、井口直徑，以及基本日照資料等諸多因素均存在非常大的差異。例如，從河流汲水直接灌溉時，雖然有可能會發生抽取過量的情形並且靜態水頭通常相對較低，但是一般而言在水源容量和回補率上不會有立即的問題。相較之下，在某些地形下則需要打深井，並且有可能會由於水容量和回補率較低、巨大的季節性水位落差以及井孔直徑較小等因素而限制了電動機和泵的大小和類型。Stokes 等幾位學者已經對抽水系統在畜牧業這種特別的應用作了詳細介紹（1993）。圖 11.1 提供的是常見的抽水系統術語。

11.2 ┃系統規劃

太陽光電抽水系統可以有各種可能的組件和規劃方式，如圖 11.2 所示。針對每個特定的應用和場所來選擇最適合的系統組件和規劃方式，對系統的經濟可行性及系統的長期性能而言非常重要（Sharma et al., 1995）。

在最簡易的太陽光電抽水系統當中，太陽電池板直接與用來驅動水泵的直流電動機相連。對於如此單純的系統來說，我們基本上也只能選擇使用直流電動機和離心泵，因為它們可以與太陽電池板的輸出相匹配。

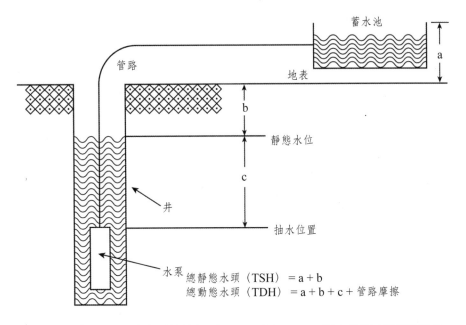

蓄水池

管路

地表

靜態水位

井

抽水位置

水泵

總靜態水頭（TSH）＝a＋b
總動態水頭（TDH）＝a＋b＋c＋管路摩擦

圖 11.1 ✿ 常見的抽水系統術語（1991，經 Sandia 國家實驗室授權使用）

容積（volumetric）泵，通常也被稱作正排量（positive displacement）泵，有著完全不同的轉矩—速度特性，因此很難直接耦合太陽電池板。所以，當使用容積泵時，通常會在太陽電池板和電動機／水泵間加裝功率調節裝置或最大功率點追蹤系統，以便將太陽電池的輸出電力轉換成適合於使用的形式。

同樣地，許多不同種類的電動機均可應用於抽水系統，包括直流串激電動機、直流永磁式電動機、直流永磁無刷式電動機、交流（非同步）感應電動機和交流同步電動機等。對於不同類型的水泵，我們根據每種電動機各自的優缺點和特性來決定其最適合的應用。不過，使用交流電動機時，在太陽電池板和電動機之間必須加裝一個換流器。

在太陽光電抽水系統中，有時需要使用蓄電池來儲存電力。比如說，當用戶必須在某些特定時段抽水，或是當抽水速率超過水源的回補率，甚至在需要對水泵電動機進行功率調控時，都可以藉由使用蓄電池來實現。使用蓄電池的好處在於允許太陽能板在最大功率點附近工作。因此在太陽能板搭配電動機的

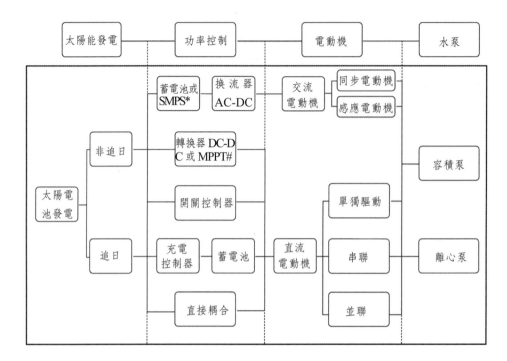

圖 11.2 ❁ 太陽光電抽水系統的各種可能組件和規劃方式（經 **Regional Energy Resources Information Centre, Koner, 1993** 授權使用）。註：***SMPS-** 交換式電源供應器（**Switched Mode Power Supply**）；**#MPPT-** 最大功率點追蹤（**Maxium Power Point Tracking**）

電路中，蓄電池成為電源調節的基本手段之一。即便是在惡劣的天候條件下，蓄電池也可能提供幾天的電力儲備。

　　但是，如果可能的話，應該儘量避免使用蓄電池或其他形式的蓄電設備，因為它們相對系統其他配件來說壽命短、需要維護、可靠性低、價格高昂，並且依賴充電控制器來保護其正常運作，除此之外還有環保等其他問題。另外，如果採用容積泵搭配交流電動機，那麼整個系統的複雜度將大大提高。我們可以用蓄電池或功率調節電路為該系統提供高啟動電流，但若是真的使用蓄電池，那麼還必須在它的輸入端加裝一個充電控制器，在輸出端加裝一個換流器以驅動交流電動機。最後，容積泵的速度無法與交流電動機完全一致，所以需要安裝適當的齒輪傳動機構來加以調整。

四種不同的規劃方式及分類（Barlow, 1993）：

1. **泵和電動機均安裝於水面下**　這種規劃方式通常搭配離心泵而使用在中等深度的井，確保泵可以自動啟動注給（priming），運轉上較安全，也不易遭竊。

2. **僅將泵置放於水面下**　這種規劃方式使得電動機的保養維修較容易，但是經由機械式對水井下驅動，可能會帶來可靠性和工作效率方面的問題。例如，往復式正排量泵是利用垂直往復運動的軸來傳遞來自水平面上電動機所提供的能量。

3. **漂浮式**　此類配置不適合鑽孔井，但是非常適用於水壩，溝渠和敞口井抽水。

4. **水面抽水**　這種裝置保養維修方便，但是如何給泵啟動注給卻是個問題。

11.3 │水泵

水泵種類繁多，大體上可區分成兩大類（Thomas, 1987; Krutzch & Cooper, 2001）：

1. **動力（dynamic）泵**——該類型水泵驅動水流不斷加速，然後在出水口驟降，造成壓力上升。

2. **容積泵**——包括往復（reciprocal）泵和迴轉（rotary）泵兩種。此類型水泵藉由強迫密閉腔體的體積改變而週期性地累加能量。

用於太陽光電系統的水泵主要分為兩大類，離心泵和容積泵，將於以下探討。而圖 11.3 是依其應用範圍大略分類的參考示意圖。

圖 11.4 顯示的是泵的樹狀分類。水泵的相關技術概略探討和產品市場調查已經由 von Aichberger 發表（2003）。

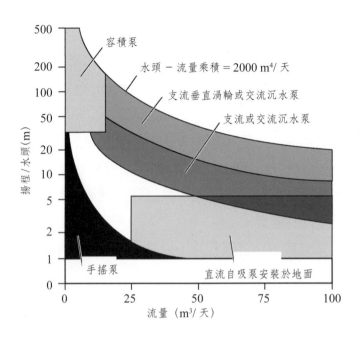

圖 11.3 ☼ 太陽光電抽水系統規劃的近似應用範圍（引用 **Thomas**，**1987**，經 **Sandia** 國家
實驗室授權使用）

11.3.1 離心泵

　　如圖 11.5 所示，離心泵有一個轉動的葉輪可將水流成放射狀排向外殼。水經由葉輪獲得動能，然後在擴散管（difusser）或渦輪（vane）轉換成位能，並以壓力或揚程的形式呈現。在水通過擴散管而離開水泵的過程中，水流的截面積不斷增加而使得水速（動能）下降，根據能量守衡定律，水的位能必然增加（United Nations Economic & Social Commission for Asia & the Pacific, 1991; Dufour & Nelson 1993; Sahdev, 2004）。離心泵通常被應用在揚程小、壓力低、排量大的專案中。特別是當我們需要將水泵直接與太陽電池板相耦合時，最好選用此類水泵。離心泵非常適合高抽水率的應用，除此之外，它們結構緊密，能夠與直徑小的井口相匹配。離心泵的轉矩與速率（葉輪的角速度）的平方成正比。圖 11.6 是一個典型離心泵的性能曲線，可以看出儘管其效率略

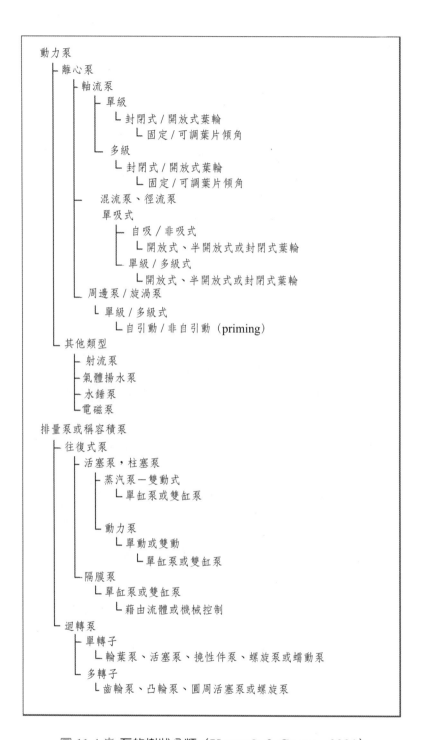

圖 11.4 ☼ 泵的樹狀分類（**Krutzch & Cooper, 2001**）

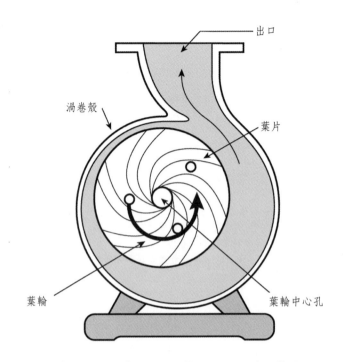

出口

渦卷殼

葉片

葉輪

葉輪中心孔

圖 11.5 ☼ 離心泵工作原理圖（經 **Sahdev** 許可使用，**2004**）

低於一般的螺旋轉子（helical rotor）泵，但基本上還是令人滿意的。然而一旦水泵速度減慢，其抽水性能會迅速下降。事實上，除非水泵能夠達到一定的轉速，否則根本抽不動水。特別是在照光偏低的時段，對採用太陽光電驅動的抽水系統來說，上述問題是必須考慮的。總之，高速運轉可以使系統性能發揮到最佳，並讓水泵更容易與電動機匹配，而電動機在接近上述的高轉速時較容易產生最大轉矩（即最高效率）。

按照傳統的離心泵設計，高功率只能在較低抽水壓力的情況下獲得，因此水泵的揚程一般小於 25 米。為了克服這個限制，我們可以選用多級離心泵或再生（regenerative）離心泵。後者將水泵加壓過的水穿過外殼的孔洞再被導回相臨的腔室（chamber），然後再將水抽到更大的壓力，因此適合用來增加揚程。

但是此類水泵的工作效率要稍微低一些，主要是由於從高壓腔到低壓腔的

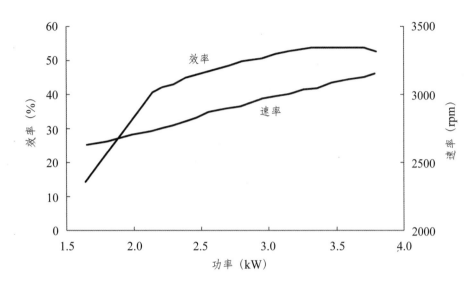

圖 11.6 ✿ 在不同的速度下（**60 m 揚程，流率 10 m³/h，功率 3 kW**），典型的離心泵效率特性。（**Landau et al., 1992**）

滲漏。另外，為了達到最佳工作狀態，葉輪和泵殼間的間隙必須非常小，這衍生出了可靠性的問題。另一種提高離心泵揚程的方法是加裝注水器（water injector），如射流泵（jet pump）。但目前主要還是使用多級離心泵來增加揚程，它可以將水抽送到 600 米高的位置（von Aichberger, 2003）。但是，讓離心泵保持最高運轉效率會對輸入電壓和電流範圍的要求非常嚴苛。因此對於搭配的太陽光電系統來說，除非日照強度滿足特定要求，否則即使安裝了最大功率點追蹤系統也無法將水泵的工作效率最大化。（Sharma *et al.*, 1995）。

　　離心泵的另一個優勢是它簡約的設計，不但移動式零件（moving parts）最少，同時還提升了其可靠性和耐用性，降低了成本，並且容許所抽的水中含有微粒，啟動轉矩也低。另一方面，離心泵本身有一個缺陷，就是它不能自動啟動注給，不過也並不是沒有解決的辦法（von Aichberger, 2003）。由於以上原因它們常被當作沉水泵（submersible pump）使用，而且很適合與沉水式電動機搭配使用。但是，直流電動機需要電刷，因此無法將其置於水下。此問題

曾多年無法獲得有效解決，目前常見的辦法是透過長驅動軸來連接電動機和水泵，但是這也導致整個系統更加複雜。因此，儘管沉水式交流電動機的效率不高而且還需安裝換流器，這種交流電動機經常被用來和沉水式離心泵搭配。然而，自從使用電子換向（electronic communication）取代了原本的電刷構造之後，沉水式直流電動機技術和應用已迅速發展。

另一個選擇是自吸離心泵，其工作原理是在水泵旁邊加裝一個水箱以確保水泵的進水口低於水箱水位，而達到自動啟動注給的效果。

離心泵在設計和使用上主要必須在高效率的要求與葉輪需要長的使用壽命以及對水中侵蝕性雜質有高忍受度之間作取捨。減小葉輪與泵殼間的間隙以及縮小水流通道可以獲致高效率，但是這對水泵的可靠性，以及對夾帶微粒的水的抽取能力產生不利影響。此外，高速葉輪可以獲致高效率，但這也將縮短水泵的使用壽命。總而言之，我們必須根據具體應用和周邊環境來設計和挑選最合適的水泵。

除了在生活供水上應用的太陽光電水泵系統外，離心泵在澳洲的鹽土淡化市場上也佔有很大比重。

11.3.2　排量泵或容積泵

容積泵是另一類常見的水泵，往往被用於深井低速抽水。此類水泵包括活塞泵（piston pump）、隔膜泵（diagram pump）、迴轉螺旋泵（rotary-screw pump）和漸進孔泵（progressive cavity pump），如比較流行的螺旋轉子泵（圖11.7）就是一種漸進孔泵（Revard, 1995）。

圖 11.8 是一個典型的正排量泵性能曲線圖。在轉矩維持在一固定值時，泵的運轉速度會直接影響到它的抽水速率。這種扁平的轉矩－速率關係使得此類水泵無法直接靠太陽電池的電源工作（Harlcrow & Partners, 1981）。這主要是因為電樞內的電流直接影響到電動機所產生的轉矩大小。為了使電動機能夠保持固定的轉矩（以使得泵的轉矩維持固定），需要近似固定值的電流。但太陽能電池並不能滿足以上要求，因為其輸出電流直接與日照量成正比。舉例

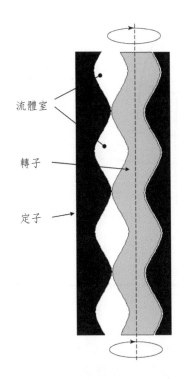

流體室

轉子

定子

圖 11.7 ✿ 螺旋轉子型排量泵（**Revard, 1995**）

來說，假如水泵的工作電流和太陽電池的最大功率電流相匹配，那麼一旦照光強度降低，電流將不足以維持期望的電動機轉速，水泵的抽水速率也會隨之下降。但是，根據上述的扁平轉矩—速率特性，當電流低於臨界電流時，水泵也有停機的危險。為了避免這種情況的頻繁發生，臨界電流必須設在遠低於太陽能板在一天當中最大輸出電流的位置。當然，因此也必須犧牲掉一大半的太陽電池發電容量，這使得系統的整體效率更低了。

　　將水泵與太陽電池直接耦合還伴隨著另一個問題，那就是電動機啟動時需要比較高的轉矩。此外，為了與容積泵的低轉速相匹配，還必須使用適當的齒輪傳動裝置（Halcrow & Partners, 1981），但這將造成系統變得更加複雜。

　　姑且不論上述限制，對於大的揚程（20 公尺以上）來說，容積泵可獲得的工作效率要高於單級離心泵，而且這個優勢在水泵非滿載運轉時顯得格外顯

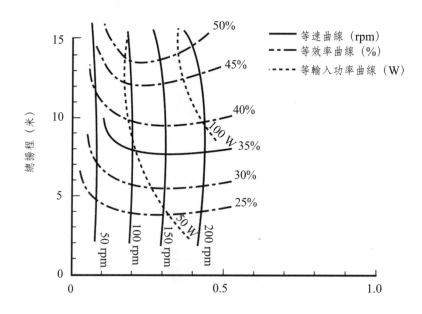

圖 11.8 ⚙ 典型的正排量泵性能曲線圖（圖中的速度值為水泵的轉速，乘以 **8.5** 即可得到
電動機的轉速；效率也包括了電動機和水泵間傳動帶的效率）。（**Halcrow &
Partners, 1981**）

著。因此，容積泵非常適合在非滿載狀態下工作。由於前述的扁平轉矩─速率
特性，在非滿載運轉狀態下，無需改變電流，只要降低電壓即可滿足容積泵的
工作條件。但這卻與太陽電池的輸出特性不相容，所以想要利用以上優點還需
安裝電源調節裝置。

　　容積泵的另一個優點是對揚程的變化較不敏感（季節性或抽水時引起的變
化），加上其自動啟動注給的特點，也就無需使用沉水式電動機和介於電動機
與水泵間的長驅動軸了。此外，在部分負載運轉時（非滿載），效率往往比離
心泵類穩定許多（**Sharma** *et al.*, **1995**）。

　　容積泵在揚程較小時的工作表現並不理想，主要是歸咎於其各組件之間的
大摩擦力。但無隔膜泵是個例外，它的內摩擦力很低，因此非常適用於揚程小
的應用。圖 11.9 是無隔膜泵的典型性能曲線圖，人們一直期望這種泵也許可以

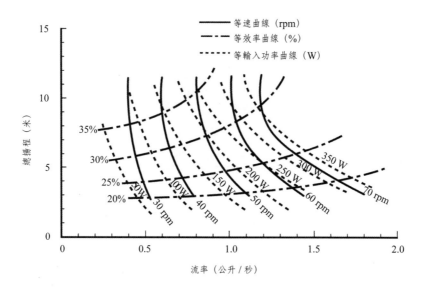

圖 11.9 ☼ 隔膜泵的性能曲線（**Halcrow & Partners, 1981**）。

直接以致動器（actuator）運轉，然而時至今日，在這方面並沒有重大成果。隔膜泵已經能搭配太陽光電應用，主要用於深井低流量抽水或是一般性家用加壓供水領域。隔膜需要經常替換，但其優點是即使在無水的情況下運轉也不會對水泵本身造成任何損害。

　　最常見的容積泵是往復式活塞泵，就是手動泵所使用的那種水泵。雖然這種水泵可以利用手動、柴油、風能或是電力驅動，但是它們和其它容積泵一樣，在揚程介於 10-20 公尺時，往復式活塞泵的工作效率非常低（Halcrow & Partners, 1981）。它們可以用太陽能驅動，一般採用安置在地面上的電動機，經由轉軸將能量傳遞到井內的水泵中。同軸平衡式活塞泵（coaxial balanced piston pump）是一個例外，它需要搭配沉水電動機運轉（von Aichberger, 2003）。

　　輪葉泵（vane pump, Platt & Little, 2001）是另一種選擇（Platt & Little, 2001），主要應用於低流率系統，如家用加壓供水或太陽能熱水器的水循環等（圖 11.10）。圖 11.11 是迴轉式正排量泵的性能曲線圖。

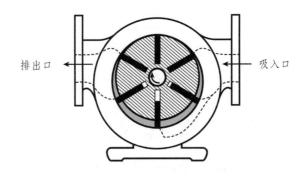

圖 11.10 ✿ 輪葉泵的工作原理：在離心力的作用下葉片向外滑動，和泵殼形成一個密閉空間，藉此加壓液體（**Platt, R.A. & Little, 2001**，該圖經由 **McGraw-Hill** 公司授權使用）。

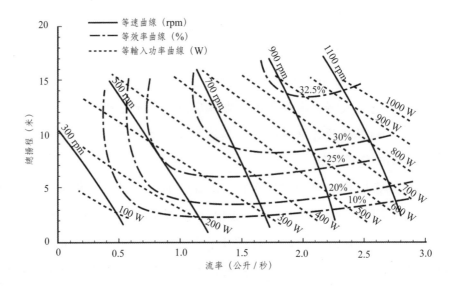

圖 11.11 ✿ 迴轉式正排量泵的性能曲線（**Halcrow & Partners, 1981**）。

11.4 │電動機

11.4.1 前言

目前適合太陽光電抽水系統的高效率小型馬達（小於 2 kW）比較少見。圖 11.12 是水泵性能隨電動機尺寸變小而降低的曲線圖。

從圖中可看出功率較小的電動機會使水泵的效率下降（Bucher, 1988）。該圖也清楚地顯示了交流與直流電動機的效率優劣。由於太陽能板的高昂造價，使得許多現有應用都選擇了價格昂貴的直流電動機來提升轉換效率。無論如何，太陽光電產品的價格會逐年下調，在未來的十年間，太陽光電抽水系統的造價可望降低（Poponi, 2003）。以後，電動機的設計也許就不會優先考慮工作效率，而會將成本和維修作為衡量系統優劣的主要指標。此外，交流電動機通常比較便宜，但在選用上通常較複雜。

近年來，小型（1-3 kW 左右）永久稀土（rare earth）永磁無刷式直流電動機技術獲得了重大突破。目前許多國際太陽能汽車賽事擁有高額預算，競爭非常激烈，直接促進了該電動機的研發。在其中最負盛名的「世界太陽能汽車挑戰賽」（World Solar Challenge）中所使用的電動機效率高達 92-96%，不過這些高效電動機也造價不菲（Cotter *et al.*, 2000）。電動機的熱損耗以及散熱能力會直接影響其功率表現，最好的是小體積而可以達到高功率的高效率電動機。

澳洲溫室效應辦公室（The Australian Greenhouse Office, 2004）提供了大量的電動機相關資訊，該機構建立的資料庫包括各種電動機的特性解說、使用目的以及選擇方法。自 2001 年以來，澳洲政府對 0.73 至 185 kW 的三相電動機的最低能量性能作了強制規定，所有在該國登記並許可出售的電動機，都必須在公共資料庫裡註冊。

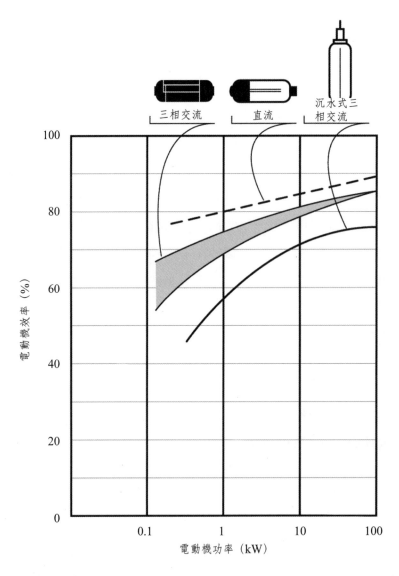

圖 11.12 ☼ 依照電動機不同功率大小求得的性能曲線，包括直流與交流電動機（**Bucher, 1988**）。

11.4.2 直流電動機

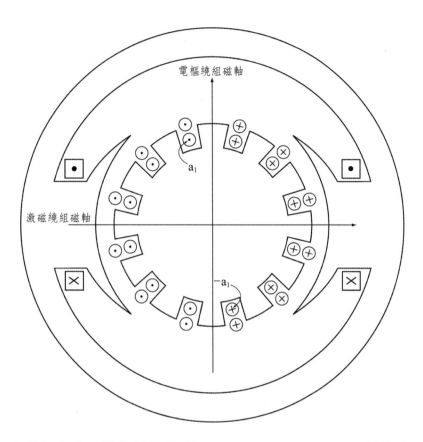

圖 11.13 ✿ 雙極直流電機的剖面圖（經 **McGraw-Hill Companies** 授權使用，摘自 **Fitzgerald** 等，**Electric Machinary**，**1971**）

　　圖 11.13 為雙極直流電機的剖面圖。叉號代表電流朝紙張流入的方向，圓點表示電流從紙張流出的方向。

　　直流電動機主要分為以下四種類型：

1. **串激直流電動機**　如圖 11.14a 所示，由激磁繞組和電樞繞組串聯構成。
   該結構並不適合於直接與太陽電池板相連接，因為一旦照光強度下降，
   太陽能電池的輸出電流也會隨之下降，而會影響到激磁繞組和串激電樞

繞組。反過來說，晴天時它們往往比並激直流電動機能抽更多的水（Cultura, 2004）。

2. **永磁式直流電動機**　如圖 11.14b 所示，能克服上述串激直流電動機的技術難題。永磁式直流電動機用永磁材料取代了串激直流電動機的激磁繞組，因此能產生恆定的磁通量而且不會受電樞電流和照光強度的影響。這也大大地提高了電動機的啟動力矩，在低照光和負載降低的情況下表現尤為出色。通常當負載降至峰值一半時，永磁式直流電動機損失的效率還不到 10%。

3. **並激直流電動機**　圖 11.14c 所示。並激直流電動機的激磁電流可以根據電動機的工作電壓導出：

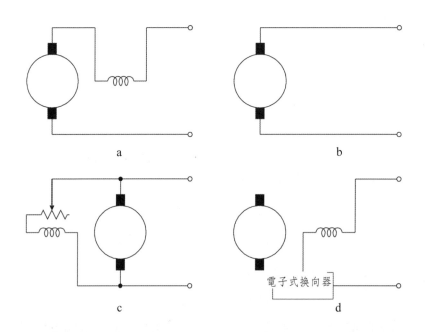

圖 11.14 ☼ 直流電動機。**(a)** 串激直流電動機。**(b)** 永磁式直流電動機。**(c)** 並激直流電動機。**(d)** 無刷永磁式直流電動機。（經 **McGraw-Hill Companies** 授權使用，摘自 **Fitzgerald** 等，**Electric Machinary**，**1971**）

$$I_f = \frac{V_m}{R_f} \tag{11.1}$$

I_f 是激磁電流；V_m 是電動機的工作電壓；R_f 是激磁線圈電阻。同樣的，電樞可由下面的公式表示：

$$V_m = I_a R_a + K\Phi N \tag{11.2}$$

I_a 是電樞電流；R_a 是電樞電阻；$K\Phi N$ 是反電動勢（K 是電動機常數、Φ 是磁通而 N 是電動機轉速）。啟動時，電動機的轉速 N 為零，也就是說，假設我們把電動機直接與太陽能板連接，那麼由於太陽能陣列的輸出電流有限，而電樞的電阻很小所以壓降也很小，因此太陽能陣列的輸出電壓會被電樞電阻的壓降拉下來。因此，激磁電流 I_f 會隨之降至極小值。這樣的結果會導致極低的啟動轉矩，因此我們需要極高的照光強度才能正常啟動電動機。光是這個問題就已使得這種類型的電動機不適合與太陽電池板直接耦合，因此並激直流電動機只能先連接到電源調節電路上。

4. **無刷式直流電動機**　如圖 11.14d 所示，無刷式直流電動機在轉子上有永久磁鐵，在定子上採用電子式換向裝置來取代傳統的電刷。電子整流電路伴隨著一定的寄生功率消耗，但不會高於傳統電刷造成的串聯電阻損失，而且這類電動機擁有優越的性能和很長的壽命（Divona *et al.*, 2001）。它的應用領域非常廣，包括電動汽車、太陽能賽車、輕型電動摩托車、變速風扇、電腦硬碟機、消費性電子產品、工具機、電動羊毛剪和航太航空等（Gieras & Wing, 2002）。此類電動機的價格一般比較昂貴，但其效率最高而且能有效地提升系統可靠性，最重要的是，使用無刷式直流電動機不必考慮電刷耗損的問題，因此也不再需要更換電刷。這種電動機常用的永磁材料種類有鋁鎳鈷合金（AlNiCo, Al, Ni, Co, Fe），包括鋇鐵氧磁體（barium ferrite）、鍶鐵氧磁體（strontium

ferrite）的陶瓷（氧磁體）以及其他一些釤鈷（samarium cobalt）、釹鐵硼（neodymium iron boron）等稀土材料（Gieras & Wing, 2002）。換向電路利用霍爾效應或是從安裝在轉軸上的光學感測器取得時序資訊（timing）。

上述中前三種直流電動機由於都採用了電刷構造，在使用上受到諸多限制。一般來說，電刷本身並不構成重大問題。但是對於太陽光電系統而言，穩定性和可靠性非常重要，而且應儘量降低系統對保養維修的依賴，所以這三種直流電動機無法滿足太陽光電應用的需求。電刷一般需要每 1-5 年更換一次，而且電刷磨損所生成的碳粉可能會造成火花、過熱以及相當可觀的功率損耗（Halceow & Partners, 1981）。如果未能及時替換老化的電刷，可能會造成非常嚴重的後果。因此，採用失效安全（failsafe）的電刷設計，以便在損害發生之前停止電動機運轉是非常重要的。此外，配備電刷的直流電動機無法置於水下工作，因此它們不適於配合沉水泵使用，當然也可以使用傳動轉軸，但這不符合我們力求簡潔的設計原則。無法沉水這個缺點對採用電刷的直流電動機來說非常可惜，因為傳統的離心泵能在水下工作，加上其特有的轉矩—轉速特性，離心泵與直流電動機的組合應該是最適合直接耦合到太陽能板上的水泵系統。

圖 11.15 是一個廉價、低效率的直流電動機的性能曲線。高效率電動機的性能曲線也有類似的線形。一般直流電動機的優缺點包括：

1. 優點：
   - 高效率。
   - 無需換流器。
   - 非常適合直接與太陽能板連接。
   - 高可靠度（若無電刷）。
   - 可沉水（若無電刷）。
2. 缺點：
   - 若含電刷則不可沉水。

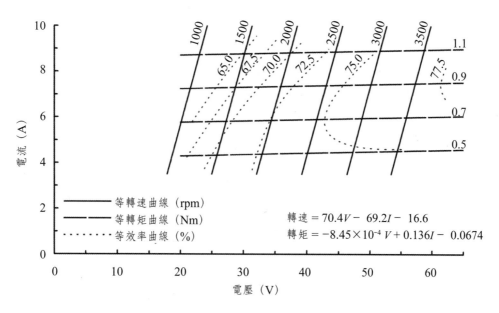

圖 11.15 ✿ 典型的廉價且低效率的永磁式直流電動機的性能曲線（**Halcrow & Partners, 1981**）。

・若含電刷需要經常維修保養。

・成本昂貴。

・目前還沒有大功率產品問世。

11.4.3 交流電動機

　　交流電動機問世多年，目前已經衍生出許多新產品。但是，對於多數傳統交流電動機來說，市場更重視價格而非運轉效率。特別是那些小型交流電機（功率等於或小於 1 kW），其運轉效率非常之低，以至於無法適用於太陽光電系統。此外，交流電動機還需在輸入端加裝一個昂貴的換流器，這還可能造成系統可靠度降低。再者，為了提供高啟動電流，還需要額外的功率調節電路。不過總體來說，交流電動機可靠性好而且價格相對便宜，售價大約只有同等規格直流電動機的一半左右。

目前，交流電動機主要可分為非同步電動機（也就是感應電動機）和同步電動機兩個基本類型。然而，標準的非同步電動機只能產生極低的轉矩，這使得它們僅適合於低啟動轉矩水泵（如離心泵）的應用，除非作適度改進以提高其在高轉差率時所輸出的轉矩。

11.4.4　電動機耗損

支撐軸承

支撐軸承的摩擦可以分為無載部份和有載部份。這兩項摩擦對高效率電動機所造成的損耗影響非常大。

為提高可靠性並減少維修次數，應該適量地加入潤滑油。高品質潤滑油的運動粘滯度（kinematic viscosity）受溫度變化的影響很小，雖然價格昂貴，但經試驗證明它能有效降低摩擦損失達 60% 之多。

磁路

磁路的雖然會造成一定的阻抗，不過妥善的最佳化設計可以降低其影響，其耗損可以控制在相當的小範圍之內。效率低的電動機一般都是由於磁路耗損而導致工作性能不佳。

電動機發熱

電動機發熱會降低系統的穩定性，縮短其使用壽命。當溫度上升時，繞組電阻隨之增加，這部分額外的電阻會消耗更多能量，進一步提高了電動機的溫度。因此我們必須考慮電動機的散熱能力，這樣才能提高系統性能、可靠性和使用壽命。

沉水式電動機的散熱問題不大，但是對於安裝於地面的電動機來說就需要格外注意冷卻設計，例如配備熱導管或通風系統等。

11.4.5　整合式泵／電動機機械

目前，許多廠家把水泵與電動機整合在同一罩殼內出售。這一設計可以有

效地簡化系統規劃，而且當系統在其設計工作點附近運轉時效率非常高。但是，選擇此類產品時需要注意，一旦揚程或流量改變可能會讓系統偏離其設計工作點，進而導致嚴重的匹配和損耗問題。

　　將永磁無刷式電動機和水泵整合於一個密封沉水殼中，電動機同時可以作為葉輪運轉（Divona *et al.*, 2001）。

11.5 │ 功率調節電路

　　功率調節電路所扮演的角色是將電動機／水泵系統的輸入電壓－電流組合最佳化，並確保太陽光電系統在其最大功率點上運作（Ross, 2003; Schmid & Schmidt, 2003）。它藉由改變負載阻抗的方式來調節太陽能板的輸出。控制電路本身只允許消耗很少的能量，才能對系統的整體效率有所幫助，一般來說這個值被控制在總功率的 4 ～ 7% 左右（Matlin, 1979）。但是調節電路價格昂貴，通常比添置電動機的費用更高（Halcrow & Partners, 1981），而且根據以往經驗其可靠性方面仍然存在著問題。

　　當照光強度減弱時，太陽能板的輸出電流會隨著等比例下降，而最大功率點的電壓基本上仍保持不變。但是對於電機／水泵系統而言，當電流降低時，電壓也會下降。因此，如果沒有安裝功率調節電路的話，太陽能板的工作電流／電壓會隨著照光強度的下降逐漸偏離最大功率點。

　　讓我們舉例說明：離心泵的轉矩大約與其轉速的平方成正比，而流經電機繞組的電流會直接影響電動機的轉矩輸出。由此可知，一旦太陽能板的輸出電流降低，電動機的轉矩也會隨之下降，這不但會影響抽水速度，也會同時降低電動機本身產生的反電動勢，最終導致電動機對工作電壓需求的下降。在這種情況下，直流電動機最迫切需要的是直流－直流轉換，以便能將太陽能板提供的多餘電壓轉換成電流。

　　一般來說（暫時忽略啟動轉矩的問題），容積泵所需要的轉矩大小是根據揚程、管線材質與直徑，以及水泵的摩擦係數而定的，但轉速對轉矩影響不

大。在此情況下，電動機需要一個最低電流以維持其轉矩輸出。而水泵的抽水速度則主要取決於驅動電壓，只有當電動機產生的反電動勢和太陽能電池施加的電壓相吻合時，抽水速率才會開始上升。再把太陽電池板的電流－電壓特性考慮進去，電動機／水泵的負載曲線就變得十分接近於水平線了。這種運轉方式無法令任何工程師接受，一旦太陽電池陣列的輸出電流下降並低於系統需求量，那麼就會造成水泵抽水能力下降甚至停止運轉，同時太陽能板的輸出電流也會被白白浪費。為了避免上述情況發生，我們可以安裝一個直流－直流電壓轉換器。事實上，當直流電動機和容積泵相匹配時，此類轉換器是必須安裝的。

現在我們來考慮啟動轉矩的問題。高啟動轉矩通常都需要高啟動電流，但這是太陽電池板所無法滿足的條件。啟動時，電機速度為零，也沒有反電動勢。因此，直流－直流轉換器就可以被用來有效地將太陽光電系統輸出的多餘電壓轉換為電流。圖 11.16 是一個控制電路圖，儘管控制電路很可能是整個系統當中穩定性最差也最耗功率的部分，但基本上來說此設計有利於轉換。另一種常見的解決方案是安裝一個「啟動電容器」，它可儲存並迅速釋放足夠的電流，來啟動電動機／水泵系統。

最大功率點追蹤（MPPT）電路可以與任何控制電路合併，以提高系統效率。不過很諷刺的是，從中獲益的都是一些整體設計欠佳或匹配不當的系統（Halcrow & Partners, 1981）。設計完善的太陽光電／離心泵系統可以在任何照光條件下將太陽電池陣列的輸出自動和系統的其他組件進行匹配。這樣的系統中，除了水位開關或壓力開關以外，無需加裝其他的控制電路。不過，若是使用最大功率點追蹤電路，我們必須確保它納入了暫態保護功能以避免雷擊所帶來的損害。最大功率點追蹤電路可以降低太陽電池陣列輸出電力轉換為熱的可能性，減少發熱，進而間接地延長了電動機的壽命（Messenger & Ventre, 2000）。

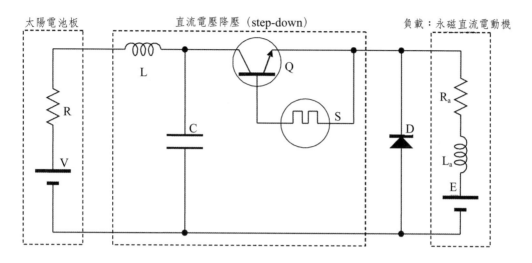

圖 11.16 ☼ 一個簡單的直流－直流轉換器（**Kheder & Russell, 1988**），**R** ＝ 電阻，**V** ＝
電壓來源，**L** ＝ 電感，**C** ＝ 電容器，**Q** ＝ 電晶體，**S** ＝ 信號控制，**D** ＝ 二極體，
Ra ＝ 電樞電阻，**La** ＝ 電樞電感，**E** ＝ 電動機反電動勢。

在這類系統中，蓄電池可以將太陽電池板的輸出電壓穩定在其最大功率點
電壓附近，這也是一種有效的電力調節方法。另外，蓄電池提供的能量儲備還
確保了電動機／水泵能一直保持最佳工作狀態。圖 11.17 是水泵在最佳工作狀
態下，其功率需求隨時間變化的曲線。圖 11.18 是天氣晴朗時的照光曲線，比
較二者可清楚地看出安裝蓄電池所能發揮的重要作用。

然而，所有使用蓄電池的系統都應安裝電壓調節裝置以防止蓄電池過充
（參見第 6 章）。此外，必要時還需要控制電路以斷開和連接負載。例如，當水
泵抽水的速率超過水源回補率時，就必須切斷負載作為因應，然後在水源恢復
以後自動重新連接。

在上述工作模式中，選擇和設計系統時必須考慮電動機／水泵對暫態運轉
的反應。有人提出，短期機電存儲裝置（例如飛輪和同步機等）可以讓離心泵
間歇地運轉，而保持滿載工作以提高效率（**Landau** *et al.*, 1992）。

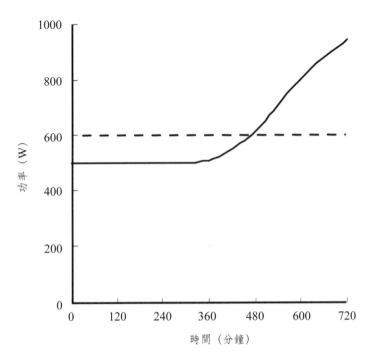

圖 11.17 ✿ 某典型水泵在有限的水源回補率下，其功率需求隨時間變化的曲線。功率需求增加會導致水位下降（**Baltas et al., 1988**）。

　　當使用到交流電動機時，換流器（直流—交流轉換）是不可或缺的。有些換流器能夠調整頻率，豐富了用戶的控制手段。也有若干型號的換流器整合了最大功率點追蹤電路以及不同形式的功率調節電路。可惜的是，許多換流器要求輸入電壓維持在特定範圍內，所以我們需要在換流器的輸入端加裝蓄電池或直流—直流轉換器，但是這樣就增加了系統的造價。另外，許多換流器輸出方型波（或不規則的正弦波），因此會導致電動機發熱。離心泵通常可以和脈寬調變換流器輸出的三相交流電匹配，這種規劃方式可以很方便地將太陽能板的輸出功率最大化（Schmid & Schmidt, 2003）。

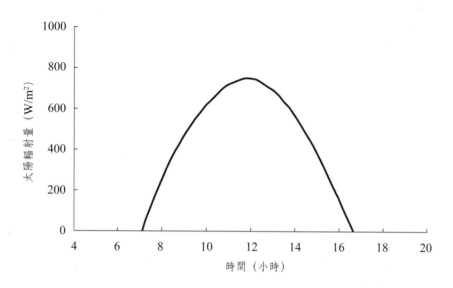

圖 11.18 ☼ 天氣晴朗時傾斜平面上接受到的日照輻射資料曲線。

11.6 | 蓄電池 / 充電電池

蓄電池在水泵系統中有兩種不同的用途－儲備能量和調節電力。

和抽水蓄積位能相比，蓄電池作為一個儲能媒介來說不盡理想。然而在某些關鍵應用中，或是在必須不間斷抽水時，蓄電池就變得不可或缺了，通常在設計上會選擇至少可供三天使用的能量儲備。

在上一節中我們簡略地介紹了蓄電池在功率調節方面所能發揮的作用。它可以將電能傳輸至負載並使系統達到最佳化的工作條件，讓水泵和電動機得以在任何情況下各自達到工作效率的峰值。這對於一個直接耦合系統來說，主要有四大優點：

1. 它確保了太陽能陣列即使在日照輻射強度降低時，也能保持工作於最大功率輸出點，並供給最大的電力。

2. 它避免了電動機 / 水泵在一天中的某些時段無法全力運轉。尤其是離心泵在降負載的情況下運轉，抽水效率會大為降低。

3. 蓄電池可以為一些需要高啟動電流的負載供電。

4. 為交流電動機設計的部分換流器可完全藉由蓄電池驅動。

然而使用蓄電池的缺點，也是相當可觀的：

1. 絕大多數的蓄電池需要定期保養維護。

2. 為保護蓄電池，防止過度充電或過度放電的發生，必須調整充電電壓。

3. 使用壽命有限。

4. 價格高昂。

5. 降低了系統的可靠性，有些系統必須要求非常高的可靠性。

6. 庫倫效率（即輸出電荷除以輸入電荷）通常只有約 85%。

7. 必須在太陽電池陣列的輸出端加裝一個阻隔二極體以防蓄電池在夜間對太陽電池板放電（蓄電池放電）。

8. 為確保蓄電池充滿時的電壓約為 14 V（在最糟的溫度環境下），補償跨於阻隔二極體上的電壓降，允許調壓器的功率耗損，並降低照光強度變化對電壓的影響，需要考慮增加太陽電池板的面積。

9. 如不妥善回收恐造成重金屬污染，而且目前在世界上許多地方回收並不可行。

讓我們來更進一步的瞭解上面第八點的影響。假設一個 12 V 的系統使用一塊典型的太陽能板來給蓄電池充電。太陽能板由 36 個太陽電池串聯組成，每個電池在標準測試條件下（即 1 kW/m^2，25°C）的開路電壓（V_{oc}）約為 600 mV，總太陽電池板的開路電壓為 21.6 V，最大功率點電壓（V_{mp}）為 18.0 V。若溫度上升 30°C，最大功率點電壓會下降至 15.8 V，考慮到照光強度的變化，並且假設在整流器上有 1 V 的電壓損失，則 V_{mp} 會降至 13.8 V，基本上滿足把蓄電池充滿所需要的電壓（14 ～ 14.5 V）。為了便於說明系統的能量損耗，我們將原先的 36 個電池串聯換為 26 個太陽能電池串聯，（同時也包含蓄電池在內），這應該足夠為一組輸出電壓 12 V 的直接耦合系統供電。這樣的太陽能板在標準測試條件下，其開路電壓 V_{oc} 為 15.6 V，最大功率點電壓 V_{mp} 為 13.3 V。

此時若溫度上升從 20℃ 至 45℃，最大功率點電壓 V_{mp} 則降至為 12.2 V。這樣已經無法為阻隔二級體的損耗、整流器的流失和照光強度的變化預留足夠的空間了。我們可以忽略後者的影響，因為在減少太陽日曬條件下，對於一個直接耦合的系統永遠都會存在過剩的電壓。這是因為相對而言電流減少得更多了。

如果需要蓄電池，我們必須選擇能夠經常深度放電的蓄電池種類。蓄電池需要被安置在一個抗惡劣氣候的箱體裡。如果使用非密封式的蓄電池，那麼箱體應儘量避免選擇金屬材料製作。最後，每組串聯的蓄電池組必須在盡可能靠近蓄電池電極處安裝保險絲。

鉛酸蓄電池與鎳鎘蓄電池的優缺點比較，之前我們已經在第六章討論過了。這些比較在選擇蓄電池時是很有價值的。然而，若蓄電池僅僅是用來作為電力調節設備的話，那麼就應優先考慮鎳鎘電池。因為電力調節需要的數量不多，並且鎳鎘電池具有深度放電、可過充、長時間處於低電壓不充電也不會報廢、相對使用壽命較長、穩定可靠以及不需要日常維護等優點，這樣，加裝蓄電池的額外成本就顯得比預期的低很多，並且非常適合電力調節應用。在這種情況下若採用淺循環的鉛酸蓄電池會造成充電率和放電率過快以及深循環方面的問題。傳統的堆高機鉛酸蓄電池也值得考慮，因為它能夠快速充電和放電，相比而言，其自放電率高的問題就不是那麼嚴重了。

11.7 ｜陣列線路佈線與安裝

11.7.1 陣列佈線

所有的分陣佈線應該參照第六章我們曾提到的獨立型系統設計準則（Standard Australia, 2002）。陣列的電纜應當足以承受高負載，所有接點應使用防水接線盒並藉由線扣（strain relief）接頭連接（Ball & Risser, 1988）。選擇電線的標準是電阻損失應小於 2.5%。而為確保可靠性，電動機連接太陽能陣列的輸出電纜應使用填充樹脂的熱縮套管或類似材料，並使用束線連接器

（crimp connector），以確保其使用壽命並保持乾燥。所有電線應使用尼龍紮線帶加以固定。在太陽能陣列和電動／泵、調壓器或蓄電池之間的輸出電纜應使用 PVC 導管。沉水電動機和潛水泵，必須使用能承受高負載的雙絕緣電纜。另外，陣列和安裝支架需要用銅線接地（Ball & Risser, 1988），而不應依賴於電動機／水泵和水源的接地連接，因為系統將來也有可能會需要被拆除或重新組裝。避雷的措施也應該加入考慮，可以在電路的適當位置安裝旁路二極體和阻隔二極體。

11.7.2　陣列安裝

所有支撐結構材料應該使用陽極氧化鋁、鍍鋅鋼或不銹鋼，並且在設計時應能承受該地最大限度的風力荷載（Ball & Risser, 1988）。所有的螺絲都必須配備墊圈或類似零件，以防止在未來二十年的使用中發生鬆脫。太陽能陣列應儘量設置在靠近水源處以將電線長度降至最短，如有需要也應該增加圍籬等保護措施以防傷及人畜、防盜竊或人為的蓄意破壞等。

追日系統要確保太陽能板在大部分時間內直接對準太陽的方位。例如，在西班牙的馬德里，加裝電動式或被動式的追日系統估計能將年均抽水量增加至少 40% 以上。不過，追日機構長時間暴露在野外，我們還須考慮到可靠度、維修和其他支出的問題（Illanes *et al.*, 2003）。Vilela 等研究人員在 2003 年的一份報告中指出追日系統提升水泵抽水容量的上限可達 53%，部分原因是他們將水泵開始工作的時間設定到更早的時段。另一個比較合乎一般經濟效益的方案是手動調整角度的追日系統。不過這個方案只會隨著季節性變化而改變傾角，藉以補償對於太陽偏角角度的差異。另一個辦法是一天兩次調整太陽能板的朝向，如此一來能接收更多上午跟下午的日照。還有另一種連續式調節，太陽能板的方向需要直接由操縱人員隨時修正。相對來說此系統的機械結構較為複雜並且容易損壞。當然，選擇使用手動定向太陽能板要依據人工作業的可行性，比如說在一些偏遠地區，此方案就不可能實現。世界銀行看中了太陽能潛在的發展空間，於 1981 年在當時最高效率的太陽能抽水系統（Arco 太陽能

系統）上安裝了一個簡易的手動追蹤系統。此系統需要一天調整兩次。結果顯示，系統的日均效能被成功提升了 30%（Halcrow & Partners, 1981b）。

習題

11.1　(a) 討論太陽能在抽水系統上的應用。

　　　(b) 目前除太陽能外有哪些可行的抽水技術？和太陽光電抽水系統相比，各有哪些優劣？

11.2　(a) 請列舉直接耦合太陽光電抽水系統（即太陽能板直接連接到電動機／水泵，其中的連接不經過介面電路或蓄電池）的優缺點。

　　　(b) 在這個系統當中影響水泵選擇的因素主要有哪些？

　　　(c) 在何種情況下，或在何種應用中直接耦合系統是：

　　　　(i) 首選的？

　　　　(ii) 不可採用的？

11.3　請問永磁、無刷直流電動機和交流同步電動機三者之間的差異為何？

11.4　(a) 試列舉抽水系統都有哪些主要規劃方案，需考慮交流和直流電動機、不同種類的水泵以及電源調節電路。

　　　(b) 調查目前市面上可找到的太陽光電抽水系統組件的價格、性能以及工作特性。

　　　(c) 從效率和相容性兩方面討論，這些組件是否可以組成一個太陽光電抽水系統？

　　　(d) 請討論不同規劃分別適用於哪些水泵，並指出各系統規劃的優劣。

11.5　(a) 請問將太陽電池應用於抽水系統的優缺點有哪些？

　　　(b) 試討論各種水源地的類型以及其特性。

　　　(c) 對於不同類型的水源地，如果想使用太陽光電抽水系統，分別可以考慮使用哪些組件？

11.6　(a) 在太陽光電抽水系統應用中，請問在何時應優先考慮採用正向容積泵而非離心泵？

　　　(b) 容積泵與離心泵有哪些主要區別？

　　　(c) 這些區別是如何影響到太陽光電抽水系統的設計與其性能？

11.7　(a) 在太陽光電抽水系統中使用蓄電池的優缺點有哪些？

　　　(b) 什麼時候需要使用蓄電池？在這些狀況下所使用的蓄電池需要具備哪些特性，為什麼？

參考文獻

文獻的更新資料請參閱：*www.pv.unsw.edu.au/apv_book_refs*。

Australian Greenhouse Office (2004), *Motor Solutions Online* (www.greenhouse.gov.au/motors/index.html).

Ball, T. & Risser, V. (1988), 'Stand-alone terrestrial photovoltaic power systems', Tutorial Notebook, Proc. 20th IEEE Photovoltaic Specialists Conference, Las Vegas.

Baltas, P., Russel, P.E. & Byrnes, C.I., (1988), 'Analytical techniques for the optimization of PV water pumping systems', Proc. 8th EC Photovoltaic Solar Energy Conference, Florence, Italy, pp. 401-405, Fig. 2, published by Springer and originally by "Kluwer Academic Publishers"

Barlow, R., McNelis, B. & Derrick, A. (1993), *Solar Pumping. An Introduction and Update on the Technology, Performance, Costs, and Economics*, The World Bank, Washington and Intermediate Technology Publications Ltd, London.

Bucher, W. (1988), 'Engineering aspects of PV powered pumping systems', Proc. 8th European Photovoltaic Solar Energy Conference, Florence, Italy, pp. 1125-1134, Fig. 1, published by Springer and originally by "Kluwer Academic Publishers"

Bucher, W., Bechteler, W., Zangerl, H.P. & Mayer, O. (1992), 'Abrasion tests on pumps for photovoltaic applications', Proc. 11th EC Photovoltaic Solar Energy Conference, Montreux, Switzerland, pp. 1403-1406.

Cotter, J., Roche, D., Storey, J., Schinckel, A. & Humphris, C. (2000), *The Speed of Light 2-The 1999 World Solar Challenge* (CDROM), Photovoltaics Special Research Centre, University of New South Wales, Sydney.

Cultura, A.B.I. (2004), 'Comparative analysis of the dynamic performance of a DC series and a DC shunt motor directly coupled with a solar-powered water pumping system', in Rhee, E.K., Yoo, H.-C., Cho, G.-B., Kang, Y.-H. & Park, J.-C. (Eds.), ISES Asia-Pacific 2004 Conference, Gwangju, Korea, 17-20 October 2004, Korea Solar Energy Society, pp. 313-322.

Divona, A.A., Dolan, A.J. & Hendershot, J.R. (2001), 'Electric motors and motor controls', in Karassik, I.J., Messina, J.P., Cooper, P. & Heald, C.C., *Pump Handbook*, McGraw-Hill.

Dufour, J.W. & Nelson, W.E. (1993), *Centrifugal Pump Sourcebook*, McGraw-Hill, New York.

Fitzgerald, A.E., Kingsley C. Jnr. & Kusko, A. (1971), *Electric Machinery*, McGraw Hill, Tokyo, Japan.

Gieras, J.F. & Wing, M. (2002), *Permanent Magnet Motor Technology*, Marcel Dekker, New York.

Halcrow, W. and Partners and the Intermediate Technology Development Group (1981), *Small-Scale Solar Powered Irrigation Pumping Systems-Phase 1 Project Report*, UNDP Project GLO/78/004, World Bank, London.

Halcrow, W. and Partners and the Intermediate Technology Development Group Ltd. (1981b), *Small-Scale Solar-Powered Irrigation Pumping Systems-Technical and Economic Review*, UNDP Project GLO/78/004, World Bank, London. [Includes Executive Summary of the *Phase 1 Project Report* as an appendix.]

Illanes, R., De Francisco, A., Torres, J.L., De Blas, M. & Appelbaum, J. (2003), 'Comparative study by simulation of photovoltaic pumping systems with stationary and polar tracking arrays', *Progress in Photovoltaics*, **11**(7), pp. 453-465.

Kheder, A.Y. & Russell, P.E. (1988), 'Motor starting from photovoltaic sources', Proc.

8th EC Photovoltaic Solar Energy Conference, Florence, Italy, pp. 431-435, Fig. 1, published by Springer and originally by "Kluwer Academic Publishers"

Koner, P.K. (1993), 'A review on the diversity of photovoltaic water pumping systems', *RERIC International Energy Journal*, 15(2), pp. 89-110.

Krutzch, W.C. & Cooper, P. (2001), 'Classification and selection of pumps', in Karassik, I.J., Messina, J.P., Cooper, P. & Heald, C.C., *Pump Handbook*, McGraw-Hill.

Landau, M., Sachau, J. & Raatz, A. (1992), 'Photovoltaic pumping system for intermittent operation', Proc. 11th EC Photovoltaic Solar Energy Conference, Montreux, Switzerland, pp. 1391-1394.

Matlin, R.W. (1979), *Design Optimisation and Performance Characteristics of a Photovoltaic Micro-Irrigation System for use in Developing Countries*, MIT Lincoln Laboratory, Lexington, USA.

Messenger, R. & Ventre, J. (2000), *Photovoltaic Systems Engineering*, CRC Press, Boca Raton.

Pearce, F. (2004), 'Asian farmers suck the continent dry', *New Scientist*, **2462**, 28 August, pp. 6-7.

Platt, R.A. & Little, C.W.J. (2001), 'Vane, gear and lobe pumps', , in Karassik, I.J., Messina, J.P., Cooper, P. & Heald, C.C., *Pump Handbook*, McGraw-Hill, pp. 3.123-3.154.

Poponi, D. (2003), 'Analysis of diffusion paths for photovoltaic technology based on experience curves', *Solar Energy*, **74**, pp. 331-340.

Revard, J. M. (1995), *The Progressing Cavity Pump Handbook*, PennWell Publishing Company, Tulsa.

Ross, J. N. (2003) 'System electronics', in Markvart, T. & Castaner, L. (Eds.), *Practical Handbook of Photovoltaics: Fundamentals and Applications*, Elsevier, Oxford, pp. 565-585.

Sahdev, M. (2004), *The Chemical Engineers' Resource Page*, Midlothian (www.cheresources. com/centrifugalpumps2.shtml).

Sandia National Laboratories (1991), *Stand-Alone Photovoltaic Systems-A Handbook of Recommended Design Practices*, Albuquerque, New Mexico (www.sandia.gov/pv/docs/

Programmatic.htm).

Schmid, J. & Schmidt, H. (2003), 'Power conditioning and photovoltaic power systems', in Luque, A. & Hegedus, S. (Eds.), *Handbook of Photovoltaic Science and Engineering*, Wiley, Chichester, pp. 863-903.

Sharma, V. K., Colangelo, A., Spagna, G. & Cornacchia, G. (1995), 'Photovoltaic water pumping system: Part I-Principal characteristics of different components', *RERIC International Energy Journal*, **17**(2), pp. 93-119.

Standards Australia (2002), *Stand-Alone Power Systems Part 2: System Design Guidelines*, AS 4509.2.

Stokes, K., Saito, P. & Hjelle, C. (1993), *Photovoltaic Power as a Utility Service: Guidelines for Livestock Water Pumping*, Sandia National Laboratories, Report No. SAND93-7043, Albuquerque (www.prod.sandia.gov/cgi-bin/techlib/access-control.pl/1993/937043.pdf).

Thomas, M.G. (1987), *Water Pumping. The Solar Alternative*, Sandia National Laboratories, Report No. SAND87-0804, Albuquerque (www.prod.sandia.gov/cgi-bin/techlib/access-control.pl/1987/870804.pdf).

United Nations Economic and Social Commission for Asia and the Pacific (1991), *Solar-Powered Water Pumping in Asia and the Pacific*, United Nations, New York.

von Aichberger S. (2003), 'Pump up the volume. Market survey on solar pumps', *Photon International*, December, pp. 50-57.

Vilela, O.C., Fraidenraich, N. & Tiba, C. (2003), 'Photovoltaic pumping systems driven by tracking collectors. Experiments and simulation', Solar Energy, 74(1), pp. 45-52.

第 12 章
太陽光電抽水系統設計

12.1 │ 前言

本書相當重視太陽光電抽水系統的設計這一部分，首先是因為抽水系統是太陽電池的主要應用之一；其次，由於涉及的水源種類繁多、用戶需求和其系統規劃也各不相同，因此太陽光電抽水系統的設計會比其他多數太陽電池應用更複雜。在需要蓄電池儲存電力的應用裡，設計步驟會相對單純一些，並且可根據之前在探討獨立型系統章節中介紹的設計大綱進行設計。然而，直接將太陽能板和水泵相連接則可能導致在照光強度改變的時候產生重大相容性問題。這將致使整體系統效率在一天之中或是在晴天與陰天等不同天氣狀況下發生大幅的變化。假設傳送至負載的功率直接與照射到太陽能板上的光能有關，那麼這樣的直接連接是非常不恰當的做法。因此對於直接耦合的系統，我們有必要蒐集該地點的正確日照資料。本章將介紹設計中的基本原理。附錄 H 中列舉了幾個例子。

12.2 │ 系統設計的基本步驟

在設計太陽光電抽水系統時有兩個很重要的原則：

1. 最合適的系統組件的選擇－考量重點是要設計一個維修率低、使用壽命長而且可靠性高的系統。
2. 系統組件間的匹配－這部分設計難度較高，需要相當的知識理解和專門技術，其最終目的是提高系統工作效率。

為了凸顯後者的重要性，世界銀行分析了它們測試項目中最高效的一套抽水系統（請參閱第 11 章），並發現該系統配件匹配不佳。改良後的工作效率則增加了 18%，除此之外藉由手動追日系統還額外提升了 30% 的效率（Halcrow & Partners, 1981）。看來系統相容性差的設計是普遍存在的。

在設計類似這樣的系統之前，必須回答的最重要問題之一是：系統須具備什麼程度的可靠性？保養維修能將可靠性提升多少？

　　而這個問題的答案將會視系統而定：可以傾向直接耦合系統，其優點是輕便、可靠、低維護和壽命長；也可以傾向於部分犧牲這些屬性以換取更大效率的設計。後者一般採用功率調節電路、換流器和蓄電池來提升系統效率，但是也增加了整體複雜性、維護需求，降低了可靠性和使用壽命。

　　當然，其他的系統參數也會影響系統種類的選擇，每套系統必須根據其特性設計。沒有任何一套系統能夠在所有場合都適用，而抽水系統大概是所有太陽光電系統中，在系統規劃和組件選擇方面涉及範圍最廣的一類。設計者可以使用若干電腦模擬設計工具以及設計理論方法（Mayer *et al.*, 1992; Sharma *et al.*, 1995; Protogeropoulos & Pearce, 2000; Arab, 2004）。但是，其中有些工具要求高級的水泵專業知識，還有需要安裝地點的環境條件資料以及組件性能資料。Thomas 在 1987 年的報告中介紹了根據曲線圖來決定系統規格的方法。此外還有 Dankoff 在 1997 年編寫的透過實例解說的太陽光電抽水系統設計指南。

　　系統設計的流程一般可以總結如下：

1. 確定每天要抽取的水量以及其揚程大小。
2. 從日照小時的時數計算抽取速率。
3. 選擇合適的水泵種類。
4. 依照泵的轉矩與速度的特性，選取一個能相容此特性的電動機。
5. 選擇適當的太陽電池模組。
6. 選擇元件安裝方式─固定或追日。

　　若系統採用了蓄電池，上述第五步將涉及到「獨立型系統」設計原理，已經在前面的幾個章節中論述過了。

　　不過，除了依照以上準則進行設計，最好也先確認一下在該應用中使用直接耦合系統（無蓄電池、無換流器以及無功率調節電路）是否可行。如果可行，應予以優先考慮，儘管這樣會減少系統配件的選項，而且目前最大功率追蹤器的使用也已經越來越普遍了。但是，在某些情況下直接耦合系統並不適合使

用，包括：

1. 當揚程過大以至於使用效率不能在合理範圍內的離心泵時。
2. 當合適的直流電動機類型無法使用在一些大型的系統時。
3. 當在充足陽光照射時的抽水速率遠超過水源回補率時。
4. 當必須要使用蓄電池來儲存電能時（在要求不間斷用水，但不適合用水槽儲水，例如可攜式的抽水系統時）。
5. 安裝地區經常多雲，使得直接耦合系統的部分負載效率偏低時。

在眾多的水泵系統應用中若無上述情況就適合使用直接耦合系統。然而，使用最大功率點追蹤電路的水泵系統正在逐漸增多，其中包括許多商業用抽水系統（von Aichberger, 2003）。

12.3 | 直接耦合系統的設計

直接耦合系統是指能夠只靠直流電動機，通過轉換來自太陽能板的電能來驅動一個低啟動轉矩水泵（例如離心泵）的系統。無需使用蓄電池、換流器或是功率調節電路，但也可能需要安裝感應裝置來測量水位、流速或壓力，然後配合繼電器作為安全開關。陽光充足時，多抽出來的水可以儲存起來備用。

本書的附錄 H 提供了一套太陽光電抽水系統的詳細設計方法。需要考慮的因素主要有：

1. 抽水容量和工作時間。在一年之中，抽水容量的大小會有所變動，其差異甚大，而實際上，例如灌溉這樣的應用在某些月份用水需求並不緊迫。而這點直接關係著太陽能陣列傾角的選擇。例如：
   · 如果一年四季的用水需求非常平均（好比生活供水），選擇當地緯度角加上 20° 左右的傾角，可以將一年之中投射在太陽能板上的照光輻射平均化。
   · 如果四季中的抽水量必須穩定在一個合理的水量，但是假定夏季月份

會使用到較多的水（如飲用水），選擇緯度角加上 10° 左右的傾角大概最令人滿意。

·如果需要將全年的抽水量最大化（如大型蓄水庫），可選擇當地緯度減 10° 的傾角。

·如果希望能在夏季抽取最大水量（比如某些灌溉應用），設計緯度角減去 20° 左右的傾角會比較理想，這樣可以確保太陽能板在夏天能直接對準太陽。

一般來說，在四季中的用水需求越平均，其傾角越應儘量增加。

2. 揚程隨季節變化的資料必須要搜集完整，如有可能，還應取得水源回補率的資料。

3. 蓄水應用的經濟價值應該結合客戶需要加以評估。

4. 獲取日照的相關資料，然後使用附錄 B 與第 1 章所介紹的方法進行計算。圖 H.1 介紹了在傾角為 β 的太陽能板上，正午輻射量的計算方法。

5. 選擇一個符合專案設計的啟動轉矩、工作揚程範圍、規格尺寸等諸多要求的水泵，並且水泵必須在達到其最大工作效率時抽取指定的水量。了解水泵的轉矩－轉速特性以有利於系統匹配是非常重要的。

6. 選擇一個與選定的水泵相容的電動機，要求該電動機的轉矩－轉速特性必須與泵的轉矩－轉速相符。電動機必須在接近最大工作效率時輸出需要的轉矩，這將有助水泵達到設計的理想轉速。參考公式：

$$V_m = I_a R_a + K\Phi N \tag{12.1}$$

其中 V_m 為電動機電壓，I_a 為電樞電流，R_a 為電樞電阻，K 為電動機常數，Φ 為磁通量密度，N 是轉速。

在公式 12.1 裡，電動機兩端的電壓（V_m）由兩個部分組成－$I_a R_a$ 是電樞繞組的電阻電壓，而 $K\Phi N$ 是磁場產生的反電動勢，與轉速 N 和磁通量密度 Φ 成正比。

倘若我們現在考慮永磁式直流電動機，則 Φ 將基本上恒定不變，不會隨電壓或電流變化而變化，因為無需任何電流通過磁場繞組，I_a 就變成了電動機的總電流 I_m。所以我們可以將公式（12.1）改寫為如下：

$$V_m = I_m R_a + K\Phi N \qquad (12.2)$$

由這樣的電動機產生的電磁轉矩（τ_e）與電樞電流成正比（因此設為 I_m）也與磁通量密度成正比（Φ 恒為一定值）。因此我們可知：

$$\tau_e = K'\Phi I_m \qquad (12.3)$$

K' 在這裡是一個根據電動機尺寸和電樞內部的繞組匝數來確定的常數（Hambley, 2002）。

當電動機驅動一個負載設備時（如水泵等），電動機的速度會不斷改變，直至達到穩定狀態；也就是當：

$$\tau_e = \tau_l \qquad (12.4)$$

式中 τ_l 為負載在特定速度下所要求的轉矩。

任何商業用水泵的轉矩對轉速（τ_l vs N）特性都可以從製造廠商處獲得。對於每一個 N 值，都能得出對應的 τ_l，用公式（12.3）和（12.4）可以計算出 I_m。接下來使用公式（12.2）裡的 I_m 和 N 得出 V_m 值。因此，對於每一個泵的 N 值，我們可以求得太陽能板需要提供給電動機的電壓和電流。然而，太陽能板的實際輸出電壓需要比理論計算值高 2%，以彌補線路上的損耗。

7. 選擇合適的系統規格有助於確保系統達到使用要求，同時能使系統總體的效率發揮至最大。為此，必須對最大功率點電壓和電流加以最佳化。不幸的是，市面上的標準化商業太陽能模組的電壓選擇範圍很小。它們

通常是為 12 V 的系統設計的（如為蓄電池充電、穩壓或阻隔二極體預留額外電壓等），並且以串聯的方式使得電壓可以以 12 V 為單位遞增。我們可以藉由使用 DC-DC 轉換器來克服這項限制。相較之下，由於不同廠家各自的電池規格和技術不同，設計時還須選擇一個恰當的短路電流。我們可藉由匹配水泵系統的需求和太陽電池板的輸出來使得太陽光電抽水系統規劃達到最佳化，相關資料請參考附錄 H。

參考文獻

文獻的更新資料請參閱：*www.pv.unsw.edu.au/apv_book_refs*。

Arab, A. H., Chenlo, F. & Benghanem, M. (2004), 'Loss-of-load probability of photovoltaic water pumping systems', *Solar Energy*, **76**(6), pp. 713-723.

Dankoff, W. (1997) 'An Introduction to solar water pumping with Windy Dankoff', in *Renewable Energy with the Experts*, Scott S. Andrews, Sausalito, USA (NTSC videotape).

Halcrow, W. and Partners and the Intermediate Technology Development Group (1981), *Small-Scale Solar Powered Irrigation Pumping Systems—Phase 1 Project Report*, UNDP Project GLO/78/004, World Bank, London.

Hambley, A.R. (2002), *Electrical Engineering:Principles and Applications*, 2nd Edn., Prentice Hall, Upper Saddle River, New Jersey, pp. 728-729.

Mayer, O., Baumeister, A. & Festl, T. (1992), 'A novel PC software tool for simulation and design of photovoltaic pumping systems', Proc. 11th EC Photovoltaic Solar Energy Conference, Montreux, Switzerland, pp. 1395-1398.

Protogeropoulos, C. & Pearce, S. (2000), 'Laboratory evaluation and system sizing charts for a "second generatio" direct PV-powered, low cost submersible solar pump', *Solar Energy*, **68**(5), pp. 453–474.

Sharma, V.K., Colangelo, A., Spagna, G. & Cornacchia, G. (1995),'Photovoltaic water pumping system: Part II—Design methodology and experimental evaluation of some photovoltaic water pumping systems', *RERIC International Energy Journal*, **17**(2), pp. 121-144.

Thomas, M.G. (1987), Water Pumping. The Solar Alternative, Sandia National Laboratories, Report No. SAND87-0804, Albuquerque (www.prod.sandia.gov/cgi-bin/techlib/access-control.pl/1987/870804.pdf).

von Aichberger, S. (2003), 'Pump up the volume. Market survey on solar pumps', Photon International, December, pp. 50-57.

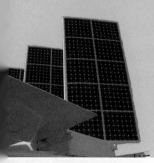

附錄

附錄 A ｜標準 AM0 與 AM1.5 光譜

　　表 A.1 是根據美國國家再生能源實驗室（NREL）相關線上資料製作而成的精簡版本（2004），原資料源自 Standard ASTM G173-02 （ASTM, 2003）。本標準光譜分佈的精簡版資料僅供參考。原表格更加完整，此版本僅是原表資料的一個樣本。注意，精簡版資料在原完整資料表格適用的場合中使用時，將產生與使用原完整資料表格不同的結果。

　　該精簡版資料經 ASTM 的許可重製。

　　ASTM 標準光譜分佈是根據 Gueymard 的 SMARTS 光譜模型計算得到的（1995, 2001）。

表 A.1 ▌標準 AM0，總體 AM1.5，以及直接的和太陽周圍的 AM1.5 光譜（經許可摘錄自《G173-03 參考太陽光譜輻照標準表》：水平面法線方向以及在 37° 傾斜表面上的半球形區域的資料；ASTM International 版權所有，100 Barr Harbor Drive, West Conshohocken, PA 19428）

波長	AM0	總體 AM1.5	直接和太陽周圍的 AM1.5	波長	AM0	總體 AM1.5	直接和太陽周圍的 AM1.5
(nm)	(W/m²/nm)	(W/m²/nm)	(W/m²/nm)	420	1.5990E+00	1.1232E+00	8.8467E−01
				430	1.2120E+00	8.7462E−01	7.0134E−01
280	8.2000E−02	4.7309E−23	2.5361E−26	440	1.8300E+00	1.3499E+00	1.0993E+00
290	5.6300E−01	6.0168E−09	5.1454E−10	450	2.0690E+00	1.5595E+00	1.2881E+00
300	4.5794E−01	1.0205E−03	4.5631E−04	460	1.9973E+00	1.5291E+00	1.2791E+00
310	5.3300E−01	5.0939E−02	2.7826E−02	470	1.9390E+00	1.5077E+00	1.2749E+00
320	7.7500E−01	2.0527E−01	1.1277E−01	480	2.0680E+00	1.6181E+00	1.3825E+00
330	1.1098E+00	4.7139E−01	2.6192E−01	490	2.0320E+00	1.6224E+00	1.3968E+00
340	1.0544E+00	5.0180E−01	2.9659E−01	500	1.9160E+00	1.5451E+00	1.3391E+00
350	1.0122E+00	5.2798E−01	3.2913E−01	510	1.9100E+00	1.5481E+00	1.3497E+00
360	1.0890E+00	5.9817E−01	3.9240E−01	520	1.8600E+00	1.5236E+00	1.3349E+00
370	1.2934E+00	7.5507E−01	5.1666E−01	530	1.8920E+00	1.5446E+00	1.3598E+00
380	1.1520E+00	7.0077E−01	4.9751E−01	540	1.8000E+00	1.4825E+00	1.3096E+00
390	1.2519E+00	7.9699E−01	5.8457E−01	550	1.8630E+00	1.5399E+00	1.3648E+00
400	1.6885E+00	1.1141E+00	8.3989E−01	560	1.7860E+00	1.4740E+00	1.3118E+00
410	1.5370E+00	1.0485E+00	8.0910E−01	570	1.8280E+00	1.4816E+00	1.3240E+00

表 A.1（續）

波長	AM0	總體 AM1.5	直接和太陽周圍的 AM1.5	波長	AM0	總體 AM1.5	直接和太陽周圍的 AM1.5
580	1.8340E+00	1.5020E+00	1.3455E+00	905	9.1800E–01	8.1709E–01	7.6337E–01
590	1.7218E+00	1.3709E+00	1.2316E+00	910	8.9496E–01	6.2467E–01	5.8553E–01
600	1.7700E+00	1.4753E+00	1.3278E+00	920	8.8540E–01	7.4414E–01	6.9657E–01
610	1.7240E+00	1.4686E+00	1.3237E+00	930	8.6866E–01	4.3210E–01	4.0679E–01
620	1.7110E+00	1.4739E+00	1.3299E+00	940	8.4000E–01	4.7181E–01	4.4411E–01
630	1.6650E+00	1.3924E+00	1.2589E+00	950	8.2867E–01	1.4726E–01	1.3944E–01
640	1.6130E+00	1.4340E+00	1.2962E+00	960	8.0627E–01	4.2066E–01	3.9685E–01
650	1.5260E+00	1.3594E+00	1.2299E+00	970	7.9140E–01	6.3461E–01	5.9689E–01
660	1.5580E+00	1.3992E+00	1.2668E+00	980	7.7512E–01	6.0468E–01	5.6941E–01
670	1.5340E+00	1.4196E+00	1.2853E+00	990	7.5694E–01	7.3227E–01	6.8843E–01
680	1.4940E+00	1.3969E+00	1.2650E+00	1000	7.4255E–01	7.3532E–01	6.9159E–01
690	1.4790E+00	1.1821E+00	1.0746E+00	1010	7.3055E–01	7.1914E–01	6.7695E–01
700	1.4220E+00	1.2823E+00	1.1636E+00	1020	7.0127E–01	6.9896E–01	6.5839E–01
710	1.4040E+00	1.3175E+00	1.1954E+00	1030	6.9208E–01	6.9055E–01	6.5092E–01
720	1.3487E+00	9.8550E–01	8.9940E–01	1040	6.7440E–01	6.7170E–01	6.3366E–01
730	1.3357E+00	1.1285E+00	1.0294E+00	1050	6.6117E–01	6.5463E–01	6.1802E–01
740	1.2830E+00	1.2195E+00	1.1119E+00	1060	6.4831E–01	6.3585E–01	6.0073E–01
750	1.2740E+00	1.2341E+00	1.1273E+00	1070	6.2165E–01	6.0469E–01	5.7178E–01
760	1.2590E+00	2.6604E–01	2.4716E–01	1080	6.2250E–01	5.9722E–01	5.6519E–01
770	1.2146E+00	1.1608E+00	1.0646E+00	1090	6.0442E–01	5.5573E–01	5.2656E–01
780	1.1930E+00	1.1636E+00	1.0687E+00	1100	6.0000E–01	4.8577E–01	4.6113E–01
790	1.1704E+00	1.0910E+00	1.0045E+00	1110	5.8700E–01	4.7899E–01	4.5496E–01
800	1.1248E+00	1.0725E+00	9.8859E–01	1120	5.6850E–01	1.4189E–01	1.3562E–01
810	1.1100E+00	1.0559E+00	9.7488E–01	1130	5.6401E–01	7.0574E–02	6.7568E–02
820	1.0740E+00	8.6188E–01	7.9899E–01	1140	5.5573E–01	2.5599E–01	2.4447E–01
830	1.0563E+00	9.1601E–01	8.4930E–01	1150	5.4623E–01	1.2164E–01	1.1648E–01
840	1.0500E+00	1.0157E+00	9.4124E–01	1160	5.2928E–01	2.8648E–01	2.7371E–01
850	9.1000E–01	8.9372E–01	8.2900E–01	1170	5.2875E–01	4.5873E–01	4.3731E–01
860	1.0000E+00	9.8816E–01	9.1764E–01	1180	5.2199E–01	4.4069E–01	4.2052E–01
870	9.7700E–01	9.6755E–01	8.9933E–01	1190	5.0583E–01	4.6239E–01	4.4124E–01
875	9.3562E–01	9.2687E–01	8.6204E–01	1200	5.0005E–01	4.4825E–01	4.2789E–01
880	9.4856E–01	9.3957E–01	8.7434E–01	1210	4.9225E–01	4.5336E–01	4.3267E–01
885	9.5469E–01	9.4423E–01	8.7913E–01	1220	4.8433E–01	4.5805E–01	4.3724E–01
890	9.4236E–01	9.2393E–01	8.6078E–01	1230	4.7502E–01	4.6003E–01	4.3928E–01
895	9.2600E–01	8.1357E–01	7.5956E–01	1240	4.5968E–01	4.6077E–01	4.4011E–01
900	9.1378E–01	7.4260E–01	6.9429E–01	1250	4.5860E–01	4.5705E–01	4.3684E–01

表 A.1（續）

波長	AM0	總體 AM1.5	直接和太陽周圍的 AM1.5	波長	AM0	總體 AM1.5	直接和太陽周圍的 AM1.5
1260	4.5018E–01	4.3110E–01	4.1235E–01	1620	2.3407E–01	2.3449E–01	2.2783E–01
1270	4.4212E–01	3.8744E–01	3.7087E–01	1630	2.3655E–01	2.3651E–01	2.2984E–01
1280	4.3543E–01	4.2204E–01	4.0387E–01	1640	2.2571E–01	2.1511E–01	2.0913E–01
1290	4.1851E–01	4.1285E–01	3.9522E–01	1650	2.2840E–01	2.2526E–01	2.1902E–01
1300	4.1537E–01	3.5312E–01	3.3855E–01	1660	2.2412E–01	2.2332E–01	2.1721E–01
1310	4.0714E–01	3.0114E–01	2.8908E–01	1670	2.2208E–01	2.2168E–01	2.1573E–01
1320	3.9875E–01	2.5872E–01	2.4864E–01	1680	2.0641E–01	2.0558E–01	2.0017E–01
1330	3.8548E–01	2.2923E–01	2.2052E–01	1690	2.0845E–01	2.0523E–01	1.9991E–01
1340	3.7439E–01	1.6831E–01	1.6216E–01	1700	2.0539E–01	1.9975E–01	1.9464E–01
1350	3.7081E–01	1.6025E–02	1.5488E–02	1710	1.9894E–01	1.8790E–01	1.8316E–01
1360	3.6464E–01	2.1404E–06	2.0706E–06	1720	1.9799E–01	1.8698E–01	1.8231E–01
1370	3.5912E–01	2.9200E–07	2.8266E–07	1730	1.9309E–01	1.7407E–01	1.6979E–01
1380	3.5682E–01	8.1587E–05	7.9042E–05	1740	1.9001E–01	1.6818E–01	1.6405E–01
1390	3.4736E–01	4.9328E–04	4.7836E–04	1750	1.8518E–01	1.6566E–01	1.6162E–01
1400	3.3896E–01	3.2466E–09	3.1513E–09	1760	1.8243E–01	1.5998E–01	1.5608E–01
1410	3.4046E–01	4.6653E–04	4.5332E–04	1770	1.7969E–01	1.4172E–01	1.3831E–01
1420	3.3270E–01	8.2718E–03	8.0437E–03	1780	1.7553E–01	1.0050E–01	9.8143E–02
1430	3.2277E–01	6.1601E–02	5.9912E–02	1790	1.7371E–01	8.8904E–02	8.6831E–02
1440	3.1269E–01	3.9601E–02	3.8547E–02	1800	1.6800E–01	3.1828E–02	3.1112E–02
1450	3.1774E–01	2.7412E–02	2.6699E–02	1810	1.6859E–01	9.6911E–03	9.4762E–03
1460	3.1367E–01	8.5421E–02	8.3161E–02	1820	1.6000E–01	9.8755E–04	9.6578E–04
1470	3.1010E–01	4.9678E–02	4.8397E–02	1830	1.5921E–01	5.2041E–06	5.0896E–06
1480	3.0626E–01	6.0637E–02	5.9063E–02	1840	1.5552E–01	6.2703E–08	6.1337E–08
1490	3.0093E–01	1.7478E–01	1.6993E–01	1850	1.5337E–01	2.9993E–06	2.9348E–06
1500	3.0077E–01	2.5061E–01	2.4339E–01	1860	1.4933E–01	1.1151E–05	1.0920E–05
1510	2.9394E–01	2.7052E–01	2.6269E–01	1870	1.4565E–01	2.6662E–10	2.6148E–10
1520	2.8786E–01	2.6450E–01	2.5688E–01	1880	1.4667E–01	7.7505E–05	7.6123E–05
1530	2.6731E–01	2.5522E–01	2.4789E–01	1890	1.4041E–01	2.2333E–04	2.1956E–04
1540	2.6857E–01	2.6491E–01	2.5737E–01	1900	1.4041E–01	8.6221E–07	8.4916E–07
1550	2.6961E–01	2.6990E–01	2.6226E–01	1910	1.3654E–01	2.3045E–05	2.2726E–05
1560	2.6546E–01	2.6568E–01	2.5821E–01	1920	1.3463E–01	4.5069E–04	4.4451E–04
1570	2.6068E–01	2.4175E–01	2.3497E–01	1930	1.3145E–01	5.5242E–04	5.4474E–04
1580	2.6381E–01	2.4464E–01	2.3772E–01	1940	1.2950E–01	3.2821E–03	3.2357E–03
1590	2.4154E–01	2.4179E–01	2.3486E–01	1950	1.2627E–01	1.6727E–02	1.6482E–02
1600	2.5259E–01	2.3810E–01	2.3133E–01	1960	1.2610E–01	2.1906E–02	2.1569E–02
1610	2.3312E–01	2.1760E–01	2.1146E–01	1970	1.2375E–01	4.8847E–02	4.8055E–02

表 A.1（續）

波長	AM0	總體 AM1.5	直接和太陽周圍的 AM1.5	波長	AM0	總體 AM1.5	直接和太陽周圍的 AM1.5
1980	1.1968E−01	7.5512E−02	7.4234E−02	2340	6.5220E−02	4.5836E−02	4.5366E−02
1990	1.1977E−01	8.5613E−02	8.4124E−02	2350	6.4340E−02	4.1536E−02	4.1115E−02
2000	1.1673E−01	3.8156E−02	3.7491E−02	2360	6.3070E−02	5.0237E−02	4.9724E−02
2010	1.1512E−01	3.9748E−02	3.9071E−02	2370	6.2390E−02	3.0817E−02	3.0514E−02
2020	1.1192E−01	4.4981E−02	4.4239E−02	2380	6.1810E−02	4.2552E−02	4.2128E−02
2030	1.0969E−01	8.4856E−02	8.3460E−02	2390	6.0360E−02	3.7109E−02	3.6748E−02
2040	1.0720E−01	8.9781E−02	8.8344E−02	2400	5.9740E−02	4.4150E−02	4.3726E−02
2050	1.0592E−01	6.7927E−02	6.6892E−02	2410	5.9150E−02	3.3813E−02	3.3504E−02
2060	1.0320E−01	6.9193E−02	6.8157E−02	2420	5.7820E−02	2.6590E−02	2.6358E−02
2070	1.0095E−01	6.5676E−02	6.4715E−02	2430	5.7190E−02	4.5099E−02	4.4725E−02
2080	9.9330E−02	8.6812E−02	8.5528E−02	2440	5.6270E−02	4.3249E−02	4.2926E−02
2090	9.7540E−02	8.9100E−02	8.7779E−02	2450	5.4590E−02	1.3611E−02	1.3523E−02
2100	9.6240E−02	8.6133E−02	8.4869E−02	2460	5.4510E−02	3.3363E−02	3.3157E−02
2110	9.4630E−02	8.9654E−02	8.8320E−02	2470	5.3400E−02	1.6727E−02	1.6635E−02
2120	9.3140E−02	8.7588E−02	8.6281E−02	2480	5.2100E−02	8.0395E−03	7.9996E−03
2130	9.2380E−02	8.9774E−02	8.8422E−02	2490	5.2220E−02	3.5113E−03	3.4957E−03
2140	9.1050E−02	9.0767E−02	8.9390E−02	2500	5.1380E−02	7.0642E−03	7.0328E−03
2150	8.9710E−02	8.4639E−02	8.3369E−02	2510	4.9600E−02	2.2163E−03	2.2063E−03
2160	8.7890E−02	8.4170E−02	8.2912E−02	2520	4.8140E−02	3.7054E−04	3.6879E−04
2170	8.5370E−02	8.1996E−02	8.0776E−02	2530	4.7700E−02	6.3593E−07	6.3279E−07
2180	8.4640E−02	8.1808E−02	8.0597E−02	2540	4.6770E−02	3.7716E−07	3.7521E−07
2190	8.3140E−02	7.9068E−02	7.7905E−02	2550	4.6260E−02	2.8222E−13	2.8066E−13
2200	8.2790E−02	7.1202E−02	7.0175E−02	2560	4.5400E−02	3.1020E−11	3.0842E−11
2210	8.0810E−02	7.9315E−02	7.8174E−02	2570	4.4850E−02	1.5258E−18	1.5151E−18
2220	7.9990E−02	7.7730E−02	7.6631E−02	2580	4.4100E−02	3.8214E−22	3.7933E−22
2230	7.8400E−02	7.5773E−02	7.4727E−02	2590	4.3410E−02	5.4793E−31	5.4369E−31
2240	7.6510E−02	7.3118E−02	7.2140E−02	2600	4.2910E−02	4.4912E−28	4.4556E−28
2250	7.5370E−02	7.1937E−02	7.1034E−02	2610	4.2500E−02	5.9447E−34	5.8970E−34
2260	7.4090E−02	6.6929E−02	6.6143E−02	2620	4.1900E−02	5.6505E−29	5.6056E−29
2270	7.3100E−02	6.4867E−02	6.4138E−02	2630	4.1160E−02	2.8026E−45	2.8026E−45
2280	7.1390E−02	6.6288E−02	6.5551E−02	2640	4.0220E−02	1.1750E−16	1.1657E−16
2290	7.1190E−02	6.3220E−02	6.2534E−02	2650	3.9960E−02	1.4295E−19	1.4186E−19
2300	6.9640E−02	5.8824E−02	5.8193E−02	2660	3.9480E−02	2.6068E−25	2.5880E−25
2310	6.8900E−02	6.3870E−02	6.3189E−02	2670	3.9100E−02	0.0000E+00	0.0000E+00
2320	6.7630E−02	5.2031E−02	5.1489E−02	2680	3.8430E−02	0.0000E+00	0.0000E+00
2330	6.6220E−02	5.6824E−02	5.6231E−02	2690	3.7790E−02	1.0226E−29	1.0178E−29

表 A.1（續）

波長	AM0	總體 AM1.5	直接和太陽周圍的 AM1.5	波長	AM0	總體 AM1.5	直接和太陽周圍的 AM1.5
2700	3.7120E−02	0.0000E+00	0.0000E+00	3060	2.3760E−02	6.3012E−03	6.3761E−03
2710	3.6680E−02	1.1250E−35	1.1239E−35	3070	2.3440E−02	1.7492E−03	1.7699E−03
2720	3.6380E−02	5.6052E−45	5.6052E−45	3080	2.3150E−02	3.6224E−03	3.6646E−03
2730	3.6010E−02	6.0734E−19	6.0929E−19	3090	2.2800E−02	2.3805E−03	2.4080E−03
2740	3.5530E−02	2.3314E−27	2.3435E−27	3100	2.2430E−02	4.4010E−03	4.4513E−03
2750	3.5180E−02	1.6648E−28	1.6758E−28	3110	2.2110E−02	8.4569E−04	8.5524E−04
2760	3.4550E−02	0.0000E+00	0.0000E+00	3120	2.1740E−02	9.8197E−03	9.9294E−03
2770	3.4260E−02	8.3791E−24	8.4528E−24	3130	2.1450E−02	5.7614E−03	5.8246E−03
2780	3.3640E−02	4.8067E−34	4.8532E−34	3140	2.1180E−02	3.3241E−03	3.3603E−03
2790	3.3200E−02	1.2170E−16	1.2295E−16	3150	2.0880E−02	6.6744E−03	6.7457E−03
2800	3.2760E−02	1.6484E−12	1.6665E−12	3160	2.0730E−02	9.2320E−03	9.3294E−03
2810	3.2420E−02	4.0233E−10	4.0695E−10	3170	2.0520E−02	1.2516E−02	1.2645E−02
2820	3.2060E−02	2.0548E−11	2.0789E−11	3180	2.0320E−02	1.0621E−02	1.0730E−02
2830	3.1700E−02	3.9008E−06	3.9475E−06	3190	2.0190E−02	4.2388E−03	4.2817E−03
2840	3.1180E−02	1.9609E−07	1.9849E−07	3200	1.9940E−02	4.3843E−04	4.4280E−04
2850	3.0680E−02	1.1566E−06	1.1708E−06	3210	1.9760E−02	1.3634E−04	1.3768E−04
2860	3.0160E−02	2.5356E−05	2.5672E−05	3220	1.9540E−02	1.6089E−03	1.6245E−03
2870	2.9600E−02	6.3129E−06	6.3922E−06	3230	1.9380E−02	3.4080E−04	3.4404E−04
2880	2.9400E−02	2.4724E−04	2.5037E−04	3240	1.9210E−02	3.7464E−03	3.7816E−03
2890	2.9070E−02	1.8623E−04	1.8860E−04	3250	1.9090E−02	2.6067E−03	2.6308E−03
2900	2.8810E−02	8.1152E−04	8.2183E−04	3260	1.8800E−02	1.2248E−03	1.2360E−03
2910	2.8500E−02	2.7220E−03	2.7566E−03	3270	1.8600E−02	1.2186E−03	1.2292E−03
2920	2.8040E−02	2.8948E−03	2.9316E−03	3280	1.8370E−02	2.8644E−03	2.8890E−03
2930	2.7570E−02	5.8858E−03	5.9606E−03	3290	1.8260E−02	8.7571E−03	8.8310E−03
2940	2.7140E−02	1.6273E−03	1.6479E−03	3300	1.7920E−02	1.7794E−03	1.7944E−03
2950	2.6680E−02	5.2276E−03	5.2935E−03	3310	1.7700E−02	3.9235E−03	3.9565E−03
2960	2.6380E−02	4.5971E−03	4.6549E−03	3320	1.7300E−02	5.9987E−05	6.0496E−05
2970	2.6120E−02	3.5233E−04	3.5676E−04	3330	1.7130E−02	4.6616E−03	4.7014E−03
2980	2.5800E−02	1.3381E−03	1.3548E−03	3340	1.6850E−02	3.4602E−03	3.4903E−03
2990	2.5540E−02	1.0280E−02	1.0407E−02	3350	1.6600E−02	8.0277E−03	8.0998E−03
3000	2.5250E−02	7.8472E−03	7.9442E−03	3360	1.6360E−02	5.2402E−03	5.2892E−03
3010	2.4980E−02	6.8479E−03	6.9320E−03	3370	1.6180E−02	3.9389E−03	3.9770E−03
3020	2.4660E−02	6.3369E−04	6.4143E−04	3380	1.6010E−02	5.1115E−03	5.1624E−03
3030	2.4420E−02	6.0753E−03	6.1491E−03	3390	1.5900E−02	9.8552E−03	9.9552E−03
3040	2.3930E−02	2.0242E−03	2.0487E−03	3400	1.5640E−02	1.2509E−02	1.2638E−02
3050	2.3950E−02	1.0321E−03	1.0446E−03	3410	1.5540E−02	7.0802E−03	7.1547E−03

表 A.1（續）

波長	AM0	總體 AM1.5	直接和太陽周圍的 AM1.5	波長	AM0	總體 AM1.5	直接和太陽周圍的 AM1.5
3420	1.5430E–02	1.3165E–02	1.3305E–02	3710	1.1510E–02	9.3640E–03	9.4130E–03
3430	1.5220E–02	8.6892E–03	8.7810E–03	3720	1.1440E–02	1.0376E–02	1.0429E–02
3440	1.5050E–02	8.0348E–03	8.1181E–03	3730	1.1340E–02	9.2707E–03	9.3169E–03
3450	1.4920E–02	1.1153E–02	1.1267E–02	3740	1.1080E–02	8.8494E–03	8.8923E–03
3460	1.4800E–02	1.2530E–02	1.2657E–02	3750	1.1040E–02	9.2903E–03	9.3341E–03
3470	1.4660E–02	1.2264E–02	1.2386E–02	3760	1.0940E–02	8.8633E–03	8.9041E–03
3480	1.4480E–02	1.1224E–02	1.1335E–02	3770	1.0860E–02	9.1243E–03	9.1649E–03
3490	1.4360E–02	1.0419E–02	1.0520E–02	3780	1.0740E–02	9.5746E–03	9.6158E–03
3500	1.4230E–02	1.1917E–02	1.2032E–02	3790	1.0630E–02	7.7564E–03	7.7891E–03
3510	1.4050E–02	1.1963E–02	1.2077E–02	3800	1.0530E–02	9.8592E–03	9.8988E–03
3520	1.3930E–02	1.2122E–02	1.2226E–02	3810	1.0430E–02	8.2451E–03	8.2771E–03
3530	1.3800E–02	1.1127E–02	1.1217E–02	3820	1.0340E–02	9.6550E–03	9.6908E–03
3540	1.3670E–02	9.0310E–03	9.1011E–03	3830	1.0250E–02	9.5925E–03	9.6268E–03
3550	1.3570E–02	1.0538E–02	1.0616E–02	3840	1.0150E–02	8.9756E–03	9.0066E–03
3560	1.3360E–02	1.0795E–02	1.0872E–02	3850	1.0050E–02	8.8274E–03	8.8569E–03
3570	1.3250E–02	8.3376E–03	8.3951E–03	3860	9.9400E–03	7.9940E–03	8.0197E–03
3580	1.3080E–02	1.0187E–02	1.0255E–02	3870	9.8300E–03	7.3604E–03	7.3839E–03
3590	1.2980E–02	9.4523E–03	9.5145E–03	3880	9.7500E–03	6.5340E–03	6.5543E–03
3600	1.2850E–02	1.0262E–02	1.0328E–02	3890	9.7100E–03	6.8818E–03	6.9028E–03
3610	1.2740E–02	9.4787E–03	9.5385E–03	3900	9.6000E–03	7.9254E–03	7.9487E–03
3620	1.2640E–02	1.1614E–02	1.1686E–02	3910	9.5200E–03	7.1353E–03	7.1560E–03
3630	1.2510E–02	9.9550E–03	1.0016E–02	3920	9.4100E–03	6.9466E–03	6.9665E–03
3640	1.2400E–02	1.1480E–02	1.1549E–02	3930	9.3200E–03	7.0502E–03	7.0699E–03
3650	1.2280E–02	1.0123E–02	1.0183E–02	3940	9.2300E–03	7.4027E–03	7.4228E–03
3660	1.2150E–02	1.0914E–02	1.0978E–02	3950	9.1100E–03	7.6277E–03	7.6475E–03
3670	1.2040E–02	7.9003E–03	7.9464E–03	3960	9.0200E–03	7.7482E–03	7.7679E–03
3680	1.1890E–02	8.3312E–03	8.3789E–03	3970	8.9300E–03	7.6806E–03	7.6997E–03
3690	1.1770E–02	9.6922E–03	9.7458E–03	3980	8.8400E–03	7.3872E–03	7.4049E–03
3700	1.1550E–02	1.0878E–02	1.0937E–02	3990	8.7800E–03	7.3723E–03	7.3894E–03
				4000	8.6800E–03	7.1043E–03	7.1199E–03

參考文獻

全球資訊網（WWW）更新資料可以在此鏈結找到：www.pv.unsw.edu.au/apv_book_refs.

NREL (2004), *Reference Solar Spectral Irradiance: Air Mass 1.5*, (rredc.nrel.gov/solar/spectra/am1.5).

ASTM (2003), *G173–03 Standard Tables for Reference Solar Spectral Irradiances: Direct Normal and Hemispherical on 37° Tilted Surface*

(www.astm.org/cgi–bin/SoftCart.exe/STORE/filtrexx40.cgi?U + mystore + eteh4957 + –L + G173NOT:(STATUS:<NEAR/1>:REPLACED) + /usr6/htdocs/astm.org/DATABASE.CART/REDLINE_PAGES/G173.htm).

Gueymard, C.A. (1995), 'SMARTS, A simple model of the atmospheric radiative transfer of sunshine: Algorithms and performance assessment', Technical Report No. FSEC-PF-270-95, Cocoa, Florida, Florida Solar Energy Center (rredc.nrel.gov/solar/models/SMARTS).

Gueymard, C.A (2001), 'Parameterised transmittance model for direct beam and circumsolar spectral irradiance', *Solar Energy*, **71**(5), pp. 325-34.

附錄 **B** | 計算太陽位置的方程式

定義

AZI = 太陽方位角（0 – 360°）

ALT = 太陽仰角，相對於水平面（天頂 = 90°）

ZEN = 天頂角，相對於垂直線 = 90° − *ALT*

ORI = 平面法線與太陽方位之間的夾角

HSA = 水平陰影角

VSA = 垂直於建築平面的垂直陰影角

INC = （相對於平面法線的）入射角

LAT = 地理緯度（南半球為負，北半球為正）

DEC = 太陽偏角（太陽─地球連線與赤道平面的夾角）

HRA = 以太陽正午為原點的小時角（每小時 15°）

SRA = 日出方位角（亦即日出時候的太陽方位角）

SRT = 日出時間

NDY = 日期在一年中的編號

N = 日期角

TIL = 斜面相對於水平面的傾斜角

運算式

$$DCE = 23.45°\sin\left[\frac{2\pi}{365}(284 + NDY)\right]$$

更準確的計算是

$$DEC = 0.33281 - 22.984\cos N + 3.7372\sin N - 0.3499\cos(2N)$$
$$+ 0.03205\sin(2N) - 0.1398\cos(3N) + 0.07187\sin(3N)$$

$$N = \frac{360°}{365}NDY$$

$$HRA = 15°(hour - 12)$$

$$ALT = \text{asin}[\sin DEC \sin LAT + \cos DEC \cos LAT \cos HRA]$$

$$AZI' = \text{acos}\left[\frac{\cos LAT \sin DEC - \cos DEC \sin LAT \cos HRA}{\cos ALT}\right]$$

$$AZI = \begin{cases} AZI', \text{for } HRA < 0(\text{i.e. AM}) \\ 360° - AZI', \text{for } HRA > 0(\text{i.e. PM}) \end{cases}$$

$$HSA = AZI - ORI$$

$$VSA = \text{atna}\left[\frac{\tan ALT}{\cos HRA}\right]$$

$$INC = \text{acos}[\sin ALT \cos TIL + \cos ALT \sin TIL \cos HSA]$$

$$= \begin{cases} \text{acos}[\cos ALT \cos HSA]，用於垂直表面 \\ ZEN = 90° - ALT，用於水平面 \end{cases}$$

$$SRA = \text{acos}[\cos LAT \sin DEC + \tan LAT \tan DEC \sin LAT \cos DEC]$$

$$SRT = 12 - \frac{\text{acos}(-\tan LAT \tan DEC)}{15°}$$

另一種方法是美國海軍天文臺（US Naval Observatory, 2003）提供的「在 2000 年後 2 個世紀中保持誤差大約在 1 角分（arcminute）的太陽角座標的演算法則」。

參考文獻

全球資訊網（WWW）更新資料可以在此鏈結找到：www.pv.unsw.edu.au/apv_book_refs.

US Naval Observatory (2003), *Approximate Solar Coordinates* (aa.usno.navy.mil/faq/docs/SunApprox.html).

附錄 C ｜特徵日期與太陽偏角

　　在估算太陽能可用率的過程中，一般可以利用每月的特徵日期與所對應的太陽偏角來代表該月的資料。對於某個月的特徵太陽偏角而言，地球外的日照輻射能量等於該月的平均值。表 C.1 中所列的數值是根據表 4.2.1（Iqbal, 1983）重新製作的。

表 C.1 ▮特徵日期與太陽偏角

月份	日期	太陽偏角 (°)	特徵日期編號
一月	17	− 20.84	17
二月	14	− 13.32	45
三月	15	− 2.40	74
四月	15	+ 9.46	105
五月	15	+ 18.78	135
六月	10	+ 23.04	161
七月	18	+ 21.11	199
八月	18	+ 13.28	230
九月	18	+ 1.97	261
十月	19	− 9.84	292
十一月	18	− 19.02	322
十二月	13	− 23.12	347

參考文獻

Iqbal, M. (1983), *An Introduction to Solar Radiation*, Academic, Toronto.

附錄 **D** │ 一些日照資料來源

全球資訊網（WWW）更新資料可以在此鏈結找到：www.pv.unsw.edu.au/
apv_book_refs.

地面測量

世界輻射資料中心

1.wrdc.mgo.rssi.ru

2.wrdc-mgo.nrel.gov

基線地面輻射觀測網（BSRN），世界輻射監測中心（WRMC）

3.bsrn.ethz.ch

國家氣候資料中心（美國）

4.www.ncdc.noaa.gov/oa/ncdc.html

Meteonorm（商業機構）

5.www.meteotest.ch/en/mn_home?w = ber

國際太陽輻射資料庫，麻州—洛威爾大學

6.energy.caeds.eng.uml.edu/solbase.html

其他資料

7.Censolar (1993), *Valores Medios de Irradiacion Solar sobre Suelo Horizontal
(Mean Values of Solar Radiation on Horizontal Surface)*, International H-World
Database, Sevilla, Spain, Progensa, ISBN 84-86505-44-5.

8.Sandia National Laboratories (1991), *Stand-Alone Photovoltaic Systems. A
Handbook of Recommended Design Practices* (SAND87-7023) (www.sandia.gov/
pv/docs/Programmatic.htm).

9.SOLMET, 'Solar radiation-Surface meteorological observations', National
Climatic Data Center, Asheville, NC, USA, Report TD-9724, 1979.

透過衛星觀測所得的資料

美國太空總署（NASA）地面氣象與太陽能

10.eosweb.larc.nasa.gov/sse

免費的 RETScreen 建立模型用之程式

.11.www.retscreen.net

SeaWiFS 地表太陽輻射

12.www.giss.nasa.gov/data/seawifs

International Satellite Cloud Climatology Project:

13.isccp.giss.nasa.gov

澳洲與紐西蘭

澳洲太陽輻射資料手冊

14.anzses.sslaccess.com/Bookshop.html

澳洲氣象局

15.www.bom.gov.au/sat/solrad.shtml

16.www.bom.gov.au/climate/averages

17.www.bom.gov.au/climate/averages/climatology/sunshine_hours/ sunhrs.
shtml

18.*Catalogue of Solar Radiation Data Australia*, Australian Government Publishing
Service, Canberra, 1979.（列出了可以從氣象局得到的資訊種類，測量地點
與測量方式）

維多利亞的太陽能資源

19.www.sustainable-energy.vic.gov.au/renewable_energy/resources/ solar/
index.asp

ANUCLIM

20.cres.anu.edu.au/outputs/climatesurfaces/creswww.pdf

新南威爾斯大學太陽光電工程研究中心

21.www.pv.unsw.edu.au/Research/idl.asp（坎培拉數據）

其他資料

22.Paltridge, G.W. & Proctor, D. (1976), 'Monthly mean solar radiation statistics for Australia', *Solar Energy*, **18**, 235-243.

23.Maunder, W.J. (1971), 'Elements of New Zealand's climate, in Gentilli, J. (Ed.), 'Climates of Australia and New Zealand', *World Survey of Climatology*, **13**, Elsevier, Amsterdam, pp. 229-264.

24.Benseman, R.F. & Cook, F.W. (1969), 'Solar radiation in New Zealand-The standard year and radiation on inclined slopes', *New Zealand Journal of Science*, **12**, pp. 696-708.

歐洲

一般應用

25.sunbird.jrc.it/pvgis/pvestframe.php

Satel-Light

26.www.satel-light.com/core.htm

Helioclim

27.www.helioclim.net/index.html

SoDa

28.www.soda-is.com

歐洲太陽能輻射地圖

29.www.ensmp.fr/Fr/Services/PressesENSMP/Collections/ScTerEnv/Livres/atlas_tome1.htm

30.www.ensmp.fr/Fr/Services/PressesENSMP/Collections/ScTerEnv/Livres/atlas_tome2.htm

其他資料

31.Palz, W. & Greif, J. (1996), *European Solar Radiation Atlas*, Springer & Commission of the European Communities.

32.Page, J., Albuisson, M. & Wald, L. (2001), 'The European Solar Radiation Atlas: A valuable digital tool', *Solar Energy*, **71**, pp. 81-83.

33.33. Font, T.I. (1984), *Atlas de la Radiación Solar en España*, Instituto Nacional de Meterorología, Madrid.

34.Insitut Catalá d'Energia (1996), *Atlas de radació solar a Catalunya*, Insitut Catalá d'Energia, Barcelona.

香港

35.www.weather.gov.hk/wxinfo/climat/normals.htm

36.Lam, J.C. & Li, D.H.W. (1996), 'Study of solar radiation data for Hong Kong', *Energy Conservation & Management*, **37**, pp. 343-351.

美國

威斯康辛大學太陽能實驗室

37.sel.me.wisc.edu/trnsys

38. 太陽與氣象地表觀測網路光碟 ols.nndc.noaa.gov/plolstore/plsql/olstore. prodspecific?prodnum = C00115-CDR-S0002

國家再生能源實驗室（NREL）再生資源資料中心

39.rredc.nrel.gov/solar

整合式地表輻射研究（Integrated Surface Irradiance Study）

40.www.srrb.noaa.gov/isis/index.html

佛羅里達太陽能中心，太陽光電系統資料網路

41.www.fsec.ucf.edu/pvt/Pvdb/index.htm

其他資料

42.Hulstrom, R.L. (1989), Solar Resources, Cambridge, MIT Press.

阿爾及利亞

43.Capderou, M. (1988), *Atlas Solaire de l'Algerie*, Tome 2: *Aspect énergétique*, Office des publications Universitaires, Alger.

巴西

44.Colle, S. & Pereira, E. (1998), *Atlas de Irradiaçao Solar do Brasil*, INM, Labsolar EMC-UFSC.

迴歸常數（regression constants）

以下資料適用於：藉由日照小時數估算落在水平面上的月平均日間總體輻射

45.Muirhead, I.J. & Kuhn, D.J. (1990), 'Photovoltaic power system design using available meteorological data', Proc. 4th International Photovoltaic Science and Engineering Conference, Sydney, 1989, pp. 947-953.(Regression data for Australia.)

46.Rietveld, M.R. (1978), 'A new method for estimating the regression coefficients in the formula relating solar radiation to sunshine', *Agricultural Meteorology*, **19**, pp. 243-252. (Collects and reviews data from around the world.)

47.Lof, G.O.G., Duffie, J.A. & Smith, C.O. (1966), 'World distribution of solar radiation', *Solar Energy*, **10**(1), pp. 27-37. (Collects and reviews data from around the world.)

48.Hounam, C. E. (1963), 'Estimates of solar radiation over Australia', *Australian Meteorological Magazine*, **43**, pp. 1-14. (Six Australian sites and interpolated maps for average daily insolation across Australia for January and June.)

49.Iqbal, M. (1983), *An Introduction to Solar Radiation*, Academic Press, Toronto. （Regression data for Canada.）

50.Schulze, R.E. (1976), 'A physically based method of estimating solar radiation from sunshine records', *Agricultural Meteorology*, **16**, pp. 85-101. (Critical review.)

51.Turton, S.M. (1987), *Solar Energy*, **38**, p. 353. (Tropical sites around the world.)

理論模型與計算器

「Bird」晴天與光譜日照模型

52.www.nrel.gov/analysis/analysis_tools_tech_sol.html

國家再生能源實驗室（美國），太陽能技術分析模型與工具。DISC 與 SMARTS 模型用來從測量所得總體水平面輻射資料的每小時平均值估算太陽直射光束成分。

53.www.nrel.gov/analysis/analysis_tools_tech_sol.html

建築能源工具軟體目錄

54.www.eere.energy.gov/buildings/tools_directory/subjects.cfm/pagename = subjects/pagename_menu = other_applications/pagename_submenu = solar_climate_analysis

Sun_Chart 太陽位置計算器

55.www.esru.strath.ac.uk/Courseware/Design_tools/Sun_chart/sun-chart.htm

永續發展設計（Sustainable Design）工具軟體

56.www.susdesign.com/design-tools.html

Maui 太陽能設計軟體公司（Maui Solar Energy Design Software Corporation）

57.www.mauisolarsoftware.com

全球地名辭典

全球地名辭典是一部有關世界各個城鎮的索引，包括各地經緯度和海拔的資料。

58.www.fallingrain.com

參考文獻

全球資訊網（WWW）更新資料可以在此鏈結找到：www.pv.unsw.edu.au/apv_book_refs.

Chapman, R.N. (1990), 'The synthesis of solar radiation data for sizing stand-alone photovoltaic systems', Proc. IEEE Photovoltaics Specialists Conference, IEEE, pp. 965-970.

Garrison, J.D. (2002), 'A program for calculation of solar energy collection by fixed and tracking collectors', *Solar Energy*, **73**(4), pp. 241-255.

Lof, G.O., Duffie, J.A. & Smith, C.O. (1996), *World Distribution of Solar Radiation*, Solar Energy Laboratory, University of Wisconsin, Madison.

Marion, W. & George, R. (2001), 'Calculation of solar radiation using a methodology with worldwide potential', *Solar Energy*, **71**(4), pp. 275-283.

Nunez, M. (1990), 'Satellite estimation of regional solar energy statistics for Australian capital cities', Meteorological Study No. 39, Bureau of Meteorology.

Power, H. (2001), 'Estimating clear-sky beam irradiation from sunshine duration', *Solar Energy*, **71**, pp. 217-224.

Reddy, T.A. (1987), *The Design and Sizing of Active Solar Thermal Systems*, Clarendon Press, Oxford.

Solarbuzz (2004), 'Solar energy links' (www.solarbuzz.com/Links/Technical.htm）.

International Energy Agency Photovoltaic Power Systems Programme, Task 2 (2004), 'The availab

附錄 E │ 工業標準

E.1　美國材料試驗協會（American Society for Testing and Materials, ASTM INTERNATIONAL）

（詳見 www.astm.org）

- BSR/ASTM Z8507Z-200x Measurement of electrical performance and spectral response of nonconcentrator multijunction photovoltaic cells and modules.
- C1549-02 Standard test method for determination of solar reflectance near ambient temperature using a portable solar reflectometer.
- E1021-95(2001) Standard test methods for measuring spectral response of photovoltaic cells.
- E1036-02 and E1036M-96e2 Standard test methods for electrical performance of nonconcentrator terrestrial photovoltaic modules and arrays using reference cells.
- E1038-98(2004) Standard test method for determining resistance of photovoltaic modules to hail by impact with propelled ice balls.
- E1040-98 Standard specification for physical characteristics of nonconcentrator terrestrial photovoltaic reference cells.
- E1125-99 Standard test method for calibration of primary non-concentrator terrestrial photovoltaic reference cells using a tabular spectrum.
- E1143-99 Standard test method for determining the linearity of a photovoltaic device parameter with respect to a test parameter.
- E1171-01 Standard test method for photovoltaic modules in cyclic temperature and humidity environments.
- E1175-87 (1996) Standard test method for determining solar or photopic

reflectance, transmittance, and absorptance of materials using a large diameter integrating sphere.

- E1328-03 Standard terminology relating to photovoltaic solar energy conversion.

- E1362-99 Standard test method for calibration of non-concentrator photovoltaic secondary reference cells.

- E1462-00 Standard test methods for insulation integrity and ground path continuity of photovoltaic modules.

- E1596-99 Standard test methods for solar radiation weathering of photovoltaic modules.

- E1597-99 Standard test method for saltwater pressure immersion and temperature testing of photovoltaic modules for marine environments.

- E1799-02 Standard practice for visual inspections of photovoltaic modules.

- E1802-01 Standard test methods for wet insulation integrity testing of photovoltaic modules.

- E1830-04 Standard test methods for determining mechanical integrity of photovoltaic modules.

- E1918-97 Standard test method for measuring solar reflectance of horizontal and low-sloped surfaces in the field.

- E1980-01 Standard practice for calculating solar reflectance index of horizontal and low-sloped opaque surfaces.

- E2047-99 Standard test method for wet insulation integrity testing of photovoltaic arrays.

- E2236-02 Standard test methods for measurement of electrical performance and spectral response of nonconcentrator multijunction photovoltaic cells and modules.

- E424-71(2001) Standard test methods for solar energy transmittance and reflectance (terrestrial) of sheet materials.

- E434-71(2002) Standard test method for calorimetric determination of hemispherical emittance and the ratio of solar absorptance to hemispherical emittance using solar simulation.
- E490 Standard solar constant and air mass zero solar spectral irradiance tables.
- E772-05 Standard terminology relating to solar energy conversion.
- E816-95(2002) Standard test method for calibration of pyrheliometers by comparison to reference pyrheliometers.
- E824-94(2002) Standard test method for transfer of calibration from reference to field radiometers.
- E913-82(1999) Standard method for calibration of reference pyranometers with axis vertical by the shading method.
- E927-04a Standard specification for solar simulation for terrestrial photovoltaic testing.
- E941-83(1999) Standard test method for calibration of reference pyranometers with axis tilted by the shading method.
- E948-95 (2001) Standard test method for electrical performance of photovoltaic cells using reference cells under simulated sunlight.
- E971-88 (1996)e1 Standard practice for calculation of photometric transmittance and reflectance of materials to solar radiation.
- E972-96 (2002) Standard test method for solar photometric transmittance of sheet materials using sunlight.
- E973-02 Standard test method for determination of the spectral mismatch parameter between a photovoltaic device and a photovoltaic reference cell.
- E973M-96 Standard test method for determination of the spectral mismatch parameter between a photovoltaic device and a photovoltaic reference cell

[Metric].

· G130-95(2002) Standard test method for calibration of narrow- and broadband ultraviolet radiometers using a spectroradiometer.

· G138-03 Standard test method for calibration of a spectroradiometer using a standard source of irradiance.

· G159-98 Standard tables for references solar spectral irradiance at air mass 1.5: Direct normal and hemispherical for a 37° tilted surface.

· G167-00 Standard test method for calibration of a pyranometer using a pyrheliometer.

· G173-03 Standard tables for reference solar spectral irradiances: Direct normal and hemispherical on 37° tilted surface.

· G177-03 Standard tables for reference solar ultraviolet spectral distributions: hemispherical on 37° tilted surface.

· WK3436 Standard test method for hot spot testing of photovoltaic modules.

· WK558 Reference solar spectral irradiances: Direct normal and hemispherical on 37° tilted surface.

E.2　澳洲—澳洲標準 STANDARDS AUSTRALIA

· AS/NZS 1170.2 Supp 1:2002 Structural design actions-Wind actions-Commentary (Supplement to AS/NZS 1170.2:2002).

· AS 4086.2-1997 Secondary batteries for use with stand-alone power systems-Installation and maintenance.

· AS 4509.1-1999 Stand-alone power systems-Safety requirements. (1999, first amendment 2000).

· AS 4509.2-2002 Stand-alone power systems-System design guidelines (2002).

· AS 4509.3-1999 Stand-alone power systems-Installation and maintenance

(1999, first amendment 2000).

- AS 4777.1-2005 Grid connection of energy systems via inverters-Installation requirements.
- AS 4777.2-2002 Grid connection of energy systems via inverters-Inverter requirements.
- AS 4777.3-2002 Grid connection of energy systems via inverters-Protection requirements.
- AS/NZS 3000 series, General electrical installation standards.
- AS/NZS 5033-2005 Installation of photovoltaic (PV) arrays.

E.3　加拿大—STANDARDS COUNCIL OF CANADA

- CAN/CSA-F382-M89 Characterization of storage batteries for photovoltaic systems.

E.4　中國—中國標準化管理委員會 (SAC)

- GB/T 11010-1989 光譜標準太陽電池
- GB/T 11011-1989 非晶矽太陽電池電性能測試的一般規定
- GB/T 12085.9-1989 光學和光學儀器—環境試驗方法—太陽輻射
- GB/T 12785-2002 沉水式電動機／泵—試驗方法
- GB/T 13337.1-1991 固定型防酸式鉛酸蓄電池—技術條件
- GB/T 13337.2-1991 固定型防酸式鉛酸蓄電池—容量規範及尺寸
- GB/T 13468-1992 水泵系統電能平衡的測試與計算方法
- GB/T 16750.1-1997 沉水式電氣抽水設備的型式、一般參數和連接尺寸
- GB/T 16750.2-1997 沉水式電氣水泵—技術規範
- GB/T 16750.3-1997 沉水式電氣水泵的試驗方法
- GB/T 17386-1998 沉水式電氣水泵大小估算及選用之建議實務
- GB/T 17387-1998 沉水式電氣水泵操作、維護和故障排除之建議實務

- GB/T 17388-1998 沉水式電氣水泵安裝之建議實務
- GB/T 17683.1-1999 太陽能─在地面不同接收條件下的太陽光譜輻射標準─第 1 部分：大氣質量 1.5 的垂直直接日射輻照度和半球太陽輻射度
- GB/T 18050-2000 沉水式電氣水泵電纜試驗之建議實務
- GB/T 18051-2000 沉水式電氣水泵振動試驗之建議實務
- GB/T 18210-2000 晶體矽太陽電池（PV）陣列 I-V 特性的現場測量
- GB/T 18332.1-2001 電動車用鉛酸蓄電池
- GB/T 18332.2-2001 電動車用金屬氫化物鎳蓄電池
- GB/T 18479-2001 地面用太陽電池（PV）發電系統─概述和導引
- GB/T 18911-2002 地面用薄膜太陽電池模組─設計驗證和型式認證
- GB/T 18912-2002 太陽電池模組鹽霧侵蝕試驗
- GB/T 19115.1-2003 離網型住宅用風光互補發電系統─第 1 部分：技術條件
- GB/T 19115.2-2003 離網型住宅用風光互補發電系統─第 2 部分：試驗方法
- GB/T 19393-2003 直接耦合太陽電池（PV）抽水系統的評估
- GB/T 2296-2001 太陽電池型號命名方法
- GB/T 2297-1989 太陽電池能源系統術語
- GB/T 2816-2002 深井用沉水泵
- GB/T 2900.11-1988（二次）電池術語
- GB/T 2900.62-2003 電工術語─（一次）電池
- GB/T 4797.4-2006 電工電子產品─自然環境條件─太陽輻射與溫度
- GB/T 5170.9-1996 電工電子產品環境試驗設備基本參數檢定方法─太陽輻射試驗設備
- GB/T 6492-1986 航太用標準太陽電池
- GB/T 6494-1986 航太用太陽電池電性能測試方法
- GB/T 6495.1-1996 太陽光電元件─第 1 部分：太陽電池電流─電壓特性的測量
- GB/T 6495.2-1996 太陽光電元件─第 2 部分：標準太陽電池的要求

- GB/T 6495.3-1996 太陽光電元件一第 3 部分：地面用太陽光電元件的測量原理及標準光譜輻照度資料
- GB/T 6495.4-1996 太陽光電元件一第 4 部分：晶體矽太陽光電元件的 I-V 實測特性的溫度和輻射修正方法
- GB/T 6495.5-1997 太陽光電元件一第 5 部分：用開路電壓法決定太陽光電元件的等效電池溫度（ECT）
- GB/T 6495.8-2002 太陽光電元件一第 8 部分：太陽光電元件光譜響應的測量
- GB/T 6496-1986 航太用太陽電池校正的一般規定
- GB/T 6497-1986 地面用太陽電池校正的一般規定
- GB/T 7021-1986 離心泵術語
- GB/T 9535-1998 地面用晶體矽太陽電池模組一設計驗證和型式認證
- GB/Z 18333.1-2001 電動車用鋰一離子蓄電池
- GB/Z 18333.2-2001 電動車用鋅一空氣蓄電池

E.5 歐洲電工技術標準委員會 EUROPEAN COMMITTEE FOR ELECTROTECHNICAL STANDARDIZATION (CENELEC)

（詳見 www.cenelec.org/Cenelec/CENELEC+in+action/Web+Store/Standards/default.htm）

- EN 50380 Datasheet and nameplate information for photovoltaic modules.
- EN 60891 Procedures for temperature and irradiance corrections to measured I-V characteristics of crystalline silicon photovoltaic devices (IEC 891:1987＋A1:1992).
- EN 60904-1 Photovoltaic devices-Part 1: Measurement of photovoltaic current-voltage characteristics (IEC 904-1:1987).
- EN 60904-2 Photovoltaic devices-Part 2: Requirements for reference solar

cells. Includes amendment A1: 1998 (IEC 904-2:1989 + A1:1998).

· EN 60904-3 Photovoltaic devices-Part 3: Measurement principles for terrestrial photovoltaic (PV) solar devices with reference spectral irradiance data (IEC 904-3:1989).

· EN 60904-5 Photovoltaic devices-Part 5: Determination of the equivalent cell temperature (ECT) of photovoltaic (PV) devices by the open-circuit voltage method (IEC 904-5:1993).

· EN 60904-6 Photovoltaic devices-Part 6: Requirements for reference solar modules. Includes amendment A1:1998 (IEC 60904-6:1994 + A1:1998).

· EN 60904-7 Photovoltaic devices-Part 7: Computation of spectral mismatch error introduced in the testing of a photovoltaic device (IEC 60904-7:1998).

· EN 60904-8 Photovoltaic devices-Part 8: Measurement of spectral response of a photovoltaic (PV) device (IEC 60904-8:1998).

· EN 60904-10 Photovoltaic devices-Part 10: Methods of linearity measurement (IEC 60904-10:1998).

· EN 61173 Overvoltage protection for photovoltaic (PV) power generating systems-Guide (IEC 1173:1992).

· EN 61194 Characteristic parameters of stand-alone photovoltaic (PV) systems (IEC 1194:1992, modified).

· EN 61215 Crystalline silicon terrestrial photovoltaic (PV) modules design qualification and type approval (IEC 1215:1993).

· EN 61277 Terrestrial Photovoltaic (PV) Power Generating Systems General and Guide (IEC 61277:1995).

· EN 61345 UV Test for Photovoltaic (PV) Modules (IEC 61345:1998).

· EN 61427 Secondary Cells and Batteries for Solar Photovoltaic Energy Systems-General Requirements and Methods of Test (IEC 61427:1999).

· EN 61646 Thin-film terrestrial photovoltaic (PV) modules design qualification and type approval (IEC 1646:1996).

· EN 61683 Photovoltaic systems-Power conditioners-Procedure for measuring efficiency (IEC 61683:1999).

· EN 61701 Salt mist corrosion testing of photovoltaic (PV) modules (IEC 61701:1995).

· EN 61702 Rating of direct coupled photovoltaic (PV) pumping systems (IEC 61702:1995).

· EN 61721 Susceptibility of a photovoltaic (PV) module to accidental impact damage (Resistance to impact test) (IEC 61721:1995).

· EN 61724 Photovoltaic system performance monitoring guidelines for measurement, data exchange and analysis (IEC 61724:1998).

· EN 61727 Photovoltaic (PV) systems characteristics of the utility interface (IEC 1727:1995).

· EN 61829 Crystalline silicon photovoltaic (PV) array on-site measurement of I-V characteristics (IEC 61829:1995).

· PREN 50312-1 Photovoltaic systems-Solar home systems-Part 1: Safety-Test requirements and procedures.

· PREN 50312-2 Photovoltaic systems-Solar home systems-Part 2: Performance-Test requirements and procedures.

· PREN 50313-1 Photovoltaic Systems-Solar modules-Part 1: Safety-Test requirements and procedures.

· PREN 50313-2 Photovoltaic systems-Solar modules-2: Performance-Test requirements and procedures.

· PREN 50314-1 Photovoltaic systems-Charge regulators-Part 1: Safety-Test requirements and procedures.

· PREN 50314-2 Photovoltaic systems-Charge regulators-Part 2: EMC-Test requirements and procedures.

- PREN 50314-3 Photovoltaic systems-Charge regulators-Part 3: Performance-Test requirements and procedures.
- PREN 50315-1 Accumulators for use in photovoltaic systems-Part 1: Safety-Test requirements and procedures.
- PREN 50315-2 Accumulators for use in photovoltaic systems-Part 2: Performance-Test requirements and procedures.
- PREN 50316-1 Photovoltaic lighting systems-Part 1: Safety-Test requirements and procedures.
- PREN 50316-2 Photovoltaic lighting systems-Part 2: EMC-Test requirements and procedures.
- PREN 50316-3 Photovoltaic lighting systems-Part 3: Performance-Test requirements and procedures.
- PREN 50322-1 Photovoltaic systems-Part 1: Electromagnetic compatibility (EMC)-Requirements for photovoltaic pumping systems.
- PREN 50330-1 Photovoltaic semiconductor converters-Part 1: Utility interactive fail safe protective interface for PV-line commutated converters-Design qualification and type approval.
- PREN 50331-1 Photovoltaic systems in buildings-Part 1: Safety requirements.

E.6　德國─德國標準化學會 DEUTSCHES INSTITUT FUR NORMUNG（DIN）

（詳見 www.dke.de/dke_en/）

- DIN 43539-1:1985 Storage cells and batteries; testing; general information and general test methods.
- DIN EN 50380:2003 Datasheet and nameplate information for photovoltaic modules; In German: EN 50380:2003.

· DIN EN 60891:1996 Procedures for temperature and irradiance corrections to measured I-V characteristics of crystalline silicon photovoltaic devices (IEC 60891:1987 + A1:1992); In German: EN 60891:1994.

· DIN EN 60904-1:1995 Photovoltaic devices-Part 1: Measurement of photovoltaic current-voltage characteristics (IEC 60904-1:1987); In German: EN 60904-1:1993.

· DIN EN 60904-2:1995 and Amendment A1: 1998-11 Photovoltaic devices-Part 2: Requirements for reference solar cells (IEC 60904-2:1989); In German: EN 60904-2:1993.

· DIN EN 60904-3:1995 Photovoltaic devices-Part 3: Measurement principles for terrestrial photovoltaic (PV) solar devices with reference spectral irradiance data (IEC 60904-3:1989); In German: EN 60904:1993.

· DIN EN 60904-5:1996 Photovoltaic devices-Part 5: Determination of the equivalent cell temperature (ECT) of photovoltaic (PV) devices by the open circuit voltage method (IEC 60904-5:1993); In German: EN 60604-5:1995.

· DIN EN 60904-6:1996 and Amendment A1: 1998-11 Photovoltaic devices-Part 6: Requirements for reference solar modules (IEC 60904-6:1994); In German: EN 60904-6:1994.

· DIN EN 60904-7:1998-11 Photovoltaic devices-Part 7: Computation of spectral mismatch error introduced in the testing of a photovoltaic device (IEC 60904-7:1998); In German: EN 60904-7:1998.

· DIN EN 60904-8:1998 Photovoltaic devices-Part 8: Measurement of spectral response of a photovoltaic (PV) device (IEC 60904-8:1998); In German: EN 60904-8:1998.

· DIN EN 60904-10:1998 Photovoltaic devices-Part 10: Methods of linearity measurement (IEC 60904-10:1998); In German: EN 60904-10:1998.

· DIN EN 61173:1996 Overvoltage protection for photovoltaic (PV) power generating systems-Guide (IEC 61173:1992); In German: EN 61173:1994.

· DIN EN 61194:1996 Characteristic parameters of stand-alone photovoltaic (PV) systems (IEC 61194:1992, modified); In German: EN 61194:1995.

· DIN EN 61215:1996 Crystalline silicon terrestrial photovoltaic (PV) modules-Design qualification and type approval (IEC 61215:1993); In German: EN 61215:1995.

· DIN EN 61277:1999 Terrestrial photovoltaic (PV) power generating systems-General and guide (IEC 61277:1995); In German: EN 61277:1998.

· DIN EN 61345:1998 UV test of photovoltaic (PV) modules (IEC 61345:1998); In German: EN 61345:1998.

· DIN EN 61427 Secondary cells and batteries for solar photovoltaic energy systems-General requirements and methods of test (IEC 61427:1999); German version EN 61427:2001.

· DIN EN 61646:1998-03 Thin-film terrestrial photovoltaic (PV) modules-Design qualification and type approval (IEC 61646:1996); In German: EN 61646:1997.

· DIN EN 61683:2000 Photovoltaic systems-Power conditioners-Procedure for measuring efficiency (IEC 61683:1999); In German: EN 61683:2000.

· DIN EN 61701:2000 Salt mist corrosion testing of photovoltaic (PV) modules (IEC 61701:1995); In German: EN 61701:1999.

· DIN EN 61702:2000 Rating of direct coupled photovoltaic (PV) pumping systems (IEC 61702:1995); In German: EN 61702:1999.

· DIN EN 61721:2000 Susceptibility of a photovoltaic (PV) module to accidental impact damage (resistance to impact test) (IEC 61721:1995); In German: EN 61721:1999.

· DIN EN 61724:1999 Photovoltaic system performance monitoring-Guidelines for measurement, data exchange and analysis (IEC 61724:1998);

In German: EN 61724:1998.

· DIN EN 61725:1998 Analytical expression for daily solar profiles (IEC 61725:1997); In German: EN 61725:1997.

· DIN EN 61727:1996 Photovoltaic (PV) systems-Characteristics of the utility interface (IEC 61727:1995); In German: EN 61727:1995.

· DIN EN 61829:1999 Crystalline silicon photovoltaic (PV) array-On-site measurement of I-V characteristics (IEC 61829:1995); In German: EN 61829:1998.

· DIN IEC 21(Sec)366:1996 Guidelines for the reduction of explosion hazards associated with secondary cells and batteries-Part 1: Lead-acid starter batteries (IEC 21(Sec)366:1994).

· DIN IEC 21A/163/CD:1995 Guide to the equipment manufacturers and users of alkaline secondary cells and batteries on possible safety and health hazards-Part 1: Nickel-cadmium (IEC 21A/163/CD:1994).

· DIN IEC 60050-482:2001 International electrotechnical vocabulary-Part 482: Primary and secondary cells and batteries (IEC 1/1848/CDV:2001).

· DIN IEC 60896-21:2001 Stationary lead-acid batteries-Part 21: Valve regulated types; Functional characteristics and methods of test (IEC 21/534/CD:2001).

· DIN EN 60896-22:2003 Stationary lead-acid batteries-Part 22: Valve regulated types; Requirements and selection guidelines (IEC 21/580/CDV:2002); In German: prEN 60896-22:2002.

· DIN IEC 61427:2002 Secondary cells and batteries for solar photovoltaic energy systems-General requirements and methods of test (IEC 21/548/CD:2001).

· DIN IEC 61727 Characteristics of the utility interface for photovoltaic (PV) systems (IEC 82/266/CD:2001).

- DIN IEC 62093 Balance-of-system components for photovoltaic systems-Design qualification and type approval (IEC 82/257/CD:2001).

- DIN IEC 62124:2001 Photovoltaic (PV) stand-alone systems-Design qualification and type approval (IEC 82/259/CD:2001).

- DIN IEC 61959-2:2001 Draft IEC 61959-2, Ed. 1: Mechanical tests for sealed portable secondary cells and batteries-Part 2: Secondary batteries (IEC 21A/321/CD:2001).

- DIN IEC 82/238/CD:2000 Certification and accreditation for photovoltaic (PV) components and systems (IEC 82/238/CD:2000).

- Draft DIN VDE 0126 (VDE 0126):1999 with Authorization, Automatic disconnecting facility for photovoltaic installations with a rated output = 4,6 kVA and a single-phase parallel feed by means of an inverter into the public low-voltage mains.

- VDE V 0126 Part 17-1:2004 Solar cells-Part 17-1: Datasheet information and product data for crystalline silicon solar cells.

E.7 全球太陽光電評價計畫 GLOBAL APPROVAL PROGRAM FOR PHOTOVOLTAICS (PVGAP)

（詳見 www.pvgap.org）

- PVRS1 Photovoltaic stand-alone systems-Design qualification and type approval (First edition 1997).

- PVRS2 Crystalline silicon terrestrial photovoltaic (PV) modules (Second edition 2003.)

- PVRS3 Thin-film terrestrial photovoltaic (PV) modules, (First edition 1999).

- PVRS4 Photovoltaic (PV) stand-alone systems, with a system voltage below 50V (Third draft 2002)

- PVRS5 Lead-acid batteries for solar photovoltaic energy systems (modified automotive batteries).

- PVRS5A Lead acid batteries for solar photovoltaic energy systems-General requirements and methods of test for modified automotive batteries.
- PVRS6 Charge controllers for photovoltaic (PV) stand-alone systems with a nominal system voltage below 50 V (First edition 2000).
- PVRS6A Annex-Specification and testing procedure (First edition 2000).
- PVRS7 Lighting systems with fluorescent lamps for photovoltaic (PV) stand-alone systems with a nominal system voltage below 24V (First edition 2003).
- PVRS7A Annex-Specification and testing procedure, to PVRS 7 (First edition 2003).
- PVRS8 Inverters for photovoltaic (PV) stand-alone systems (First edition 2000).
- PVRS9 Procedures for determining the performance of stand-alone photovoltaic systems (First edition 2000).
- PVRS10 Code of practice for installation of photovoltaic systems.

E.8　印尼—BADAN STANDARDISASI NASIONAL (BSN)

- SNI 04-1934-1990 Photovoltaic solar energy system.
- SNI 04-3850.1-1995 Photovoltaic devices-Part 1: General.
- SNI 04-3850.2-1995 Photovoltaic devices-Part 2: Characteristics measurement.
- SNI 04-3871-1995 Procedures for temperature and irradiance correction of photovoltaic devices to measured voltage characteristics.
- SNI 04-6205.7-2000 Photovoltaic devices-Part 7: Computation of spectral mismatch error introduced in the testing of photovoltaic devices.
- SNI 04-6205.8-2000 Photovoltaic devices-Part 8: Guidance for measurement

of spectral response of a photovoltaic device.

- SNI 04-6205.9-2000 Photovoltaic devices-Part 9: Solar simulator performance requirements.
- SNI 04-6206-2000 Terrestrial photovoltaic power generating system-General.
- SNI 04-6298-2000 Salt mist corrosion testing of photovoltaic modules.
- SNI 04-6300-2000 Thin-film terrestrial photovoltaic modules.
- SNI 04-6302-2000 Rating of direct coupled photovoltaic with pump systems.
- SNI 04-6391-2000 Battery charge regulator (BCR)-Testing procedure and electrical requirement.
- SNI 04-6392-2000 Cell and secondary battery to be utilise in photovoltaic generation system-General requirement and testing method.
- SNI 04-6393-2000 Fluorescent lamp system powered by photovoltaic module-Requirement and testing procedure.
- SNI 04-6394-2000 Procedures for determination of individual photovoltaic electric power generating system classification-General guidance.
- SNI 04-6533-2001 Ultraviolet test for photovoltaic (PV) modules.

E.9 電機和電子工程師學會 INSTITUTION OF ELECTRICAL AND ELECTRONICS ENGINEERS (IEEE)

- ANSI/IEEE Std 928-1986 IEEE recommended criteria for terrestrial photovoltaic power systems.
- ANSI/IEEE Std 929-2000 IEEE recommended practice for utility interface of residential and intermediate photovoltaic (PV) systems.
- IEEE Std 937-2000 IEEE recommended practice for installation and maintenance of lead-acid batteries for photovoltaic (PV) systems.
- IEEE Std 1013-2000 IEEE recommended practice for sizing lead-acid

batteries for photovoltaic (PV) systems.

· IEEE Std 1144-1996 IEEE recommended practice for sizing nickel-cadmium batteries for photovoltaic (PV) systems.

· IEEE Std 1145-1999 IEEE recommended practice for installation and maintenance of nickel-cadmium batteries for photovoltaic (PV) systems.

· IEEE Std 1262-1995 IEEE recommended practice for qualification of photovoltaic (PV) modules.

· IEEE Std 1361-2003 IEEE guide for selection, charging, test, and evaluation of lead-acid batteries used in stand-alone photovoltaic (PV) systems.

· IEEE Std 1374-1998 IEEE guide for terrestrial photovoltaic power system safety.

· IEEE Std 1513-2001 IEEE recommended practice for qualification of concentrator photovoltaic (PV) receiver sections and modules.

· IEEE Std 1526-2003 IEEE recommended practice for testing the performance of stand-alone photovoltaic systems.

· BSR/IEEE 1661-200x Guide for test and evaluation of lead-acid batteries used in photovoltaic (PV) hybrid power systems.

E.10　國際電工技術委員會 INTERNATIONAL ELECT-ROTECHNICAL COMMISSION (IEC)

· IEC 60364-7-712 (Bilingual 2002) Electrical installations of buildings-Part 7-712: Requirements for special installations or locations-Solar photovoltaic (PV) power supply systems.

· IEC 60891:1987 Procedures for temperature and irradiance corrections to measured I-V characteristics of crystalline silicon photovoltaic devices (Amdt 1:June 1992).

· IEC 60904-1:1987 Photovoltaic devices. Part 1: Measurement of photovoltaic current-voltage characteristics.

- IEC 60904-2:1989 Photovoltaic devices. Part 2: Requirements for reference solar cells (Amdt 1: February 98).
- IEC 60904-3:1989 Photovoltaic devices. Part 3: Measurement principles for terrestrial photovoltaic (PV) solar devices with reference spectral irradiance data.
- IEC 60904-5:1993 Photovoltaic devices. Part 5: Determination of the equivalent cell temperature (ECT) of photovoltaic (PV) devices by the open circuit voltage method.
- IEC 60904-6:1994 Photovoltaic devices. Part 6: Requirements for reference solar modules (Amdt 1: February 98).
- IEC 60904-7:1998 Photovoltaic devices. Part 7: Computation of spectral mismatch error introduced in the testing of a photovoltaic device.
- IEC 60904-8:1998 Photovoltaic devices. Part 8: Measurement of spectral response of a photovoltaic (PV) device.
- IEC 60904-9:1995 Photovoltaic devices. Part 9: Solar simulator performance requirements.
- IEC 60904-10:1998 Photovoltaic devices. Part 10: Methods of linearity measurement.
- IEC 61173:1992 Overvoltage protection for photovoltaic (PV) power generating systems-Guide.
- IEC 61194:1992 Characteristic parameters of stand-alone photovoltaic (PV) systems.
- IEC 61215:1993 Crystalline silicon terrestrial photovoltaic (PV) modules-Design qualification and type approval.
- IEC 61277:1995 Terrestrial photovoltaic (PV) power generating systems-General and guide.

- IEC 61345:1998 UV tests on photovoltaic (PV) modules.
- IEC 61427 Ed. 1.0 B: 1999 Secondary cells and batteries for solar photovoltaic energy systems-General requirements and methods of test.
- IEC 61646:1996 Thin-film terrestrial photovoltaic (PV) modules-Design qualification and type approval.
- IEC 61683:1999 Photovoltaic systems-Power conditioners-Procedure for measuring the efficiency.
- IEC 61701:1995 Salt mist corrosion testing of photovoltaic (PV) modules.
- IEC 61702:1995 Rating of direct coupled photovoltaic (PV) pumping systems.
- IEC 61721:1995 Susceptibility of a photovoltaic (PV) module to accidental impact damage (resistance to impact test).
- IEC 61724:1998 Photovoltaic system performance monitoring-Guidelines for measurement, data exchange and analysis.
- IEC 61725:1997 Analytical expression for daily solar profiles.
- IEC 61727:1995 Photovoltaic (PV) systems-Characteristics of the utility interface.
- IEC 61730-1 Ed. 1.0 b:2004 Photovoltaic (PV) module safety qualification-Part 1: Requirements for construction.
- IEC 61730-2 Ed. 1.0 b:2004 Photovoltaic (PV) module safety qualification-Part 2: Requirements for testing.
- IEC 61829:1995 Crystalline silicon photovoltaic (PV) array-On-site measurement of I-V characteristics.
- IEC 62124 Ed. 1.0 b:2004 Photovoltaic (PV) stand-alone systems-Design verification.
- IEC PAS 62111:1999 Specifications for the use of renewable energies in rural decentralised electrification.

- IEC/TS 61836 Ed. 1.0 b:1997 Solar photovoltaic energy systems-Terms and symbols.
- IEC TR 61836:1997 Solar photovoltaic energy systems-Terms and symbols.

E.11 國際標準組織 INTERNATIONAL ORGANIZATION FOR STANDARDS (ISO)

- ISO 9059:1990 Solar energy-Calibration of field pyrheliometers by comparison to a reference pyrheliometer.
- ISO 9060:1990 Solar energy-Specification and classification of instruments for measuring hemispherical solar and direct solar radiation.
- ISO 9488:1999 Solar energy-Vocabulary.
- ISO 9845-1:1992 Solar energy-reference solar spectral irradiance at the ground at different receiving conditions-Part 1: Direct normal and hemispherical solar irradiance for air mass 1.5.
- ISO 9846:1993 Solar energy-Calibration of a pyranometer using a pyrheliometer.
- ISO 9847:1992 Solar energy-Calibration of field pyranometers by comparison to a reference pyranometer.
- ISO/TR 9901:1990 Solar energy-Field pyranometers-Recommended practice for use.

E.12 日本—日本標準化協會 JAPANESE STANDARDS ASSOCIATION (JSA)

- JIS C 0118:1999 Classification of environmental conditions-Part 2: Environmental conditions appearing in nature. Solar radiation and temperature.
- JIS C 8905:1993 General rules for stand-alone photovoltaic power

generating system.

- JIS C 8906:2000 Measuring procedure of photovoltaic system performance.
- JIS C 8910:2001 Primary reference solar cells.
- JIS C 8911:1998 Secondary reference crystalline solar cells.
- JIS C 8912:1998 Solar simulators for crystalline solar cells and modules.
- JIS C 8913:1998 Measuring method of output power for crystalline solar cells.
- JIS C 8914:1998 Measuring method of output power for crystalline solar PV modules.
- JIS C 8915:1998 Measuring methods of spectral response for crystalline solar cells and modules.
- JIS C 8916:1998 Temperature coefficient measuring methods of output voltage and output current for crystalline solar cells and modules.
- JIS C 8917:1998 Environmental and endurance test methods for crystalline solar PV modules.
- JIS C 8918:1998 Crystalline solar PV module.
- JIS C 8919:1995 Outdoor measuring method of output power for crystalline solar cells and modules.
- JIS C 8931:1995 Secondary reference amorphous solar cells.
- JIS C 8932:1995 Secondary reference amorphous solar submodules.
- JIS C 8933:1995 Solar simulators for amorphous solar cells and modules.
- JIS C 8934:1995 Measuring method of output power for amorphous solar cells.
- JIS C 8935:1995 Measuring method of output power for amorphous solar modules.
- JIS C 8936:1995 Measuring methods of spectral response for amorphous solar cells and modules.

- JIS C 8937:1995 Temperature coefficient measuring methods of output voltage and output current for amorphous solar cells and modules.
- JIS C 8938:1995 Environmental and endurance test methods for amorphous solar cell modules.
- JIS C 8939:1995 Amorphous solar PV modules.
- JIS C 8940:1995 Outdoor measuring method of output power for amorphous solar cells and modules.
- JIS C 8953:2006 On-site measurements of crystalline photovoltaic array I?V characteristics.
- JIS C 8954:2006 Design guide on electrical circuits for photovoltaic arrays.
- JIS C 8955:2004 Design guide on structures for photovoltaic array.
- JIS C 8956:2004 Structural design and installation for residential photovoltaic array (roof mount type).
- JIS C 8960:1997 Glossary of terms for photovoltaic power generation.
- JIS C 8961:1993 Measuring procedure of power conditioner efficiency for photovoltaic systems
- JIS C 8962:1997 Testing procedure of power conditioner for small photovoltaic power generating systems.
- JIS C 8972:1997 Testing procedure of long discharge rate lead-acid batteries for photovoltaic systems.
- JIS C 8980:1997 Power conditioner for small photovoltaic power generating system.
- JIS C 8981:2006 Standards for safety design of electrical circuit in photovoltaic power generating systems for residential use.
- JIS TR C 0020:2001 Crystalline solar cell module and array for residential use (roof mount type).

E.13　韓國—韓國標準化協會 KOREAN STANDARDS ASSOCIATION (KSA)

- KSB6276 Electric deep well pumps.
- KSB6301 Testing methods for centrifugal pumps, mixed flow pumps and axial flow pumps.
- KSB6302 Measurement methods of pump discharge.
- KSB6320 Submersible motor pumps for deep wells.
- KSBISO9022-9 Optics and optical instruments-Environmental test methods-Part 9: Solar radiation.
- KSBISO9022-17 Optics and optical instruments-Environmental test methods-Part 17: Combined contamination, solar radiation.
- KSBISO9060 Solar energy; specification and classification of instruments for measuring hemispherical solar and direct solar radiation.
- KSC8524 Glossary of terms for photovoltaic power generation.
- KSC8525 Measuring methods of spectral response for crystalline solar cells.
- KSC8526 Measuring method of output power crystalline solar cell modules.
- KSC8527 Solar simulators used in measuring crystalline solar cells and modules.
- KSC8528 Measuring method of output power for crystalline solar cells.
- KSC8529 Temperature coefficient measuring methods for crystalline solar cells and modules.
- KSC8530 Environmental and endurance test methods for crystalline solar cell modules.
- KSC8531 Crystalline solar cell module.
- KSC8532 Measuring procedure of residual capacity for lead acid battery in photovoltaic system.

- KSC8533 Measuring procedure of power conditioner efficiency for photovoltaic systems.
- KSC8534 Crystalline silicon photovoltaic (PV) array-On site measurement of I-V characteristics.
- KSC8535 Measuring procedure of photovoltaic system performance.
- KSC8536 General rules for stand-alone photovoltaic power generating system.
- KSC8537 Secondary reference crystalline solar cells.
- KSC8539 Testing procedure of long discharge rate lead-acid batteries for photovoltaic systems.
- KSC8540 Testing procedure of power conditioner for small photovoltaic power generating systems.
- KSCIEC60068-2-5 Environmental testing-Part2: Tests. Test Sa: Simulated solar radiation at ground level.
- KSCIEC60364-7-712 Electrical installations of buildings-Part 7-712: Requirements for special installations or locations-Solar photovoltaic (PV) power supply systems.
- KSCIEC60891 Procedures for temperature and irradiance corrections to measured I-V characteristics of crystalline silicon photovoltaic devices.
- KSCIEC60904-1 Photovoltaic devices. Part 1: Measurement of photovoltaic current-voltage characteristics.
- KSCIEC60904-2 Photovoltaic devices. Part 2: Requirements for reference solar cells.
- KSCIEC60904-3 Photovoltaic devices. Part 3: Measurement principles for terrestrial photovoltaic (PV) solar devices with reference spectral irradiance data.
- KSCIEC60904-5 Photovoltaic devices. Part 5: Determination of the

equivalent cell temperature (ECT) of photovoltaic (PV) devices by the open circuit voltage method.

- KSCIEC60904-6 Photovoltaic devices. Part 6: Requirements for reference solar modules.
- KSCIEC60904-7 Photovoltaic devices. Part 7: Computation of spectral mismatch error introduced in the testing of a photovoltaic device.
- KSCIEC60904-8 Photovoltaic devices. Part 8: Measurement of spectral response of a photovoltaic (PV) device.
- KSCIEC60904-9 Photovoltaic devices. Part 9: Solar simulator performance requirements.
- KSCIEC60904-10 Photovoltaic devices. Part 10: Methods of linearity measurement.
- KSCIEC61173 Overvoltage protection for photovoltaic (PV) power generating systems-Guide.
- KSCIEC61194 Characteristic parameters of stand-alone photovoltaic (PV) systems.
- KSCIEC61215 Crystalline silicon terrestrial photovoltaic (PV) modules-Design qualification and type approval.
- KSCIEC61277 Terrestrial photovoltaic (PV) power generating systems-General and guide.
- KSCIEC61427 Secondary cells and batteries for solar photovoltaic energy systems-General requirements and methods of test.
- KSCIEC61646 Thin-film terrestrial photovoltaic (PV) modules-Design qualification and type approval.
- KSCIEC61683 Photovoltaic systems-Power conditioners-Procedure for measuring the efficiency.
- KSCIEC61701 Salt mist corrosion testing of photovoltaic (PV) modules.

- KSCIEC61702 Rating of direct coupled photovoltaic (PV) pumping systems.
- KSCIEC61721 Susceptibility of a photovoltaic (PV) module to accidental impact damage (resistance to impact test).
- KSCIEC61724 Photovoltaic system performance monitoring-Guidelines for measurement, data exchange and analysis.
- KSCIEC61727 Photovoltaic (PV) systems-Characteristics of the utility interface.
- KSCIEC62730-1 Photovoltaic (PV) module safety qualification-Part 1: Requirements for construction.
- KSCIEC61730-2 Photovoltaic (PV) module safety qualification-Part 2: Requirements for testing.
- KSCIEC61829 Crystalline silicon photovoltaic (PV) array-On-site measurement of I-V characteristics.
- KSCIEC61836 Solar photovoltaic energy systems-Terms and symbols.
- KSCIEC62124 Photovoltaic (PV) stand-alone systems-Design verification.

E.14　墨西哥－標準化組織 DIRECCION GENERAL DE NORMAS (DGN)

- NOM-001-SEDE-1999 Electrical installations.

E.15　俄羅斯－聯邦技術規定和計量機構 FEDERAL AGENCY FOR TECHNICAL REGULATION AND METROLOGY

- GOST 28202-89 Basic environmental testing. Part 2. Tests. Test Sa: Simulated solar radiation at ground level.
- GOST 28205-89 Basic environmental testing procedures. Part 2: Tests. Guidance for solar radiation testing.

- GOST 28976-91 Photovoltaic devices of crystalline silicon. Procedures for temperature and irradiance corrections to measured current voltage characteristics.

- GOST 28977-91 Photovoltaic devices. Part 1. Measurement of photovoltaic current-voltage characteristics.

- GOST R 50705-94 Photovoltaic devices. Part 2. Requirements for reference solar cells.

- GOST R 51594-2000 Non-traditional power engineering. Solar power engineering. Terms and definitions.

- GOST R 51597-2000 Non-traditional power engineering. Solar photovoltaic modules. Types and basic parameters.

- GOST R 8.587-2001 State system for ensuring the uniformity of measurements. Instruments measuring the characteristics of optical radiation of solar simulators. Methods for verification.

E.16　瑞典─STANDARDISERINGEN I SVERIGE (SIS)

- SS-EN 60904-6 Photovoltaic devices-Part 6: Requirements for reference solar modules.

- SS-EN 61 173 Overvoltage protection for photovoltaic (PV) power generating systems-Guide.

- SS-EN 61 194 Characteristic parameters of stand-alone photovoltaic (PV) systems.

- SS-EN 61 215 Crystalline silicone terrestrial photovoltaic (PV) modules-Design qualification and type approval.

- SS-EN 61 727 Photovoltaic (PV) systems-Characteristics of the utility interface.

E.17　臺灣—經濟部標準檢驗局 (BSMI)

- C5260 對矽晶光電元件之電流電壓特性測量值做溫度和輻射校正之程式
- C6346-1 光電伏打元件（第一部：光電伏打電流 - 電壓特性量測）
- C6346-2 光電伏打元件（第二部：基準太陽電池之要求）
- C6346-3 光電伏打元件（第三部：具光譜照射光參考資料之陸上光電伏打（PV）太陽元件量測原理

E.18　泰國—泰國工業標準學會 THAI INDUSTRIAL STANDARDS INSTITUTE (TISI)

- TIS 1125-2535 (1992) Vertical/inclined pumps.
- TIS 1434-2540 (1997) Single suction centrifugal pumps.
- TIS 1843-2542 (1999) Crystalline silicon terrestrial photovoltaic (PV) modules-Design qualification and type approval.
- TIS 1844-2542 (1999) Terrestrial photovoltaic (PV) power generating systems-General and guide.
- TIS 2210-2548 (2005) Thin-film terrestrial photovoltaic (PC) modules-Design qualification and type approval.
- TIS 2217-2548 (2005) Secondary cells and batteries containing alkaline or other non-acid electrolytes-Safety requirements for portable sealed secondary cells, and for batteries made from them, for use in portable applications.

E.19　德國萊因技術集團 TUV RHEINLAND

（詳見 www.tuv.com）

- TUV-Spec 931/2.572.9 Safety test.
- Controlled nominal power ratings.

E.20　美國優力國際安全認證有限公司 UNDERWRITERS LABORATORIES (UL)

（詳見 www.ul.com/dge/photovoltaics）

- UL 1047:2003 Standard for isolated power systems equipment, new edition.
- UL 1703:2002 Standard for flat-plate photovoltaic modules and panels.
- UL 1741:2001 Inverters, converters, and controllers for use in independent power systems.
- UL 2054.1:2003 Household and commercial batteries.
- UL 2367.1 Solid state overcurrent protectors.
- UL 691 Electric-fence controllers.
- UL 778:2002 Standard for motor-operated water pumps, new edition.

E.21　辛巴威－辛巴威標準化協會 STANDARDS ASSOCIATION OF ZIMBABWE (SAZ)

- SAZS 322:1993 Photovoltaic modules.
- SAZS 522:1998 Batteries for use in photovoltaic systems.
- SAZS 523:1999 Fluorescent lights for use in photovoltaic systems.
- SAZS 524:1998 Charge controllers for photovoltaic systems using lead-acid batteries.
- SAZS 536:1998 Design, sizing and installation of battery based photovoltaic systems.

E.22　家用太陽能系統國際技術標準 UNIVERSAL TECHNICAL STANDARD FOR SOLAR HOME SYSTEMS

- Egido, M.A., Lorenzo, E. & Narvarte, L. (1998), 'Universal technical standard for solar home systems', Progress in Photovoltaics, 6, pp. 315-324.

· In English: (1998), 'Universal technical standard for solar home systems', Instituto de Energia Solar, Ciudad Univeritaria, Madrid (www.taqsolre.net/doc/Standard_IngV2.pdf).

· In Spanish: (1998), 'Norma tecnica universal para sistemas fotovoltaicos domesticos', Instituto de Energia Solar, Ciudad Univeritaria, Madrid (www.taqsolre.net/doc/Standard_EspV2.pdf).

· In French: (1998), 'Norme technique universelle pour les systemes solaires domestiques', Ciudad Univeritaria, Madrid (www.taqsolre.net/doc/SHS_French.pdf).

E.23 最佳的實務準則和認證

永續電力研究所（Institute for Substainable Power）採用培訓和認證的標準。澳洲永續能源商業委員會（BCSE）列出了相關的太陽光電標準，並對設計及安裝人員提供認證。以下網址提供了針對澳洲的「BIPV 最佳實務準則」：

http://www.bcse.org.au/default.asp?id=75&articleid=454

2004年9月，美國電氣承建基金會（U.S. Electrical Contracting Foundation）委託了一項定義美國最佳太陽光電系統實際安裝準則的研究。美國國家電氣承包業協會（The National Electrical Contractors Association）將要制定一個國家電氣安裝標準（Solaraccess, 2004）。

E.24 國際太陽能學會（ISES）和德國太陽能學會（DGS）

這些組織和其他相關組織在 2004 年宣佈他們的主旨就是「為整合太陽熱能和太陽光電在工程，能源以及建築業中的應用建立可靠的品質保險標準以及最佳實際應用準則」，同時創立「一個針對金融界的技術標準參照系統」（DGS/ISES, 2004; Solaraccess, 2004; Siemer, 2004）。

參考文獻

全球資訊網（WWW）更新資料可以在此鏈結找到：www.pv.unsw.edu.au/apv_book_refs.

American National Standards Institute, 'Standards mall' (www.nssn.org/search.html).

Azzam, M., Jacquemart, C., Kay, R., Ossenbrink, H., Perujo, A. & Varadi, P. (2004), 'Raising the standard. Global PV standardization and specification', *Renewable Energy World*, 7, July-August, pp. 138-151.

Business Council for Sustainable Energy, 'Solar accreditation' (www.bcse.org.au).

CENELEC (2004), Index to electrotechnical standards in European member countries (www.cenelec.org/Cenelec/CENELEC+in+action/Web+Store/Standards/default.htm).

Dashlooty, N., Wilmot, N.A., Sharma, H., Arteaga, O. & Pryor, T. L. (2004) 'ResLab performance testing of stand-alone inverters', Solar 2004, 1-3 December, ANZSES, Murdoch, WA.

DGS/ISES (2004), 'Quality assurance standards and guidelines for solar-technology', in *Final International* Action Programme (www.dke.de/DKE_en/Electrotechnical+ Standardization+in+Germany/News+from+the+DKE+Technical+Committees/2004- Oeffentlich/The+State+of+Standards+Work+in+the+Field+of+Photovoltaics.htm).

DKE (2004*a*), 'The state of standards work in the field of photovoltaics' (www.dke.de/NR/ rdonlyres/5D86B3AE-9ED2-4704-BCDA-87E3E3F74FDA/6340/ Listofstandardsdra ftsandspecificationsspeciallydev.pdf).

DKE (2004*b*), 'List of standards, drafts and specifications specially developed for PV applications' (www.dke.de/file/27847.pdfdatei/List+of+standards+drafts+and+ specifications+specially+developed+for+PV+applications+-+Stand+April+2004.pdf).

Egido, M.A., Lorenzo, E. & Narvarte, L. (1998), 'Universal technical standard for solar home systems', Instituto de Energia Solar, Ciudad Univeritaria, Madrid (138.4.46.62:8080/ies/ficheros/102Standard_IngV2.pdf). This lists several pre-existing standards, additional to those listed above.

Institute for Sustainable Power Inc., 'Quality standards in renewable energy' (www.ispq. org/index.html).

IEA-PVPS (2000), *Survey of National and International Standards, Guidelines & QA Procedures for Stand-Alone PV Systems*, IEA-PVPS Task 3 (www.oja-services.nl/iea-vps/products/download/rep3_07.pdf). This document mentions and discusses many more standards, guidelines and procedures than are listed above and should be referred to for further information.

Schmela, M. (2004), 'One world, one quality label', *Photon International*, August, p. 3.

Siemer, J. (2004), 'Quality in a double pack', *Photon International*, August, p. 20.

Solaraccess (2004), Online news item (www.solaraccess.com/news/story?storyid=7577&p =1).

van Zolingen, R.J.C. (2004), 'Electrotechnical requirements for PV on buildings', *Progress in Photovoltaics*, **12**, pp. 409-414.

附錄 **F** ｜ 抽水系統的各種動力來源

F.1　前言

　　根據所在地點的情況，抽水系統可以使用各式各樣的動力來源。如下文所述，每種動力來源都有各種優點和缺點。配合當地有利的能源來源，每種動力都有其特定的應用，因而決定了抽水技術的選用。

F.2　人力（使用手動泵）

優點：

· 在多數開發中國家較容易實現

· 投資成本低

· 可靈活配置

· 技術簡單，易於維護

缺點：

· 輸送成本和相關的工資成本較高

· 輸出量小。受人力所限，一人每天能抽 10m 深的水 $10m^3$ 或 2m 深的水 $5m^3$

· 佔用了也許可以用來更有效率生產的寶貴資源

F.3　畜力

優點：

· 容易取得

· 中等投資成本

· 小規模灌溉的方便動力

· 可靈活配置

缺點：

· 需要提供額外的食物造成昂貴的飼料成本

- 當不需要動力時仍然需要飼料供應

F.4 汽油或柴油小型引擎

優點：

- 技術已被廣泛採用
- 可滿足高輸出的需求
- 便於攜帶
- 單位輸出需要的初始資本投入較低
- 容易使用

缺點：

- 燃料成本是主要花費，並且價格在持續上漲
- 在許多開發中國家，燃料普遍短缺
- 在偏遠地區，備用零件的取得通常很困難
- 在開發中國家的偏遠地區很難獲得良好的維護
- 使用壽命相對較短
- 經常出現故障
- 在多數開發中國家的外匯短缺導致進口零件的成本高昂

F.5 農村地區集中供電

優點：

- 如果輸電線已經架設，原動機（電動泵）的邊際投資成本比較低
- 假如供電有保障，泵是可靠的
- 妥善選擇動力來源和系統，可以獲得低的成本

缺點：

- 由於尖峰用電需求、低的負載因數以及稀疏的用戶密度，開發中國家的電力供應通常不穩定
- 非常高的系統投資成本和高的發電、配電成本

· 大範圍的停電可導致大面積的農作物減產

· 應用被限制在距離最接近的電網 1 公里範圍之內

F.6　風力泵

優點：

· 用在儲水上是比較成熟的再生能源技術

· 在風力豐富的地區具有低的成本

· 零燃料成本

· 適合在當地生產

· 維護相對簡單

缺點：

· 在灌溉應用上還未完全成熟

· 中等輸出，隨風力的情況會有波動

· 受安裝地點的影響非常大

F.7　水輪、渦輪機、柱塞式泵和水流渦輪機

優點：

· 如果有可供開發水力資源的適當地點，這是一種成本低、壽命長、低維護、無燃料需求的動力來源

缺點：

· 合乎條件的地點相對較少，限制了可以利用這類原動機的地區

F.8　蒸汽引擎

優點：

· 特別是當農業廢料可以被用作燃料時，是一種潛在的低成本再生能源技術

缺點：

· 燃料需要佔用土地或者需要煤的運輸

- 蒸汽引擎技術已經較為老舊，現代化的設備不易取得
- 鍋爐存在安全隱憂
- 需要持續或者經常的巡視

F.9 使用沼氣燃料的小型引擎

優點：

- 具有上述小型引擎的優點，但是不需要供應汽油燃料
- 沼氣生產技術還未成熟，但是具有潛在的低成本
- 沼氣池的副產品可用作肥料

缺點：

- 具有小型發動機的多數缺點（配件、維護等）
- 沼氣池需要大量的水
- 沼氣池也許會缺少給料，特別在乾旱地區
- 沼氣池的操作需要相對多的勞動力
- 在沼氣池和氣體儲存容器上需要相對高的的投資成本，所以更適合於大型的系統

F.10 使用太陽光電系統利用太陽能輻射

優點：

- 能量來源幾乎隨處可及
- 在能量可用性和需求之間具有高的相關性
- 環境影響小
- 可靠
- 零燃料消耗
- 壽命長
- 維護和運轉成本較低
- 可由非專業人員操作

・適合任何規模的系統

缺點：

・技術較為複雜，不適合本地生產

・實際應用與系統平衡組件仍有待開發

・投資成本高

・能源分散、能量密度較低

・需要具有技能的人員的維護

・輸出受太陽照射變化影響

參考文獻

Halcrow, W. and Partners and the Intermediate Technology Development Group Ltd (1981), *Small-Scale Solar Powered Irrigation Pumping Systems-Technical and Economic Review*, UNDP Project GLO/78/004, World Bank, London.

附錄 G ｜獨立型太陽光電系統設計

G.1　前言

　　本附錄將介紹兩種不同的太陽光電系統設計方法。第七章中討論過的澳洲標準 AS4509.2 則是更新式的設計方案，目前已成為澳洲安裝技術人員資格認證的常見標準。下面介紹的第一種方法代表著比較謹慎的設計理念，其太陽能陣列面積根據蓄電池容量來選擇，Telecom 公司早期在澳洲安裝的系統曾大量採用此方案。第二種方法則是由美國聖第亞國家實驗室開發的，相較之下這種方法更為複雜，甚至可以自動運用若干年的累積日照資料加以計算。

G.2　獨立型太陽光電系統的設計步驟

　　下例中的獨立型太陽光電系統是專門為微波中繼站設計的（Mack, 1979）。

步驟一──分析負載。微波中繼站一般平均需要 100 W 的功率和 24±5 V 的電壓。因此，相對應的平均電流也就是 4.17 A。

步驟二──選擇蓄電池的容量。對於上述負載，假設我們需要 15 天的能量儲備，那麼系統中蓄電池的容量即為：

$$4.17\ A \times 24\ h ／天 \times 15\ 天 = 1500\ Ah$$

步驟三──太陽能板傾角的初步估算。一般來說，需要根據安裝地點的資訊進行設計，而且經常會選擇比安裝地點的緯度角大 20° 左右為傾角。比如說，南半球某處的緯度是 37.8°S，那麼初次近似得到的傾角就應該是 37.8°+ 20° = 57.8°，面北。

表 G.1 ▌南半球某處投射在水平面上的月平均每天直射 / 漫射日照資料

月份	直射（S）	漫射（D）
	mWh/cm²/ 天	mWh/cm²/ 天
一月	629	210
二月	559	144
三月	396	166
四月	309	127
五月	199	98
六月	167	79
七月	195	82
八月	254	120
九月	368	148
十月	500	197
十一月	491	241
十二月	676	214

步驟四——日照。首先獲取該地的日照資料，然後計算出落在太陽能板斜面上的日照量。

例一——從表 G.1 得知，在一月份：

$$S = 629 \text{ mWh/cm}^2/ \text{天}$$
$$D = 210 \text{ mWh/cm}^2/ \text{天}$$

因此，在傾角為 57.8° 的平面上，藉由公式 1.12 可得到，直射光為：

$$S_{57.8} = 629 \frac{\sin(\alpha + 57.8°)}{\sin \alpha} \tag{G.1}$$

其中：

$$\alpha = 90° - 37.8° - \delta \text{（參考公式 1.22）}$$
$$\delta = 23.45° \times \sin[(15 - 81) \times 360/365]$$

$$= -21.3°$$

在上式中我們選擇一月中旬的一天（如一年中的第 15 天，即 d = 15）代入，因此：

$$\alpha = 73.5°$$
$$S_{57.8} = 493 \text{ mWh/cm}^2/ \text{天}$$

而投射到陣列上的總日照輻射（直射 + 漫射）就是：

$$R_\beta = S_{57.8} + D$$
$$= 703 \text{ mWh/cm}^2/ \text{天}$$

當然，此處假設漫射 D 不會隨傾角的增減而變化。在傾角不是很大的情況下設置這樣的假設還是很合理的。

例二——在六月：

$$d = 166$$
$$\delta = 23.45° \times \sin[(166 - 81) \times 360°/365]$$
$$= 23.3°$$
$$\alpha = 28.9°$$
$$S_{57.8} = 167 \times \sin(28.9° + 57.8°)/\sin(28.9°)$$
$$= 345 \text{ mWh/cm}^2/ \text{天}$$
$$R_\beta = 424 \text{ mWh/cm}^2/ \text{天}$$

步驟五——陣列面積的初步估算

(a) 陣列面積可初步估算為 $5 \times 4.17 = 20.9 \text{ A}_p$（參見第七章，$A_p$ 為峰值電流）。

(b) 算出每月輸出電能（採用 Ah 估算即可），灰塵覆蓋會降低太陽能板的能量

輸出，這部分一般視為約 10% 的遮光損失。例如，在一月份：703 mWh/cm^2/ 天 $\times 0.9 \times 31$ 天 $\times 20.9$ A/100 mW/cm^2 = 4100 Ah。

(c) 將每月負載用電量換算成 Ah。同時需包括蓄電池漏電的損耗（可估算為 3%）。以一月份為例，用電量是：(4.17 A$\times$24 h/ 天 $\times$31 天) + (0.03$\times$1500 Ah) = 3147 Ah。上式中我們假設蓄電池最初為滿電狀態。

(d) 透過每月發電量 (b) 和每月用電量 (c) 的差，求出當月月底蓄電池的剩餘電量。

(e) 對其他月份重複 (b) 到 (d) 的計算。

步驟六——最佳化太陽電池陣列傾角。

　　保留太陽能板面積不變，對太陽電池陣列傾角加以微調，然後重複上述步驟四、以及步驟五的 (b)—(e)，直到將蓄電池的放電深度最小化為止。這樣可以得到最佳化的太陽電池陣列傾角。

步驟七——最佳化陣列面積

　　確定了最佳傾角後，藉由不斷調整陣列面積，重複步驟五 (b)—(e) 的計算，以得到最佳化的蓄電池放電深度。其理想值是介於蓄電池總容量 50% 的 $\pm2\%$ 之間。比如說，一個容量為 1500 Ah 的蓄電池，它的最大放電深度應該控制在 720-780 Ah 之間。

步驟八——對設計加以總結

G.3　聖第亞國家實驗室方案

　　位於美國阿布奎基的聖第亞國家實驗室開發的設計方案（Chapman, 1987），可以自動結合累計 23 年的日照資料。下面的例子就是基於這套方案進行設計的。

　　一項值得關注的研究結果顯示，就算此方案只借助全年最低日照月份的資

料進行設計，系統設計的精度也不會受到任何影響，這當然大大地簡化了此設計方法。除此之外，通過進行類似於前面介紹的計算方法，結合適當地處理過的總體日照資料，所得到的曲線：

1. 對任何發電系統缺電機率（Loss of Load Probability, *LOLP*），可以求出搭配的蓄電池所需要的容量。
2. 能用來最佳化陣列傾角。
3. 最佳化傾角後，可以獲得該角度的日照資料。
4. 能夠用來求得所需太陽能板的面積，再配合第一條中求得的蓄電池規格，最終使發電系統缺電機率達到既定要求。

聖第亞國家實驗室的方法一共提供四組曲線，每組對應不同的蓄電池容量。因此完成以上四步驟後會得到不同的四套設計方案（即陣列面積／蓄電池容量的若干種組合搭配方法），但全都可以保證系統的發電系統缺電機率低於預定值。對這四套方案的經濟性作進一步評估，就可以選出滿足系統規範要求的最低成本方案。

步驟一——確定系統位置和用途的相關資料
· 緯度
· 最低日照月份中，水平方向的輻射量（在澳洲一般是六月，在北半球為十二月）
· 日均能量需求
· 限定一個最高的發電系統缺電機率
例如：
· 緯度—30°N
· 十二月份日均水平方向上的輻射值—3 kWh/m^2
· 日平均用電量—5 kWh$_{ac}$
· 發電系統缺電機率—0.001（重要負載，如疫苗冷藏設備等）

　　如果夏季日均用電量超過冬季用電量的 10% 以上，那麼設計時就必須特別注意蓄電池容量的選擇，避免夏季蓄電池過度放電（重新調整太陽能板傾角也可以解決這個問題）。

步驟二——確定四種設計方法所分別對應的蓄電池容量

　　對某個發電系統缺電機率，我們可以從曲線圖決定對應的蓄電池容量。圖 G.1 是第二套設計方案的列線圖。圖中，當負載流失概率為 0.001 時，所對應的蓄電池容量為該系統 5.80 天的用電量。

　　類似地，方案一、三、四的曲線圖會分別得到 3.49，8.13 和 10.19 天的儲存容量。我們可以進而計算出蓄電池的實際容量：

$$CAP = \frac{S \times L}{DOD \times \eta_{out}} \qquad (G.2)$$

式中 CAP 為蓄電池容量，S 為所儲存電力的可用天數，L 為平均每日用電量，

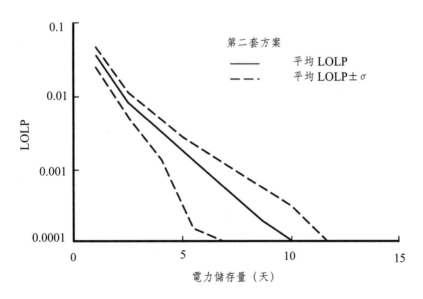

圖 G.1 ☼ 第二種設計方案中，儲電量與發電系統缺電機率間的關係（**Chapman, 1987 IEEE**）

DOD 為蓄電池的最大允許放電深度，而 η_{out} 則是從儲電設備到用電端這條路徑上的總效率。

因為需要使用交流電，所以在估算 η_{out} 的時候需要考慮換流器的效率。假設預計最高負載峰值為 1000 W_{ac}，我們應該選用額定功率比該值高 20%，即 1200 W_{ac} 的換流器。換流器效率會隨負載量的變化而改變，因此需要綜合一天的負載曲線來確定。一般來說，可以假設換流器的日平均效率為 0.76。

影響 η_{out} 的另一大因素是蓄電池充電控制器，其效率大約為 95%。流出蓄電池的電荷的損耗量也應計入充電控制器的效率中，因為蓄電池容量的額定值指的是從蓄電池獲得的電荷量。因此，我們考慮蓄電池的低效率只針對儲存在蓄電池裡的電荷。

$$\eta_{out} = 0.95 \times 0.76 = 0.72$$
$$L = 5 \text{ kWh/ 天}$$
$$S = 5.80 \text{ 天（第二套方案獲得的結果）}$$
$$DOD = 0.8 \text{（使用深循環蓄電池）}$$

因此

$$CAP = 5.80 \times 5/(0.8 \times 0.72)$$
$$= 50 \text{ kWh}$$

步驟三——為四種方案分別確定太陽能板面積

「陣列平面上的設計日照量」（POA）可以從適當的曲線圖中找到。對於不同的傾角，曲線圖也會有所差異，因此可以很容易地求得某一緯度上的最佳化傾角。圖 G.2 所示為設計方案二，當模組傾角等於緯度角時的曲線圖。

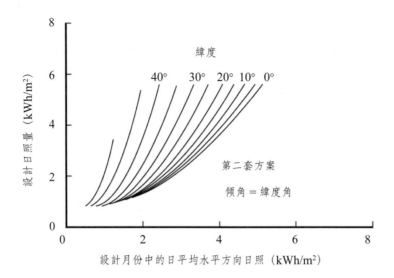

圖 **G.2** ☼ 陣列平面上的設計日照量（**POA**）和日平均日照量間的關係（**Chapman, 1987 IEEE**）

在前面的例子中，水平方向的日照量為每天 3 kWh/m²，緯度是 30°，因此，從圖中可知 POA 值是每天 4.3 kWh/m²。

對應的陣列面積（*A*）可以利用下式求出

$$A = \frac{L}{POA \times \eta_{in} \times \eta_{out}} \tag{G.3}$$

式中 L 是日平均負載用電量（kWh/ 天），*POA* 是設計日照量（kWh/m²/ 天），η_{in} 是從日照輸入到儲能系統間的總效率，而 η_{out} 則是從儲能系統到負載間的總效率。

以面積為規格來決定陣列大小的好處就是去除了太陽能板電壓一電流關係的不確定性。但是在購買太陽能板的時候還是必須要根據產品的電壓、電流和功率規格來選擇。

如果系統中沒有最大功率點追蹤器（MPPT）的話，太陽能板的輸出電壓就由蓄電池電壓決定，此時可以假設所有太陽電池模組都各自輸出額定的最大功率點電流。對於這樣的系統，描述陣列規模的最方便辦法是藉由峰值電流：

$$I_p = \frac{L \times I_0}{POA \times \eta_{bat} \times DF \times V_{bat} \times SD \times \eta_{out}} \tag{G.4}$$

式中 I_0 是日光峰值輻射（1 kW/m²），在此輻射下太陽能板會輸出電流 I_n，蓄電池的額定電壓為 V_{bat}，POA 是設計輻照量，η_{bat} 是蓄電池的電量效率（最低日照月份期間該值一般為 85%），DF 是灰塵係數（一般可設為 0.90；也就是說，灰塵沉積造成 10% 的能量損失），L 是日平均負載，SD 是自放電係數，而如前述，是 η_{bat} 蓄電池至負載間的總效率。

對於深循環蓄電池來說，在日照最低的月份中可以忽略自放電帶來的損失，因為電池中一般只會存留很少電荷（除非 LOLP 值被設定得非常低）。如果系統輸出 24 Vdc，那麼其額定電流為：

$$I_p = 5000 \times 1/(4.3 \times 0.85 \times 0.90 \times 24 \times 0.72)$$
$$= 88.0 \text{ A}（額定電壓為 24 V）$$

廠商會根據標準實驗條件（25°C）來制定太陽能板的額定功率，即：

$$88 \text{ A} \times 24 \text{ V}（25°C）$$
$$= 2.11 \text{ kW}$$

但是，一旦採用了最大功率點追蹤系統，我們就不能再假設陣列的工作電壓了，因為最大功率點追蹤器會把電壓調整到最大功率電壓。因此，我們需要分析最大功率點的陣列效率（η_{mp}）。該效率是由太陽能電池的工作溫度（T_c）和額定效率（η_r）決定的，這兩個參數都可以從製造廠家獲得：

$$\eta_{mp} = \eta_r[1 - C_r(T_c - T_r)] \tag{G.5}$$

其中 C_r 是最大功率隨溫度變化係數（一般為 0.005°C⁻¹），T_r 是外界參照溫度。

比如說，在北緯 30°，冬天室外的環境溫度一般為 10°C，而太陽能板的工

作溫度一般比周圍高 20°C。那麼：

$$\eta_{mp} = 10.0 \times (1 - 0.005 \times (30.0 - 25.0))$$
$$= 9.75\%$$

所需的陣列面積可以從公式（G.3）得出，式中的 η_{in}（太陽能板到儲能設備的總效率）可以表示為：

$$\eta_{in} = \eta_{mp} \times \eta_{bat} \times \eta_{mppt} \times D \times SD \qquad (G.6)$$

其中 η_{mppt} 是最大功率點追蹤器的效率（一般為 95%）。

因此：

$$\eta_{in} = 0.0975 \times 0.85 \times 0.95 \times 0.90$$
$$= 0.071$$

然後，根據公式（G.3）：

$$A = 5000/(4300 \times 0.071 \times 0.72)$$
$$= 22.8 \text{ m}^2$$

或者也可以從廠家額定值（在 25°C 下）獲得答案：

$$陣列額定功率 = 1000 \text{ W/m}^2 \times 0.10 \times 22.8 \text{ m}^2$$
$$= 2.28 \text{ kW}_p$$

和沒有安裝最大功率點追蹤器的系統相比，這兩套系統顯然在價格、系統複雜度、系統效率和可靠性上各有優劣。

上面的計算基於第二套設計方案，對第一、第三和第四套方案也同樣有效。下表 G.2 列出了四種方案的某些區別：

表 G.2 ▌陣列平面上的設計輻照量（*POA*）和電能儲存量（*S*）間的關係

| 方案 | 陣列平面上的設計輻照量（kWh/m²/天） | | | | | S（天） |
| | 陣列傾角＝緯度角＋ | | | | | |
	−20°	−10°	0°	10°	20°	
1	3.00	3.23	3.37	3.44	3.45	3.59
2	3.53	3.93	4.28	4.50	4.46	5.80
3	3.73	4.21	4.61	4.84	4.71	8.13
4	3.85	4.38	4.79	4.99	4.79	10.19

根據上表，可以看出最佳傾角應該大約等於緯度角加上 10°。因此得到四種不同的設計方案。我們便可根據每套方案的造價作出選擇。根據客戶需求不同，可以提供初始報價或終身價格。對於後者來說，必須注意蓄電池的選擇，因為它的壽命會根據溫度和放電深度（DOD）不同變化很大。

鉛酸蓄電池的壽命可以用以下公式估算：

$$CL = (89.59 − 194.29T)\exp(−1.75 \times DOD) \qquad (G.7)$$

其中 *CL* 是蓄電池的壽命（單位為循環週期次數），*T* 是蓄電池的溫度，而 *DOD* 是放電深度。

在太陽電池—蓄電池系統中，蓄電池的放電深度對於每個工作循環都會有所不同。我們把一天定義為一個工作循環，把 *DOD* 定義為這一天中蓄電池的最大放電深度。

統計資料證明，*DOD* 可以表示為 *LOLP* 和電能儲存量的函數，這樣我們就可以利用公式（G.7）精確地估算出一個蓄電池的壽命。

設環境溫度為 25°C（恒定），*LOLP* 為 0.001，那麼第一到四套設計方案分別對應的蓄電池壽命就是 10.7 年、10.9 年、10.9 年和 10.9 年。這幾個預期壽命都比較長，因為對於發電系統缺電機率為 0.001 的系統來說，它的蓄電池一般會保持在充滿電的狀態。

參考文獻

Mack, M. (1979), 'Solar power for telecommunications', *The Telecommunication Journal of Australia*, **29**(1), pp. 20-44.

Chapman, R.N. (1987), 'A simplified technique for designing least cost stand-alone PV/storage systems', Proc. 19th IEEE Photovoltaic Specialists Conference, New Orleans, pp. 1117-1121.

附錄 **H** │太陽光電抽水系統設計

H.1　前言

　　在直接耦合獨立型太陽光電抽水系統設計的章節中，已經就日照資料處理問題作了討論。接下來我們將對抽水系統的設計加以詳細地介紹，並分析太陽電池模組的特性與輸出。在後面的部份裡還將提供一個設計範例，並詳細討論每個設計環節。

H.2　日照資料的處理

　　針對傾斜角為 β 的太陽電池陣列，找出各月份中每日直射在陣列上的最大（太陽正午時的）日照強度（I），計算時應區分晴天日照強度（I_s）和陰天日照強度（I_c）。有關日照資料的具體資訊請參照第一章，也可以使用電腦軟體來協助計算（Silvestre, 2003）。為了簡化運算，本節將採用近似的方法來區分晴天與陰天（參見第一章第 1.8.3.2 小節）。使用第一章的公式 1.19（Hu & White, 1983），結合圖 H.1，我們可得出晴天的日照值為

$$I_{si} = 1.353 \times 0.7^{AM^{0.678}} \times 1.10 \times \sin(\alpha + \beta) \tag{H.1}$$

式中 I_{si} 的單位為 kW/m^2。α 是 i 月份中正午太陽高度角，參考公式 1.22。β 是太陽電池陣列的傾角，AM 是大氣光學質量（$AM = 1/\sin\alpha$），而公式中係數 1.10 包括了晴天時直射和漫射輻射的影響。

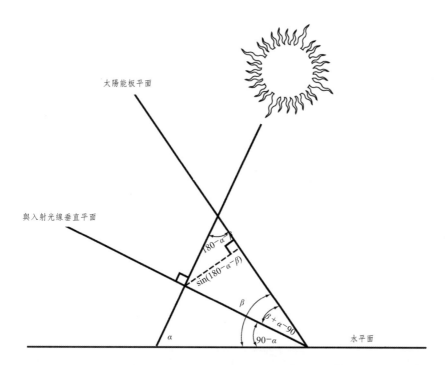

太陽能板平面

與入射光線垂直平面

$180-\alpha$

$\sin(180-\alpha-\beta)$

β

$\beta+\alpha-90$

α

$90-\alpha$

水平面

圖 H.1 ☼ 正午時傾角為 β 的太陽能板所接收的照光強度的計算方法

同樣，在陰天時，i 月份的最大日照強度 I_{ci} 可由以下公式估算：

$$I_{ci} = 1.353 \times 0.7^{AM^{0.678}} \times 0.20 \qquad （\text{H.2}）$$

而係數 0.20 則代表漫射輻射強度，我們假設其獨立於 β。

1. 從每月(i)的 I_{ci} 值與 I_{si} 值，我們可以利用圖 H.2 分別估計陰天和晴天時，每日直射在傾角為 β 的陣列上的照光強度。選擇適當的時間軸尺度（圖 H.2 中的 N），可以進一步幫助計算晴天及陰天時的日間日照量（單位：kWh/m²/ 天）。

2. 接下來將每月的 I_{si} 值帶入圖 H.2 中的 I 以便求出晴天天數的百分比。用公式 H.3 可以求出每月照射在傾角為 β 的陣列上的月平均日間總體輻射 G_i，這裡表示為陰天和晴天輻射成分的總和。

$$G_i = X_i \times 6.76 \times N_i \times I_{si} + Y_i \times 6.76 \times N_i \times I_{ci} \qquad (\text{H.3})$$

X_i 和 Y_i 分別是晴天和陰天所占的比例。

對於一個直接耦合系統來說，因為當工作電流下降時各子系統的性能也會隨之大幅降低，我們因此可以假設在陰天時系統無法抽水。因此我們採用公式 H.3 中晴天時的總體輻射（$X \times N \times 6.76 \times I_s$），作為照射在太陽能板上有效的總體輻射（$R_u$）。

3. 將一年中（或為設計需要選取的某一時間段）的全部 I_{si} 值平均可求得一個均值 I_{sa}。在此計算中，需要考慮到每月天數的區別以及晴天的百分比。計算方法如下：

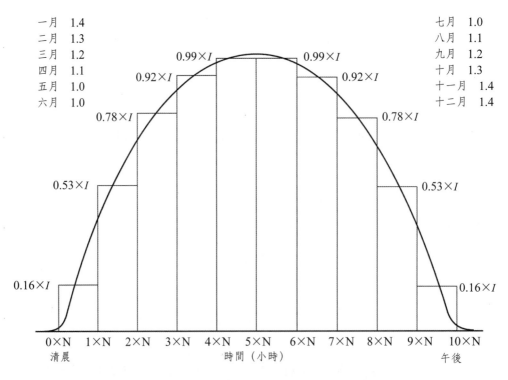

一月	1.4	七月	1.0
二月	1.3	八月	1.1
三月	1.2	九月	1.2
四月	1.1	十月	1.3
五月	1.0	十一月	1.4
六月	1.0	十二月	1.4

圖 H.2 ✿ 典型的晴天照光資料，與每日峰值照光強度 I 的關係圖。此圖用 N 值來近似每日照光強度變化曲線，而 N 值可以根據具體的日期或季節來確定。

$$I_{sa} = \frac{\sum_{i}(X_i M_i I_{si})}{\sum_{i}(X_i M_i)} \tag{H.4}$$

然後我們結合圖 H.2 和以下公式，將晴天中的輻照量轉換為一個等同的陽光照射時間（E，單位為小時）：

$$E_i = \frac{6.76 N_i I_{si}}{I_{sa}} \tag{H.5}$$

這就相當於是說在晴天時，峰值照光強度為 I_s，我們有 E 個小時的輻照時間，並且其日照強度為 I_{sa}。而每月的 E 值（即 E_{mi}，i 代指某月）為：

$$E_{mi} = X_i M_i E_i \tag{H.6}$$

如果需要全年的總日照時數（E_y），可用：

$$E_y = \sum_{i} E_{mi} \tag{H.7}$$

需要注意的是，在日照強度為 $I_{sa}/2$ 時，工作兩小時並不等於在 I_{sa} 下一小時的工作，這是由於離心泵在部分負載時的性能下降，以及太陽能板輸出與負載需求間的不完全協調所造成的。因此對於第一次迭代，需要假設前面求得的日照時數對應於 $0.80 \times I_{sa}$ kW/m^2 的日照量，然後據此設計系統。這樣可以保證系統的設計相對穩健，也有助於提升系統效率，因為我們是針對照光強度較低的時段來設計系統的最大效率的(圖 H.2)。

4. 當系統擁有足夠的蓄水能力時，它就可以保證每年用戶所需要的抽水量了。但如果系統的蓄水量非常有限，我們就必須保證其抽水速率和用水速率相匹配。在這兩種情況下，需要先確定晴天時的每日抽水量 V（和蓄水容量有關，可以是一個總值或平均值）。此容量 V 必須在 $0.80 \times I_{sa}$ 的照光強度下，在 E 小時內利用太陽能板供電抽取。

而當設計一個無儲水能力的系統時，須透過調整太陽能板的傾角來平衡

全年任何時候的 E_i 值和 V_i 值。不同的傾角會改變 E_i 在不同月份的比重。理想的狀況是，我們希望每月的 E_i 值與 V_i 值成正比。

H.3 太陽電池模組的特性

太陽電池模組一般由 36 個太陽電池串聯組成，每個電池的典型參數如下：

$$V_{oc} = 600 \text{ mV}（25°C）$$

$$FF = 75\%$$

$$V_{mp} = 475 \text{ mV}（25°C）$$

$$V_{mp} = 430 \text{ mV}（45°C）$$

$$I_{mp}/I_{sc} = 0.95$$

每個電池的電壓—電流關係大體上符合以下公式：

$$V = \left(\frac{nkT}{q}\right)\ln\left(\frac{I_L - I}{I_0}\right) - IR_s \tag{H.8}$$

式中 V 為電池的端電壓，I 是電流，I_L 是光生電流，n 是理想因數（可設為常數 1.3），R_s 是串聯電阻，q 是電子電荷（1.6×10^{-19} C），k 是波茲曼常數（1.38×10^{-23} J/K），T 是絕對溫度（實際工作溫度通常為 318K），最後，I_0 是暗飽和電流，可利用下式求出：

$$I_0 = \frac{I_L}{\exp\left(\frac{qV_{oc}}{nkT}\right)}$$

$$= 2.17 \times 10^{-7} \times I_L （45°C的情況） \tag{H.9}$$

在此 V_{oc} 是開路電壓，市場上的太陽電池在 25°C 時的開路電壓值一般約為 600 mV，但在 45°C 時則會下降至 555 mV 左右。

　　多數廠家將太陽電池的 R_s 設計為大致與 I_{sc} 成反比，所以 R_s 所導致的功率耗損百分比一般也不會由於電池片的面積不同而改變，（通常約 2.5%）；也就是說：

$$R_s \approx \frac{1}{40 I_{sc}} \tag{H.10}$$

此處的 I_{sc} 是在 1 kW/m² 照光下的短路電流。

　　考慮到照光強度的變化，我們設定：

$$I_L = L \times I_{sc} \tag{H.11}$$

式中的 L 為照光強度係數，例如 $L = 1$ 所對應的是 1 kW/m²，$L = 0.5$ 所對應的是 500 W/m²。我們現在可以將公式 H.8 重新改寫如下：

$$V = 0.0361 \times \ln\left(\frac{L \times I_{sc} - I}{2.17 \times 10^{-7} \times I_{sc}}\right) - \frac{1}{40 \times I_{sc}} \tag{H.12}$$

式中假設 T = 318 K。

　　當數個太陽電池串聯在一起時，從公式 H.12 可知，無論電流是多少，總電壓都只需藉由將單片電池的電壓和串聯的電池總數相乘便可求得。

　　下一步則是利用公式 H.12 求出 H.2 圖中五個不同照光強度分別所對應的電流電壓曲線。圖 H.3 和表 H.1 就是所得的曲線及相對應的資料。圖中縱軸上的電流及表中的對應資料將在稍後解釋。橫軸上的電壓都乘上了係數 m，即每個子串上串聯的額定工作電壓為 12 V 模組的個數。

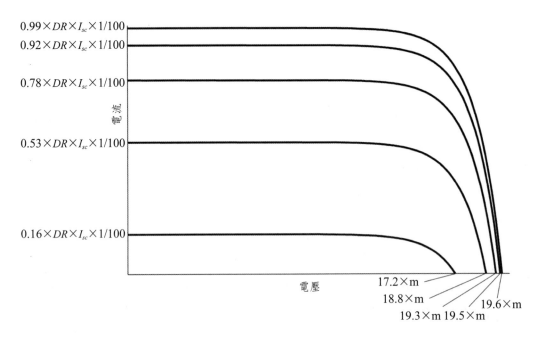

圖 **H.3** ⚙ 一典型商業太陽光電系統的電流電壓特性曲線，其相對應的照光強度由圖 **H.2** 提供。以上的曲線圖皆從公式（**H.12**）獲得。

表 H.1 ▎對應圖 **H.3** 中五條曲線的正歸化電流和電壓值

曲線 1		曲線 2		曲線 3		曲線 4		曲線 5	
電流	電壓	電流	電壓	電流	電壓	電流	電壓	電流	電壓
0.000	19.6	0.000	19.5	0.000	19.3	0.000	18.8	0.000	17.2
0.113	19.4	0.113	19.3	0.113	19.1	0.113	18.5	0.034	16.8
0.226	19.3	0.226	19.1	0.226	18.8	0.226	18.0	0.066	16.5
0.339	19.0	0.339	18.9	0.339	18.5	0.283	17.7	0.090	16.1
0.451	18.8	0.451	18.6	0.451	18.1	0.339	17.4	0.113	15.5
0.564	18.5	0.564	18.2	0.508	17.9	0.395	16.9	0.124	15.2
0.678	18.1	0.678	17.7	0.564	17.6	0.429	16.6	0.135	14.7
0.734	17.8	0.734	17.4	0.598	17.3	0.451	16.2	0.141	14.3
0.790	17.5	0.791	16.9	0.632	17.1	0.474	15.8	0.147	13.8
0.847	17.0	0.824	16.5	0.654	16.8	0.485	15.5	0.152	13.2
0.881	16.7	0.847	16.1	0.678	16.6	0.497	15.1	0.154	12.8
0.903	16.4	0.858	15.9	0.702	16.2	0.508	14.5	0.157	11.8
0.925	16.0	0.869	15.6	0.722	15.8	0.512	14.2	0.158	11.3

表 H.1（續）

曲線 1		曲線 2		曲線 3		曲線 4		曲線 5	
電流	電壓	電流	電壓	電流	電壓	電流	電壓	電流	電壓
0.937	15.7	0.880	15.3	0.734	15.5	0.514	14.1	0.159	10.4
0.949	15.3	0.892	14.8	0.745	15.1	0.517	13.8	0.160	9.5
0.960	14.9	0.903	14.2	0.750	14.9	0.519	13.6	0.160	0.0
0.965	14.7	0.909	13.6	0.756	14.6	0.521	13.3		
0.971	14.3	0.914	12.8	0.762	14.2	0.523	13.0		
0.976	13.9	0.916	12.2	0.765	14.0	0.525	12.5		
0.981	13.3	0.917	11.8	0.768	13.7	0.526	12.2		
0.987	11.8	0.919	10.4	0.770	13.5	0.527	11.8		
0.989	10.4	0.920	8.4	0.772	13.2	0.528	11.3		
0.990	8.0	0.920	0.0	0.773	13.0	0.529	10.4		
0.990	0.0			0.776	12.2	0.530	0.0		
				0.777	11.8				
				0.778	11.3				
				0.780	0.0				

　　模組當然也可以依照所需的最大功率點電壓來進行設計和訂做，方法很簡單，只要改變串聯電池的數量即可。不過這種模組價格不菲，除非訂貨數量很多，否則從經濟的角度來講這是不實際的。

　　一個標準模組在 45°C 時：

· 單一模組（36 個電池）輸出 V_{mp} = 15.5 V
· 兩個模組串聯（72 個電池）輸出 V_{mp} = 31.0 V
· 三個模組串聯（108 個電池）輸出 V_{mp} = 46.5 V
· 四個模組串聯（144 個電池）輸出 V_{mp} = 62.0 V

　　從圖 H.3 可以看出，最大功率點電壓幾乎不隨照光強度的變化而改變。

　　因此，我們為了確保 45°C時的輸出最大功率點電壓與子系統在最高運轉效率時所需的工作電壓相匹配（還需額外考慮接線會耗損掉 2% 的電壓），應該選擇適當的模組串聯數目。

設計的最後一步是求出太陽能板需要輸出多少電流。使用電腦迭代分析資料是最簡單並且最合適的方法。可依照上面 H.2 小節中的第 4 和第 5 步驟來選擇陣列的初始規格（這裡指額定電流）。當照光強度為（L_{mp}）時，子系統可以按我們的設計以最高運轉效率工作。這個照光強度（L_{mp}）由以下公式求出：

$$L_{mp} = 0.80 I_{sa} \tag{H.13}$$

因此，在 1 kW/m^2 的照光下，額定最大功率點電流（I_{mp}）需為：

$$I_{mp} = \frac{100 I_m}{0.80 I_{sa}} \tag{H.14}$$

式中的 I_m 是子系統最高效率運轉時的電動機電流。

一旦求出了所需的 I_{mp} 值，我們就需要考慮選用較大額定電流的陣列以確保其輸出電流滿足 I_{mp}。除此之外，以下幾點因素也要求使用較大額定電流的陣列：

· 太陽電池模組表面堆積灰塵（Halcrow & Partners, 1981; Hammond *et al.*, 1997）
· 日照量可能低於預期
· 太陽電池模組的輸出誤差
· 太陽電池模組性能衰退

以上問題可以藉由適當地擴大太陽能陣列的面積來克服。由於落塵的影響，通常允許 6% 的功率損失（應根據地點不同具體分析）；10% 的損失來自於太陽能板隨時間老化（除非製造廠商對於模組老化提供保證）；另外 10% 的損失則源自於太陽能板的輸出誤差以及日照量變化的影響。大約有 26% 的額定功率被消耗掉，因此我們需要增加 35%（即 1/0.74）的太陽能板面積。我們稱此遞減因數（Derating Factor, DR），在此例中 DR = 0.74。換而言之，我們將太陽能板的最大功率點電流選定為原計算值的 1.35 倍。若要把此電流轉換為

額定短路電流只需除以 0.95 即可。

現在讓我們來考慮前面圖 H.3 中的縱軸。如果 I_{sc} 是廠家出場時標定的額定短路電流，那我們必須：

1. 利用圖 H.2 來修正照光強度與標準強度（即 1 kW/m² = 100 mW/cm²）間的差，對於圖中頂部的曲線來說，意即乘以（$0.99 \times I/100$），其中的 I 是照光強度，由公式 H.1 求得。
2. 乘以遞減因數 DR（一般認為是 0.74）。

因此對於圖中頂部曲線而言，我們得到其短路電流為：

$$0.99 \times 0.74 \times I/100 \times I_{sc}$$

或

$$(0.0073 \times I) \times I_{sc}$$

I 的單位是 mW/cm²。

選定陣列的大小以後，就可以確定圖 H.3 中縱軸與橫軸的對應值，然後再把負載曲線疊加上去。結合圖 H.2，這些都有助於計算晴天和陰天時的抽水量和系統平均效率。如果使用電腦計算，那麼我們就可以簡單地重複嘗試不同的電流大小，不斷調整系統設計，直至它達到最高的整體效率和期望的抽水能力。

值得注意的是，我們在第 4、5 步驟中選擇了保守的系統設計：當我們根據 I_{sa} 定義並換算了抽水時間（E）後，隨之將照光強度假定為 $0.80I_{sa}$，來作為設計系統最高工作效率的基準。我們之所以遵循保守的設計理念，主要有兩個原因。首先，當照光強度偏離了設計值 $0.80I_{sa}$ 時，我們為子系統的工作效能下降留下了空間，使得系統能夠繼續正常運轉。其次，我們也將子系統本身工作效率的不確定性考慮進來，這可能包括：

·廠家所提供的曲線和實際測量值有差異。

· 子系統的零件老化。

· 以及不可預期的揚程變化等。

保守設計的系統，理論上應該會比原定需要的抽水量多 10-20%。當然，這個數值並不絕對，而且任何設計調整都應先與用戶進行協商再作出決定。

H.4　直接耦合系統範例

H.4.1　規格要求

假設我們要在南半球的某處（南緯 37.8°）設計建造一個應用於灌溉的直接耦合系統（無蓄電池或是電力調節電路）。用戶需要在十二月和一月抽取 250 萬公升水，因此我們只需考慮這段時間的供水狀況。相關的日照資料如表 H.2 所示。假設其總揚程是 8.8 米，而且基本不隨季節改變而變化。最後，水源回補率非常充足，並假設其他的月份均無需作特殊考慮。

H.4.2　設計流程

步驟一——負載設計

請參閱前文中的相關說明。

步驟二——選擇傾角並修正日照資料

由於我們主要針對十二月和一月來進行設計，傾角最佳化比較簡單，只要將太陽能板直接對準這兩個月的正午太陽位置即可。由第一章的公式 1.7，我們可以計算出太陽偏角，十二月達到最大偏角 23.4°，而在一月則約為 21.8°。我們可以選擇 22.8°，然後由第一章的公式 1.6 得出正午太陽高度角大約是 75°，相對應的太陽能板傾角就是 15°。同理，由第一章公式 1.5 可以計算出投射到板面上的輻射量，如表 H.3 所示。

表 H.2 ▌12 月和 1 月的水平表面上月平均日間日照資料（單位：mWh/cm²）

月份	直接日照輻射 S	漫射日照輻射 D	總體日照輻射 R
十二月	676	214	890
一月	629	210	839

表 H.3 ▌修正傾角後，直射在太陽能板面的日照資料（單位 mWh/cm²）

月份	太陽高度 α	直接日照 S	漫射日照 D	15° 時總體日照 S₁₅	15° 時漫射日照 R₁₅
十二月	75.6	676	214	698	912
一月	73.5	629	210	656	866

步驟三──資料處理

(a) 求出 I_s 和 I_c 的值

在十二月，利用公式 H.1 和 H.2，

$$I_{s1} = 1.353 \times 0.7^{AM^{0.678}} \times 1.1 \times \sin(180° - 75.6° - 15°)$$

此處 $AM = 1/\sin$（75.6°），並求得：

$$I_{s1} = 103 \text{ mW/cm}^2$$
$$I_{c1} = 9.4 \text{ mW/cm}^2.$$

一月則是（令 $\alpha = 73.6$）：

$$I_{s2} = 102 \text{ mW/cm}^2$$
$$I_{c2} = 9.3 \text{ mW/cm}^2$$

(b) 計算晴天和陰天的輻射量（mWh/cm²/ 天）

利用圖 H.2，我們可得晴天的輻射量為，

$$6.76 \times N_i \times I_{si}$$

在十二月和一月時 $N_i = 1.4$，I_{si} 的值則將在下一部分給出。同理，對於陰雲天氣的輻射量，

$$6.76 \times N_i \times I_{ci}$$

(c) 確定晴天和陰天的比例

使用圖 H.2 和公式 H.3 可以求出十二月的陰晴比例：

$$R_{15} = X \times 6.76 \times 1.4 \times 103 + Y \times 6.76 \times 1.4 \times 9.4$$

其中 $R_{15} = 912$，X 和 Y 分別是晴天和陰天的百分比，而 $X + Y = 1$（或 $Y = 1 - X$）。由這此可得：

$$912 = 975 \times X + 89 \times (1 - X)$$

因此：

$$X = 0.93，Y = 0.07$$

換言之，在十月，有 93% 的時間是晴天，7% 是陰天。

一月也可以做類似計算：

$$866 = 695 \times X_2 + 89 \times (1 - X_2)$$
$$X_2 = 0.89$$
$$Y_2 = 0.11$$

即一月裡 89% 的時間是晴天。

陰天時基本無法抽水，因此可以忽略，而有效輻射強度為：

$$R_{u1} = 0.93 \times 912$$
$$= 848 \text{ mWh/cm}^2/\text{天（十二月）}$$
$$R_{u2} = 0.89 \times 866$$
$$= 771 \text{ mWh/cm}^2/\text{天（一月）}$$

(d) 求出在照光強度為 I_{sa} 時的抽水時數（E）

使用公式 H.4，

$$I_{sa} = (103 \times 31 \times 0.98 + 102 \times 31 \times 0.89)$$
$$(31 \times 0.93 + 31 \times 0.89)$$
$$= 103 \text{ mW/cm}^2$$

使用公式 H.5，

$$E_1 = 6.76 \times 1.4 \times 103/103$$
$$= 9.5 \text{ 小時}$$
$$E_2 = 9.4 \text{ 小時}$$

再通過公式 H.6，求得每月份泵水時數為

$$E_{m1} = 9.5 \times 31 \times 0.93$$
$$= 274 \text{ 小時}$$
$$E_{m2} = 9.4 \times 31 \times 0.89$$
$$= 259 \text{ 小時}$$

最後，在這兩個月中：

$$E_y = E_{m1} + E_{m2}$$
$$= 533 \text{ 小時（對應輻射量為 } I_{sa}）$$

步驟四——水泵的選擇

我們需要在十二月和一月的時候抽取年均 250 萬公升水。因此，抽水速率（P）為：

$$P = 2.5 \times 10^6/(533 \times 60 \times 60)$$
$$= 1.30 \text{ 公升 / 秒}$$

在此時我們還不需要考慮十二月的抽水量會比一月大，因為平均來說在十二月晴天的機率比較高，因此提高了該月份的抽水量。

對於管線內的摩擦耗損，因為沒有具體資料可供參考，因此可以將總揚程增加 2%，在本例中總揚程變為 9 米。圖 H.4 是離心泵的性能曲線。

步驟五——選擇相容的電動機

從圖 H.4 中可知，工作揚程為 9 米，泵水率為 1.3 公升 / 秒的離心泵將需要約 2700 rpm 的轉速。其對應的輸入功率（P_{in}）約為 230 W。轉矩（τ）並未直接提供，我們可以透過功率（P_{in}）和角速度（ω）求得：

$$\tau = P_{in}/\omega$$
$$= 230/(2\pi \times 2700/60)$$
$$= 0.814 \text{ Nm.} \tag{H.15}$$

讀圖 H.5 中的直流電動機性能曲線可知，此電動機能夠很好地相容我們的水泵，其設計效率約為 76%。

步驟六——求出子系統的負載曲線

圖 H.4 提供了重要的水泵特性，但還不能直接使用。不過，通過曲線可以確定不同轉速（N）所對應的轉矩（τ_l），只需帶入水泵功率值，如公式 H.15 所示。接著對於不同的 τ_l 值我們參考第十一章的圖 11.11 來選擇合適的電動機。

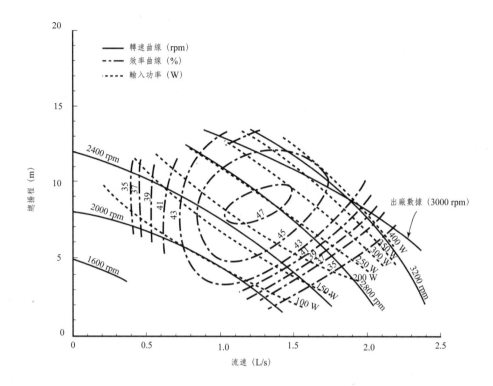

圖 **H.4** ☼ 適合設計規範的離心泵性能曲線及其抽水率（經 **Halcrow & Partners** 許可使用，**1981**）。

如果希望提高設計精度，也可以通過下列公式進行計算：

$$I_m = \frac{\tau + 0.0674}{0.136} \tag{H.16}$$

$$\tau_1 = \frac{P_{in}}{\omega}$$

$$V_m = \frac{N + 69.2 I_m + 16.6}{70.4} \tag{H.17}$$

最後，由曲線圖獲得水泵和電動機的效率值（分別為 η_p 和 η_m）就可以得到表 H.4，內含全部必要資訊。在右邊最後一列的數值 V_a 是光伏陣列必須輸出的電壓。由於接線耗損，其數值比電動機電壓高 2%。

表 H.4 ▌負載值線的計算值

N (rpm)	$\omega = \pi N/30$ (rad/s)	P_{in} (W)	$\tau_l = P_{in}/\omega$ (Nm)	η_m (%)	η_p (%)	η_{sub} (%)	$I_m = I_a$ (A)	V_m (V)	V_a (V)
3200	335	400	1.19	75.5	41.0	31.0	9.20	55	56
3000	314	300	0.96	76.0	45.0	34.2	7.60	50	51
2800	293	250	0.85	75.5	47.5	36.0	6.75	46	47
2600	272	220	0.81	75.0	47.5	35.6	6.45	43	44
2400	251	170	0.68	74.0	45.0	33.3	5.50	40	41
2200	230	110	0.48	73.0	35.0	25.5	4.03	35	36
2120^1	222	89	0.40	73.0	21.4	15.6	3.44	34	35
2100	220	50	0.23	0	0	0	2.19	32	33

注:1. 當 $N = 2120$,$\eta_p = (0.22\ \text{kg/s} \times (10.1 - 0.2)\ \text{m} \times 9.8\ \text{m/s})/100\ \text{J/s} = 21.4\%$。因此,當揚程為 9 米的同一條效率曲線上,$P_{in} = (0.22\ \text{kg/s} \times (9 - 0.2) \times 9.8)/0.214 = 89\ \text{W}$。

步驟七——太陽光電系統的規模估算

　　圖 H.3 是太陽能板的電流—電壓曲線。我們的需要選擇並搭配這些太陽能板,以保證太陽能板輸出可以達到電動機 / 水泵系統的要求。

H.4.3　電壓大小

　　最大功率點電壓基本上不隨照光強度的變化而改變,因此我們可以直接將該電壓設定在子系統的最高效率電壓點上。從表 H.4 中可知,此電壓為 47 V。圖 H.3 和表 H.1 則告訴我們,串連三個額定 12V 的元件就可以在 45℃時獲得約 46V 的最大功率點電壓,雖然略低於理想值,但還是足夠接近的。因此圖 H.3 中的 m 值等於 3。

H.4.4　電流大小

　　為了最佳化子系統效能,表 H.4 指出我們需要一個額定電流為 6.75 A 的電動機。不過,因為該電流僅對應於 $0.80 \times I_{sa}$ 的照光強度,所以在 100 mW/cm^2 時的額定最大功率點電流(I_{mp})必須經公式 H.14 處理獲得,即:

$$I_{mp} = 6.75 \times 100/(0.80 \times 103)$$

$$= 8.2\ \text{A}$$

　　然後，我們加入遞減因數（DR）0.74，再除以 0.95 就可以得到額定短路電流（I_{sc}）：

$$I_{sc} = 8.2/(0.74 \times 0.95)$$
$$= 11.6\,\text{A}$$

　　這就是太陽能板出廠時標定的電流。而當照光強度為 $0.80 \times I_{sa}$ 時我們的設計還是會確保 6.75 A 的最大功率點電流。

　　現在我們可以分別為十二月和一月確定圖 H.3 中的縱軸電流值。最上層曲線中，十二月的短路電流：

$$I_{sc} = (0.99 \times 0.74 \times 103/100) \times 11.6$$
$$= 8.75\,\text{A}$$

　　計算所得的結果在圖 H.5 中給出。根據表 H.4，我們還可以在電流電壓（I-V）曲線的基礎上疊加子系統的負載曲線。最終圖線如圖 H.5 所示。

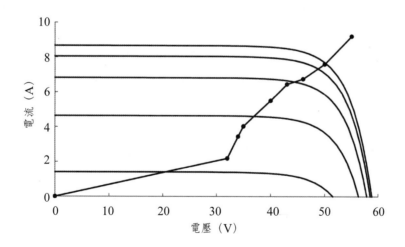

圖 H.5 ✿ 電流電壓曲線對應每日日照資料（參照圖 H.2 所示的十二月份數據），以及表 H.4 所給出的電機／水泵的負載曲線。

接著我們就能可以求出這兩個月裡的日間和月間抽水量了。

注：

1. 從公式 H.2 得到了陰天時的峰值照光強度為 9.4 mW/cm^2。此輻射強度過低，不能用來啟動或維持水泵的運轉。

2. 在整個設定期間內的總泵水量應比預定值高出約 10-20%，保守的設計能夠為子系統的出廠規格誤差和老化降格預留空間。如果計算出的排量超過了這個範圍，那麼我們還可以重新優化太陽能陣列的面積（即改變額定電流）。

3. 如果抽水量無法符合全年的實際需求量，可以通過調整太陽能陣列傾角的方法來解決。

參考文獻

Silvestre, S. (2003), 'Review of system design and sizing tools', in Markvart, T. & Castañer, L. (Eds.), *Practical Handbook of Photovoltaics: Fundamentals and Applications,* Elsevier.

Hu, C. & White, R.M. (1983), *Solar Cells: From Basics to Advanced Systems,* McGraw-Hill, New York.

Halcrow, W. and Partners and the Intermediate Technology Development Group (1981), *Small-Scale Solar Powered Irrigation Pumping Systems—Technical and Economic Review*, UNDP Project GLO/78/004, World Bank, London.

Hammond, R., Srinivasan, D., Harris, A., Whitfield, K. & Wohlgemuth, J. (1997), 'Effects of soiling on PV module and radiometer performance', Proc. 26th IEEE Photovoltaic Specialists Conference, Anaheim, 30 September-3 October, IEEE, New York, pp. 1121-1124.

索 引

國家圖書館出版品預行編目資料

應用太陽電池／Martin A. Green等著；曹昭
陽，狄大衛，施正榮譯. ——初版.——臺北
市：五南，2009.10
　　面；　公分
含參考書目及索引
譯自：Applied photovoltaic
ISBN 978-957-11-5790-0 (平裝)
1.太陽能電池
337.42　　　　　　　　　98017195

5DC5

應用太陽電池
Applied Photovoltaic

作　　　者 ― Martin A. Green, Stuart R. Wenham, Richard
　　　　　　　Corkish, Muriel E. Watt

譯　　　者 ― 曹昭陽　狄大衛　施正榮

發 行 人 ― 楊榮川

總 編 輯 ― 龐君豪

主　　　編 ― 穆文娟

責任編輯 ― 陳俐穎

封面設計 ― 林馨心

出 版 者 ― 五南圖書出版股份有限公司

地　　　址：106台北市大安區和平東路二段339號4樓

電　　　話：(02)2705-5066　　傳　　　真：(02)2706-6100

網　　　址：http://www.wunan.com.tw

電子郵件：wunan@wunan.com.tw

劃撥帳號：01068953

戶　　　名：五南圖書出版股份有限公司

台中市駐區辦公室／台中市中區中山路6號

電　　　話：(04)2223-0891　　傳　　　真：(04)2223-3549

高雄市駐區辦公室／高雄市新興區中山一路290號

電　　　話：(07)2358-702　　傳　　　真：(07)2350-236

法律顧問　元貞聯合法律事務所　張澤平律師

出版日期　2009年10月初版一刷

定　　　價　新臺幣680元